Merlin Simo Tagne

Contribution à l'étude du séchage des bois tropicaux au Cameroun

Merlin Simo Tagne

Contribution à l'étude du séchage des bois tropicaux au Cameroun

Aspects caractérisation, modélisation multi-échelle et simulation

Presses Académiques Francophones

Impressum / Mentions légales

Bibliografische Information der Deutschen Nationalbibliothek: Die Deutsche Nationalbibliothek verzeichnet diese Publikation in der Deutschen Nationalbibliografie; detaillierte bibliografische Daten sind im Internet über http://dnb.d-nb.de abrufbar.

Alle in diesem Buch genannten Marken und Produktnamen unterliegen warenzeichen-, marken- oder patentrechtlichem Schutz bzw. sind Warenzeichen oder eingetragene Warenzeichen der jeweiligen Inhaber. Die Wiedergabe von Marken, Produktnamen, Gebrauchsnamen, Handelsnamen, Warenbezeichnungen u.s.w. in diesem Werk berechtigt auch ohne besondere Kennzeichnung nicht zu der Annahme, dass solche Namen im Sinne der Warenzeichen- und Markenschutzgesetzgebung als frei zu betrachten wären und daher von jedermann benutzt werden dürften.

Information bibliographique publiée par la Deutsche Nationalbibliothek: La Deutsche Nationalbibliothek inscrit cette publication à la Deutsche Nationalbibliografie; des données bibliographiques détaillées sont disponibles sur internet à l'adresse http://dnb.d-nb.de.

Toutes marques et noms de produits mentionnés dans ce livre demeurent sous la protection des marques, des marques déposées et des brevets, et sont des marques ou des marques déposées de leurs détenteurs respectifs. L'utilisation des marques, noms de produits, noms communs, noms commerciaux, descriptions de produits, etc, même sans qu'ils soient mentionnés de façon particulière dans ce livre ne signifie en aucune façon que ces noms peuvent être utilisés sans restriction à l'égard de la législation pour la protection des marques et des marques déposées et pourraient donc être utilisés par quiconque.

Coverbild / Photo de couverture: www.ingimage.com

Verlag / Editeur:
Presses Académiques Francophones
ist ein Imprint der / est une marque déposée de
OmniScriptum GmbH & Co. KG
Heinrich-Böcking-Str. 6-8, 66121 Saarbrücken, Deutschland / Allemagne
Email: info@presses-academiques.com

Herstellung: siehe letzte Seite /
Impression: voir la dernière page
ISBN: 978-3-8381-4984-4

Zugl. / Agréé par: Yaoundé, Université de Yaoundé 1, Diss. , 2011

Copyright / Droit d'auteur © 2014 OmniScriptum GmbH & Co. KG
Alle Rechte vorbehalten. / Tous droits réservés. Saarbrücken 2014

Contribution à l'étude du séchage des bois tropicaux au Cameroun : Aspects caractérisation, modélisation multi-échelle et simulation. Le cas de l'Ayous (*Triplochiton scleroxylon*) et de l'Ebène (*Diospyros crassiflora*)

Au DIEU tout puissant ;
A mon père ;
A ma mère ;
A mon épouse;
A mes enfants : Tracy Samira, Stéphanie Jennifer et André Yann ;
A ma famille ;
A ma belle-famille ;
A tous mes disparus.

Je dédie ce Travail

REMERCIEMENTS

Le travail de thèse que nous présentons ici a été réalisé au Laboratoire d'Analyse des Technologies de l'Energie et de l'Environnement (LATEE) de la Faculté des Sciences de l'Université de Yaoundé I. Les expériences ont été en grande partie menées au Laboratoire de Physique Appliquée de l'Ecole Normale Supérieure de Yaoundé.

Je tiens à remercier tout d'abord le *Professeur BEGUIDE BONOMA* pour toute sa qualité humaine dont j'ai bénéficiée et pour toute son expertise, son expérience et son temps qu'il a mis à ma disposition et dont l'impact est l'aboutissement de ce travail. Je lui adresse ici l'expression de ma profonde gratitude.

Je remercie très profondément le *Professeur NJOMO Donatien* pour m'avoir accueilli au sein du LATEE et avoir accepté de codiriger cette thèse. Je le remercie aussi pour tout son soutien, ses discussions, ses nombreuses connaissances et son énorme expérience dont j'ai bénéficié depuis mon entrée au LATEE après l'obtention de mon diplôme de Licence jusqu'à la finalisation de cette thèse. J'espère que cette collaboration continuera dans l'avenir. Je n'oublis pas les efforts que celui-ci fournit pour dispenser les cours d'énergétique à l'Université de Yaoundé I et pour faire exister le LATEE. Je lui témoigne ici toute ma reconnaissance.

Les *Professeurs NGANHOU Jean* et *TCHAWOUA Clément* de l'Université de Yaoundé I, le *Professeur TCHINDA René* de l'Université de Dschang et le *Professeur BOUSSELHAM KABOUCHI* de l'Université Mohammed V-Agdal ont accepté d'expertiser ce travail et de produire des rapports de pré soutenance malgré leurs diverses occupations. Je leur adresse mes remerciements les plus distingués.

Le *Professeur Emérite André ZOULALIAN* de l'Université Henri Poincaré de Nancy I m'a longuement aidé à discuter les résultats qui sont exposés dans cette thèse. Ceci m'a permis de mieux caractériser mes essences. Je lui adresse un grand merci.

J'adresse toute ma reconnaissance au Département de Physique à travers son Chef, le *Professeur KOFANE Timoléon Crépin* pour ma formation.

J'exprime toute ma considération aux Membres de Jury pour tout le temps précieux qu'ils ont bien voulu sacrifier afin d'examiner le présent travail.

L'intervention du Laboratoire d'Energétique et des Phénomènes de Transfert (LEPT) de l'Université de Bordeaux I a été très déterminante dans la caractérisation des isothermes de désorption des essences étudiées. Je remercie très chaleureusement le *Professeur Yves JANNOT*, responsable de l'équipe.

J'ai fortement apprécié l'aide apportée par la Mission de Promotion des Matériaux Locaux du Cameroun qui nous a permis de caractériser le séchage solaire des bois d'étude. Je remercie très profondément son Directeur, le *Professeur MELO née CHINJE Uphie F.*

Mon accueil dans la Société d'Exploitation et d'Exportation de Fombelle S.A (SEEF S.A) située dans la zone industrielle Bassa à Douala a été agréable grâce au Responsable des séchoirs, *M. HAGUE IGRY Pierre*. L'intervention de celui-ci a été déterminante dans le suivi du séchage industriel des piles de bois. Je lui adresse mes vifs remerciements.

J'adresse également mes vifs remerciements à mes parents pour tous les efforts qu'ils ont supportés pour mon éducation et l'envie de me voir distingué par le diplôme que m'offre le présent travail. J'ai vraiment eu la chance de naître entre vos bras.

Je ne saurais oublier toute la communauté *Bandjoun* de *Nanga-Eboko*, le staff administratif et les Départements de Physique-Chimie et d'Informatique du Lycée Bilingue de *Penka-Michel* pour l'assistance morale affichée à mon égard. Recevez également ma reconnaissance.

J'adresse enfin mes remerciements à tous ceux qui, de loin ou de près, ont contribué à la réalisation de ce travail.

Tous vos apports ont fortement influencé l'édification de mon être.

TABLE DES MATIERES

DEDICACES ii
REMERCIEMENTS iii
TABLE DES MATIERES v
LISTE DES FIGURES vii
LISTE DES TABLEAUX xv
NOMENCLATURE xvi

INTRODUCTION GENERALE 1

CHAPITRE I : REVUE DE LA LITTERATURE ET PROBLEMATIQUE 6
  I.1. Etude anatomique et caractérisation des bois tropicaux 7
     I.1.1 Etude anatomique 7
     I.1.2. Caractérisation 10
  I.2. Etude des séchoirs conventionnel et solaire 35
     I.2.1. Les séchoirs conventionnels 35
     I.2.2. Les séchoirs solaires 39
     I.2.3. Les séchoirs solaires mixtes 51
     I.2.4. Empilage du bois et disposition dans le séchoir 51
  I.3. Etat de l'art sur les modèles théoriques de séchage des matériaux poreux biologiques 55
     I.3.1. Historique 56
     I.3.2. Forces et faiblesses des modèles 57
     I.3.3. Influence des retraits mécaniques sur le séchage du bois 70
     I.3.4. Modèles récents du séchage des milieux saturés 72

CHAPITRE II : MATERIEL ET METHODES 75
  II.1. Présentation du matériel expérimental 76
     II.1.1. Pour la caractérisation des isothermes de désorption du bois 76
     II.1.2. Pour la caractérisation de la masse volumique, des retraits et de la cinétique du séchage thermique du bois à l'échelle de la planche 77
     II.1.3. Pour la caractérisation de la cinétique du séchage solaire du bois à l'échelle de la planche 79
     II.1.4. Pour la caractérisation de la cinétique du séchage thermique industriel du bois à l'échelle de la pile 81

II.2. Méthodes expérimentales et théoriques 83
   II.2.1.Caractérisation 83
   II.2.2. Modélisations et discrétisations 86

CHAPITRE III : RESULTATS ET DISCUSSIONS 117
   III.1.Présentation et analyse des résultats de la caractérisation 118
      III.1.1. Les isothermes de désorption 118
      III.1.2. Les masses volumiques et retraits des essences étudiées 127
      III.1.3. Cinétique de séchage et coefficient de diffusion 132
   III.2. Présentation et analyse des résultats de la simulation numérique à l'échelle de la planche 145
      III.2.1. Cas du séchage conventionnel 145
      III.2.2. Cas du séchage solaire 159
   III.3. Présentation et analyse des résultats : Cas de la simulation numérique à l'échelle de la pile 168
      III.3.1. Fixation des paramètres liés à la discrétisation et à la durée caractéristique de séchage 169
      III.3.2. Validation du modèle établi 171
      III.3.3. Evolutions des piles de bois et des caractéristiques de l'air durant le séchage industriel 174
      III.3.4.Etude des influences de l'empilage et des caractéristiques de l'air de séchage 186
      III.3.5. Equilibrage et conditionnement 191

CONCLUSION GENERALE 194
BIBLIOGRAPHIE 199

ANNEXES 217
   Annexe A : Listing de quelques programmes sous fortran 77 218
   Annexe B : Propriétés thermophysiques du bois d'Iroko utilisées 239
   Annexe C : Résultats expérimentaux du séchage industriel des piles de bois d'Ayous 241
   Annexe D : Mise en service, étude préliminaire d'un séchoir semi industriel conventionnel à bois 241

LISTE DES FIGURES

Figure 1 : Coupe transversale d'un tronc d'arbre (Merakeb 2006) 8
Figure 2 : (a)Structure du bois feuillu (Simpson 1999), (b) coupe d'un tronc d'arbre (Merakeb 2006) et (c) directions principales d'un débit de planche (Candanedo et Derome 2005) 10
Figure 3 : Structure moléculaire du glucose (Merakeb 2006) 11
Figure 4 : Coloration du bois en fonction du débit de la planche (Simpson 1999) ... 12
Figure 5 : Prélèvement d'une planche-témoin d'une pièce de bois 14
Figure 6 : Structure de la cellulose (Merakeb 2006) 15
Figure 7 : Schématisation du phénomène d'hystérésis de sorption du bois (Thaï 2006) 17
Figure 8 : Forme des isothermes de désorption des bois tropicaux (Jannot 2003a) .. 18
Figure 9 : Disposition expérimentale pour la détermination des isothermes de désorption (Nadeau et Puiggali 1995) 19
Figure 10 : Variations et grandeurs des retraits (Merakeb 2006) 23
Figure 11 : Allure de la masse volumique en fonction de l'humidité des bois tropicaux (Ngohe-Ekam 1992) 25
Figure 12 : Diffusion en régime transitoire 28
Figure 13 : Déformations fonction de la position de la planche dans le tronc (Cloutier 1993) 30
Figure 14 : Différents types de déformations (Moutee 2006) 31
Figure 15 : Exemple d'une pile de bois mal séché à l'échelle industrielle (Perré 1999) 31
Figure 16 : Collapses (Cloutier 1993) 31
Figure 17 : Périodes du séchage : a) cinétique de séchage. b) vitesse de séchage (Cloutier 1993) 32
Figure 18 : Variation du Flux massique ou de la Vitesse de séchage en fonction de l'humidité (Merakeb 2006) 32
Figure 19 : Séchoir à convection forcée et à chauffage indirect (Cloutier 1993) 36
Figure 20 : Séchoir à chauffage direct (Cloutier 1993) 37
Figure 21 : Séchoir par déshumidification (Cloutier 1993) 38
Figure 22 : Séchoir sous vide (Sales 1979b) 39
Figure 23 : Schéma annoté d'un séchoir solaire direct à bois (Bekkioui *et al.* 2009, Bentayeb *et al.* 2008) 41
Figure 24 : Schéma annoté d'un séchoir indirect à galets (Benkhefelah *et al.* 2005) 42
Figure 25 : Constitution classique d'un séchoir solaire à bois à convection forcée (Sales 1979a) 44
Figure 26 : Répartition du rayonnement solaire au sol (Jannot 2003c) 48
Figure 27 : Evolution au cours d'une année du rayonnement solaire reçu par une surface horizontale. Ville de Yaoundé (Retscreem International 2009) 51
Figure 28 : Disposition de la pile avec baguettes séparant deux niveaux consécutifs 52

Figure 29 : Disposition de la pile avec baguettes aux extrémités de chaque niveau **53**
Figure 30 : Disposition des planches témoins dans la pile (Cloutier 1993) **54**
Figure 31 : Photos de quelques échantillons de bois étudiés **78**
Figure 32 : Balance numérique utilisée **78**
Figure 33 : Etuve à dessiccation utilisée **79**
Figure 34 : Séchoir solaire en cours de fonctionnement **80**
Figure 35 : Représentation des éléments dont est constitué le séchoir **80**
Figure 36 : Représentation d'un milieu poreux (bois) **86**
Figure 37 : Maillage des différences finies en dimension un (Naghavi *et al.* 2010, Gourdin et Boumahrat 1983, Mihoubi 2004) **93**
Figure 38 : Exemple de découpe en tranches d'une planche extraite de la pile pour discrétisation **104**
Figure 39 : Schéma du volume fini centré **104**
Figure 40 : Variation du paramètre A (Ayous-ChungPfost) **119**
Figure 41 : Variation du paramètre B (Ayous-ChungPfost) **119**
Figure 42 : Variation du paramètre A (Ebène-Henderson) **120**
Figure 43 : Variation du paramètre B (Ebène-Henderson) **120**
Figure 44 : Isotherme de désorption de l'ayous à T=20°C **120**
Figure 45 : Isotherme de désorption de l'ayous à T=30°C **121**
Figure 46 : Isotherme de désorption de l'ayous à T=40°C **121**
Figure 47 : Isotherme de désorption de l'ayous à T=50°C **121**
Figure 48 : Isotherme de désorption de l'ayous à T=60°C **122**
Figure 49 : Isothermes de désorption de l'ayous à plusieurs températures **122**
Figure 50 : Isotherme de désorption de l'ébène à T=20°C **122**
Figure 51 : Isotherme de désorption de l'ébène à T=30°C **123**
Figure 52 : Isotherme de désorption de l'ébène à T=40°C **123**
Figure 53 : Isotherme de désorption de l'ébène à T=50°C **123**
Figure 54 : Isotherme de désorption de l'ébène à T=60°C **124**
Figure 55 : Isothermes de désorption de l'ébène à plusieurs températures **124**
Figure 56 : Isothermes comparées de l'ayous et de l'ébène à T=20°C **125**
Figure 57 : Détermination de l'humidité aux PSF à T=20°C **126**
Figure 58 : Variation de l'humidité aux PSF de nos essences en fonction de la température **126**
Figure 59 : Masses volumiques des bois d'ayous et d'ébène à T=50°C **128**
Figure 60 : Masses volumiques des bois d'ayous et d'ébène, séchage solaire **128**
Figure 61 : Masses volumiques de l'ayous en fonction de la température et de l'humidité **129**
Figure 62 : Masses volumiques de l'ébène en fonction de la température et de l'humidité **129**
Figure 63 : Influences du bois et de l'humidité sur la diffusivité thermique de nos essences, T=40°C **131**
Figure 64 : Influences de la température et de l'humidité sur la diffusivité thermique de l'ébène **131**
Figure 65 : Variation de la diffusivité thermique de l'ayous avec la température .. **131**

Figure 66 : Cinétique expérimentale de séchage de l'ayous en fonction de la température 132
Figure 67 : Cinétique expérimentale de séchage de l'ébène en fonction de la température 133
Figure 68 : Variation de σ en fonction de la teneur en eau initiale à T=60°C 134
Figure 69 : Variation de n en fonction de la teneur en eau initiale à T=60°C 134
Figure 70 : Variation de la teneur en eau réduite de l'ayous dans le temps, T=40°C 135
Figure 71 : Variation de la teneur en eau réduite de l'ayous dans le temps, T=50°C 135
Figure 72 : Variation de la teneur en eau réduite de l'ayous dans le temps, T=60°C 136
Figure 73 : Variation de la teneur en eau réduite de l'ébène dans le temps, T=40°C 136
Figure 74 : Variation de la teneur en eau réduite de l'ébène dans le temps, T=50°C 136
Figure 75 : Variation de la teneur en eau réduite de l'ébène dans le temps, T=60°C 137
Figure 76 : Cinétique de séchage comparée de l'ayous et de l'ébène, T=40°C 137
Figure 77 : Evolution de X_{red} en fonction de la racine carrée de la durée de séchage à T=40, 50 et 60°C (cas de l'ayous) 138
Figure 78 : Evolution de X_{red} en fonction de la racine carrée de la durée de séchage à T=40, 50 et 60°C (cas de l'ébène) 138
Figure 79 : Valeurs comparées des coefficients de diffusion de l'eau dans l'ayous et l'ébène en fonction de la température 138
Figure 80 : Variations comparées des coefficients de diffusion de l'eau dans nos essences d'étude dans le temps et avec la température pour une même épaisseur de diffusion 141
Figure 81 : Coefficients de diffusion de l'eau dans le bois d'ébène en fonction de l'humidité. Influences de la température de l'air et de l'humidité initiale du bois .. 142
Figure 82 : Coefficients de diffusion de l'eau dans le bois d'ébène en fonction de la durée de séchage. Influences de la température de l'air et de l'humidité initiale du bois 142
Figure 83 : Variation du coefficient de diffusion de l'eau liée avec la durée de séchage et la teneur en eau d'un bois de Quercus rubra (Liu et Simpson 1999) 142
Figure 84 : Vitesse de séchage en fonction de la teneur en eau du bois. Influences de la température de l'air et de l'humidité initiale du bois (ayous) 143
Figure 85 : Vitesse de séchage en fonction de la durée de séchage. Influences de la température de l'air et de l'humidité initiale du bois (ayous) 143
Figure 86 : Vitesse de séchage en fonction de la durée de séchage. Influence de la température de l'air (ébène) 144
Figure 87 : Vitesse de séchage en fonction de la durée de séchage. Influence de l'humidité initiale du bois (ébène) 144
Figure 88 : Vitesse de séchage en fonction de la durée de séchage. Influence de l'humidité relative de l'air (ébène) 144
Figure 89 : Cinétique de séchage de l'ébène. Température de l'air=40°C ; $X_{éq}$=0,05732kg/kg ; X_o=0,2869kg/kg ; h_m=5,6x10^{-8}m/s ; h_c=11,2W/(m^{2}K); épaisseur=18mm ; HR=35% ; α=0,0055K^{-1} 146

Figure 90 : Cinétique de séchage de l'ébène. Température de l'air=50°C ; $X_{éq}$=0,04353kg/kg ; X_o=0,2568kg/kg ; h_m=6x10^{-8} m/s; h_c=11,2W/(m^{2}K); épaisseur=18mm ; HR=33% ; α =0,005 K^{-1} 146

Figure 91 : Cinétique de séchage de l'ébène. Température de l'air=60°C ; $X_{éq}$=0,03572kg/kg ; X_o=0,2845kg/kg ; h_m=2,5x10^{-7}m/s ; h_c=11,2W/(m^{2}K), épaisseur=18mm ; HR=30% ; α =0,0045K^{-1} 147

Figure 92 : Cinétique de séchage de l'ayous. Température de l'air=40°C ; $X_{éq}$=0,0782kg/kg ; X_o=0,6144kg/kg ; h_m=2,6x10^{-7}m/s ; h_c=11,2W/(m^{2}K), épaisseur=39mm ; HR=35% ; α =0,0055K^{-1} 147

Figure 93 : Cinétique de séchage de l'ayous. Température de l'air=50°C ; $X_{éq}$=0,0675kg/kg ; X_o=0,6236kg/kg ; h_m=2,7x10^{-7}m/s ; h_c=11,2W/(m^{2}K), ; épaisseur=39mm ; HR=33% ; α =0,005K^{-1} 147

Figure 94 : Cinétique de séchage de l'ayous. Température de l'air=60°C ; $X_{éq}$=0,0531kg/kg ; X_o=0,5456kg/kg ; h_m=2,75x10^{-7}m/s ; h_c=11,2W/(m^{2}K), épaisseur=39mm ; HR=30% ; α =0,0045K^{-1} 148

Figure 95 : Effet de la température sur le séchage de l'ébène 149

Figure 96 : Effet de la température sur le séchage d'ayous 149

Figure 97 : Distribution de l'humidité dans l'ayous en fonction de la distance entre les couches et le plan médian et la durée de séchage à T=40°C. Epaisseur=39mm 150

Figure 98 : Distribution de l'humidité dans l'ébène en fonction de la distance entre les couches et le plan médian et la durée de séchage à T=40°C. Epaisseur=18mm 150

Figure 99 : Cinétique de séchage comparées de l'ayous et de l'ébène, X_o=0,35kg/kg ; T= 40°C ; épaisseur=12mm 151

Figure 100 : Vitesses de séchage comparées de l'ayous et de l'ébène en fonction de l'humidité des bois. Epaisseur=12mm, X_o=0,35kg/kg ; température=40°C 151

Figure 101 : Vitesses de séchage comparées de l'ayous et de l'ébène en fonction de la durée de séchage des bois. Epaisseur=12mm, X_o=0,35kg/kg ; température=40°C 152

Figure 102 : Cinétique de séchage de l'ayous pour un gradient de température supérieur à celui d'humidité. Epaisseur=12mm, X_o=0,35kg/kg ; température=40°C 152

Figure 103 : Cinétique de séchage de l'ébène pour un gradient de température supérieur à celui d'humidité. Epaisseur=12mm, X_o=0,35kg/kg ; température=40°C ; (1) moyen ; (2) surface 153

Figure 104 : Cinétique de séchage de l'ébène, X_o=0,35kg/kg ; Table de séchage de l'ébène ; épaisseur=12mm 155

Figure 105 : Cinétique de séchage de l'ayous, X_o=0,35kg/kg ; Table de séchage de l'ayous ; épaisseur=12mm 155

Figure 106 : Vitesse de séchage de l'ébène, X_o=0,35kg/kg ; Table de séchage de l'ébène ; épaisseur=12mm 156

Figure 107 : Vitesse de séchage de l'ayous, X_o=0,35kg/kg ; Table de séchage de l'ayous ; épaisseur=12mm 156

Figure 108 : Vitesse de séchage comparées de l'ébène et de l'ayous, X_o=0,35kg/kg ; Suivi des tables de séchage; épaisseur=12mm 156

Figure 109 : Evolution de la température de l'ébène. X_o=0,35kg/kg ; Suivi de la table de séchage de l'ébène; épaisseur=12mm 157
Figure 110 : Evolution de la température de l'ayous. X_o=0,35kg/kg ; Suivi de la table de séchage de l'ayous; épaisseur=12mm 157
Figure 111 : Evolution du gradient de séchage de l'ébène. Validation du suivi de la table de séchage 158
Figure 112 : Evolution du gradient de séchage de l'ayous. Validation du suivi de la table de séchage 158
Figure 113 : Evolution comparée des gradients de séchage de nos bois. Effet de l'air de séchage 158
Figure 114 : Evolutions comparées des humidités théoriques et numériques du bois d'ayous. Séchage solaire en avril à Yaoundé 160
Figure 115 : Evolutions comparées des humidités théoriques et numériques du bois d'ébène. Séchage solaire en mars à Yaoundé 160
Figure 116 : Vitesse de séchage solaire de l'ébène en fonction de la durée de séchage 161
Figure 117 : Vitesse de séchage solaire de l'ayous en fonction de la durée de séchage 161
Figure 118 : Vitesse de séchage solaire de l'ébène en fonction de son humidité .. 162
Figure 119 : Evolution temporelle de l'humidité relative de l'air du séchoir lors du séchage solaire de nos bois 162
Figure 120 : Evolution de la température du bois en fonction de la durée de séchage. Bois d'ayous (solaire) 164
Figure 121 : Evolutions des températures de la paroi (Tp), de l'air (Ta) et de la tôle (To) lors du séchage de l'ayous (solaire) 164
Figure 122 : Influences de la durée de séchage et de l'épaisseur de la tôle sur l'évolution de l'humidité de l'ayous 165
Figure 123 : Influences de la durée de séchage et de l'épaisseur de la tôle sur l'évolution de la température de l'air du séchoir 165
Figure 124 : Influences de l'épaisseur de la paroi du séchoir et de la durée de séchage sur l'évolution de la température de l'air de séchage 166
Figure 125 : Influence du renouvellement d'air sur la durée de séchage de l'ayous 167
Figure 126 : Agrandissement de la partie encerclée de la figure 125. Mise en évidence du gain de temps suite au renouvellement d'air, sans variation de sa température 167
Figure 127 : Evolutions comparées des humidités théoriques et numériques du bois d'ébène, T_a=24,4°C 168
Figure 128 : Séchage de l'ayous. Suivi de la table de séchage. Effet de l'ajustement ou non de la durée caractéristique de séchage 170
Figure 129 : Validation du modèle. Séchage d'une pile de bois d'Iroko. Variation temporelle de l'humidité en entreprise. (T_{ge}=50°C, T_{so}=30°C, H_o=59,63%, HR_o=15%, T_{go}=30°C, ep=13mm, V_g=1,5m/s, ε=0,28) 171

Figure 130 : Validation du modèle. Séchage d'une pile de bois d'Iroko. Variation temporelle de la vitesse de séchage en entreprise. (T_{ge}=50°C, T_{so}=30°C, H_o=59,63%, HR_o=15%, T_{go}=30°C, ep=13mm, V_g=1,5m/s, ε=0,28) **172**

Figure 131 : Séchage de l'ayous. Evolutions théorique et expérimentale de l'humidité des piles à partir du suivi du programme de séchage industriel. (T_{ge}=50°C, T_{so}=30°C, H_o=53%, HR_o=14%, T_{go}=30°C, ep=25mm, V_g=1,5m/s, ε=0,47) **173**

Figure 132 : Séchage de l'ayous. Evolutions théorique et expérimentale de la vitesse de séchage des piles à partir du suivi du programme de séchage industriel. (T_{ge}=50°C, T_{so}=30°C, H_o=53%, HR_o=14%, T_{go}=30°C, ep=25mm, V_g=1,5m/s, ε=0,47) **173**

Figure 133 : Séchage de l'ayous. Evolutions théorique et expérimentale de la température des piles à partir du suivi du programme de séchage industriel. (T_{ge}=50°C, T_{so}=30°C, H_o=53%, HR_o=14%, T_{go}=30°C, ep=25mm, V_g=1,5m/s, ε=0,47) **174**

Figure 134 : Séchage de l'ayous. Évolutions comparatives de la simulation numérique de l'humidité adimensionnée des piles de bois selon les programmes de l'entreprise et de la table de séchage **175**

Figure 135 : Séchage de l'ayous. Évolutions comparatives de la simulation numérique de la température des piles de bois selon les programmes de l'entreprise et de la table de séchage **175**

Figure 136 : Séchage de l'ayous. Evolutions comparatives de l'humidité relative de l'air de séchage selon les suivis de l'entreprise, de la table de séchage et de notre modèle **176**

Figure 137 : Séchage de l'Ayous. Suivi du programme de l'entreprise. Distribution de l'humidité dans la demi épaisseur à différents instants **177**

Figure 138 : Séchage de l'Ayous. Suivi de la table de séchage. Distribution de l'humidité dans la demi épaisseur à différents instants **177**

Figure 139 : Evolution comparée de la température lors du séchage du bois d'ébène en suivant la table améliorée du CTBA et celle du CIRAD, e=25mm, H_o=31% **178**

Figure 140 : Evolution comparée de la teneur en eau lors du séchage du bois d'ébène en suivant la table améliorée du CTBA et celle du CIRAD, e=25mm, H_o=31%**178**

Figure 141 : Séchage de l'Ebène. Suivi de la table de séchage. Distribution de l'humidité dans la demi épaisseur des planches aux instants 96h, 144h et à la fin du séchage. (T_{ge}=30°C, T_{so}=30°C, H_o=31%, T_{go}=30°C, ep=25mm, V_g=1,5m/s, ε=0,28).. **179**

Figure 142 : Séchage de l'ébène. Evolutions théoriques temporelles de l'humidité en fonction des positions (surface, centre et quart de l'épaisseur) dans l'épaisseur des planches, de l'instant initial à la fin du séchage. Suivi de la table de séchage. (T_{go}=T_o=30°C, V_g=1,5m/s, ε=0,28, H_o=31%, e=25mm) **180**

Figure 143 : Séchage de l'Ayous. Evolutions théoriques temporelles de l'humidité en fonction des positions (surface, centre et quart de l'épaisseur) dans l'épaisseur des planches, de l'instant initial à la fin du séchage. Suivi de la table de séchage. (T_{go}=T_o=30°C, V_g=1,5m/s, ε=0,28, H_o=59,63%) **180**

Figure 144 : Séchage de l'ayous. Suivi de la table de séchage. Distribution de la température dans la demi épaisseur de la planche aux instants 24h, 144h et 216h **181**

Figure 145 : Séchage de l'Ebène. Evolution théorique temporelle de la température de la pile. Suivi de la table de séchage. ($T_{go}=T_o=30°C$, $V_g=1,5m/s$, $\varepsilon=0,28$, $H_o=31\%$, e=25mm) 181

Figure 146 : Séchage de l'ayous. Suivi du programme de l'entreprise. Evolution temporelle de l'humidité de l'air de séchage en fonction de la position dans la pile. ($T_{go}=T_o=30°C$, $V_g=1,5m/s$, $\varepsilon=0,28$, $H_o=53\%$) 182

Figure 147: Séchage de l'ayous. Suivi du programme de l'entreprise. Evolution temporelle de l'humidité de l'air de séchage en fonction de la position dans la pile. ($T_{go}=T_o=30°C$, $V_g=1,5m/s$, $\varepsilon=0,28$, $H_o=53\%$) 182

Figure 148 : Séchage de l'ayous. Suivi de la table de séchage. Evolution temporelle des humidités de l'air de séchage et à l'état de saturation. ($T_{go}=T_o=30°C$, $V_g=1,5m/s$, $\varepsilon=0,28$, $H_o=53\%$) 183

Figure 149: Séchage de l'ayous. Suivi de la table de séchage. Evolution temporelle de la température de l'air de séchage. ($T_{go}=T_o=30°C$, $V_g=1,5m/s$, $\varepsilon=0,28$, $H_o=59,63\%$) 183

Figure 150 : Séchage de l'ayous. Suivi de la table de séchage. Evolution temporelle de l'écart des températures de l'air de séchage et de la pile de bois. ($T_{go}=T_o=30°C$, $V_g=1,5m/s$, $\varepsilon=0,28$, $H_o=59,63\%$) 184

Figure 151: Séchage de l'ayous. Suivi de la table de séchage. Evolution temporelle de la température de l'air de séchage en fonction de la position dans la pile. ($T_{go}=T_o=30°C$, $V_g=1,5m/s$, $\varepsilon=0,28$, $H_o=59,63\%$) 184

Figure 152 : Evolution temporelle de la teneur en eau de nos bois sur toute la durée de séchage des piles. ($T_{go}=T_o=30°C$, $V_g=1,5m/s$, $\varepsilon=0,28$, $H_o=53\%$(ayous) et 31% (ébène)) 185

Figure 153 : Evolution temporelle de la vitesse de séchage de nos bois sur toute la durée de séchage des piles. ($T_{go}=T_o=30°C$, $V_g=1,5m/s$, $\varepsilon=0,28$, $H_o=53\%$(ayous) et 31% (ébène)) 185

Figure 154 : Evolution temporelle de la vitesse de séchage de nos bois après 250h de séchage des piles. ($T_{go}=T_o=30°C$, $V_g=1,5m/s$, $\varepsilon=0,28$, $H_o=53\%$(ayous) et 31% (ébène)) 186

Figure 155 : Effet de la vitesse de circulation théorique de l'air sur la vitesse de séchage des planches de bois d'ayous. Suivi du programme de l'entreprise 187

Figure 156 : Effet de la vitesse de circulation théorique de l'air sur l'humidité des planches de bois d'ayous. Suivi du programme de l'entreprise 187

Figure 157 : Séchage de l'ayous. Suivi du programme de l'entreprise. Evolution temporelle de l'humidité de l'air de séchage en fonction de la position dans la pile. ($T_{go}=T_o=30°C$, $V_g=0,05m/s$, $\varepsilon=0,28$, $H_o=53\%$) 188

Figure 158 : Effet de la porosité de la pile sur la vitesse de séchage des planches de bois d'ayous. Suivi du programme de l'entreprise 188

Figure 159: Suivi de la table de séchage. Evolution temporelle de l'humidité moyenne de la pile de bois d'ayous en fonction de l'humidité initiale de la pile ... 189

Figure 160 : Séchage de l'ayous, suivi de la table de séchage. Effet de l'épaisseur des planches sur l'évolution de la température de la pile 190

Figure 161 : Séchage de l'ébène, suivi de la table de séchage. Effet de la teneur en eau initiale des planches sur l'évolution de la température de la pile, e=20mm ... 190

Figure 162 : Séchage de l'ayous, suivi de l'entreprise. Effet de l'épaisseur des planches sur l'évolution de l'humidité de la pile 191

LISTE DES TABLEAUX

Tableau I : Composition chimique du bois fonction du type (Pakowski *et al.*2007) **11**
Tableau II : Humidités Relatives (%) de quelques solutions salines saturées en fonction de la température (Jannot 2003a, Nadeau et Puiggali 1995) **20**
Tableau III : Liste non exhaustive des modèles des isothermes de sorption (Aghfir *et al.* 2005, Hernandez 1991, Jannot 2003a, Lamharrar *et al.*2007, Merakeb 2006) **21**
Tableau IV : Facteurs de trouble en fonction du site (Recknagel *et al.* 1995) **49**
Tableau V : Epaisseur des baguettes en fonction de l'épaisseur du bois (Aléon *et al.* 1990) **53**
Tableau VI : Espacement entre les baguettes en fonction de l'épaisseur du bois (Aléon *et al.* 1990) **53**
Tableau VII : Teneur en eau en fonction du type d'usage (Hernandez 1991) **53**
Tableau VIII : Liste non exhaustive de quelques courbes de séchage en couche mince (Chemkhi 2008, Hernandez 1991, Kudra et Efremov 2002, Touati 2008) **59**
Tableau IX : Organigramme du code de résolution **114**
Tableau X : Récapitulatif des coefficients thermo physiques **115**
Tableau XI : Paramètres du modèle de Chung-Pfost (Ayous) **118**
Tableau XII : Paramètres du modèle de Henderson (Ebène) **119**
Tableau XIII : Valeurs des paramètres du modèle de Luikov pour nos essences . **126**
Tableau XIV : Estimations du coefficient de l'effet Sorret. Influences de la température et de l'essence **127**
Tableau XV : Estimations des paramètres a, b, c et d des essences étudiées **129**
Tableau XVI : Estimation des différents retraits de nos bois à 40°C **130**
Tableau XVII : Valeurs des paramètres σ et n en fonction de l'ambiance (ébène)**133**
Tableau XVIII : Valeurs des paramètres σ et n en fonction de l'ambiance (ayous)**133**
Tableau XIX : Table de séchage adaptée de l'ayous. ()-Valeurs de la Table de séchage ajustées- Valeurs de la table de séchage proposées par Aléon *et al.* (1990)**153**
Tableau XX : Table de séchage adaptée de l'ébène. ()-Valeurs de la Table de séchage ajustées- Valeurs de la table de séchage proposées par Aléon *et al.* (1990)**154**
Tableau XXI : Paramètres de discrétisation insérés dans le code numérique **169**
Tableau XXII : Table de séchage de l'ébène (Tropix 6.0 2008) **178**
Tableau XXIII : Valeurs des paramètres des isothermes de désorption fonction de T et de HR (Monkam 2006) **240**
Tableau XXIV : Programme de séchage du bois d'Iroko (315x68x13mm^3) (Monkam 2006) **240**
Tableau XXV : Programme de séchage du bois d'Ayous (2,15x0,025x0,025m^3) .. **241**

NOMENCLATURE
Liste des symboles utilisés, définitions et unités

Symboles	Définitions	Unités
A	Surface des planches	m²
C	Fraction massique, concentration	(-)
a,b,c,d	Paramètres de l'équation de la masse volumiques des bois	(-)
C_p	Capacité thermique du bois	J/(kg.K)
cst	Constante	kg/m³
D	Coefficient de diffusion	m²/s
ds	Surface élémentaire	m²
dV	Volume élémentaire	m³
D_h	Diamètre hydraulique	m
E_b	Chaleur de désorption	J/kg
e	Epaisseur du bois	m
E(%)	Ecart moyen entre théorie et expérience	(%)
E_b	Energie d'activation du bois	J/kg
F	Facteur de forme	(-)
f	Schéma de la discrétisation	(-)
f_1	Facteur frein de diffusion de la vapeur dans le bois	(-)
G	Densité du bois	(-)
G_t	Rayonnement solaire global	W/m²
G_b	Densité du bois à 0,12	(-)
G_m	Paramètre de densité	(-)
Gr	Nombre de grashop	(-)
$\langle G \rangle$	Valeur intrinsèque de la grandeur G	(-)
H	Teneur en eau, Humidité	%
h	Valeur du pas spatial	m
H_s	Teneur en eau base sèche au PSF	%
HR	Humidité relative	%
$\overline{\overline{h_c}}$	Tenseur coefficient de transfert global de la chaleur	W/(m².K)
$\overline{\overline{h_m}}$	Tenseur coefficient de transfert global de la matière	(m/s)
I	Ensoleillement	W/m²
i,j	Ordre d'une tranche de planche respectivement selon l'épaisseur et la longueur (ou ordre du temps pour j)	(-)
K	Diffusivité thermique	m²/s
$\overline{\overline{k}}$	Tenseur perméabilité du milieu	m²
$\overline{\overline{k_r}}$	Tenseur perméabilité relative	(-)
L	Chaleur latente de vaporisation	J/kg
l	Valeur du pas temporel	s
M,m	Masse du bois	kg
$\overset{\bullet}{m}$	Débit massique de l'air	kg/(kg.s)
m_∞	Masse du bois à l'équilibre	kg
N	Vitesse de séchage du bois	kg/(kg.h)
n	Paramètre reflétant l'effet du gaz convectif sur le matériau	(-)
Nu	Nombre de Nusselt	(-)
P	Pression totale	Pa

Pr	Nombre de Prandtl		(-)
Q	Energie volumique		J/m^3
q	Densité de flux massique		kg/(m^{2}s)
R	Constance des gaz parfaits		J/(mol.K)
r	Coefficient de corrélation		(-)
r	Coefficient de retrait		(-)
r_g	Rapport constance des gaz parfaits sur masse molaire de l'air		J/(kg.K)
Re	Nombre de Reynolds		(-)
Sc	Nombre de Schmidt		(-)
Sh	Nombre de Sherwood		(-)
S	Fraction volumique d'eau libre		(-)
T	température		°C,K
t	Durée de séchage		h,min
V	Volume		m^3
V_b	Volume du bois		m^3
V_p	Volume de la pile de bois		m^3
V_v	Vitesse du vent à l'extérieur du séchoir		m/s
X	Teneur en eau, Humidité		%
x	Abscisse		m
X_b	Teneur en eau liée		%
X_{red}	Teneur en eau réduite		(-)
Y	Humidité de l'air		(-)
y	Ordonnée		m

Lettres grecques

ρ	Masse volumique		kg/m^3
μ	Viscosité dynamique		kg/(m.s)
ν	Viscosité cinématique		m^2/s
λ	Conductivité thermique		W/(kg.K)
α	Coefficient de thermomigration		K^{-1}
ε	Porosité volumique du bois (-)		(-)
ξ	Latitude du lieu de l'expérience		(-)
σ	Durée caractéristique de séchage		h,min
Δ	variation		(-)
Φ	Déclinaison solaire		(-)
Δh	Variation d'enthalpie		J/kg
Δx	Pas spatial selon l'épaisseur de la planche		m
Δy	Pas spatial selon la longueur de la planche		m
δt	Pas temporel		s

Indices

A,B	échantillons A ou B
a	axial
ab	ambiance
air	air
as	changement de phase (eau liée-eau libre)
b	eau liée
c	capillaire
cs	Constante solaire
e	eau
eq	équilibre

G	vapeur
g,l,s	Respectivement phases gazeuse, liquide et solide(ou anhydre)
H,h	à l'humidité H
i	selon la direction i
m	expérience
o	état anhydre
o	initial
p	paroi
pto	Frontière Paroi-tôle
r	radial
s	PSF
T	tangentiel
tob	Frontière Tôle-bois
to	tôle
v	Vapeur
vsat	Vapeur saturante
V,v	volumique
V_h	Volumique à l'humidité H
w	eau
wg	Frontière gaz-eau
ws	Frontière eau-solide

Abréviations

alfa	Coefficient de thermomigration
bs	Base sèche
PSF	Point de saturation des fibres
Rho	Masse volumique
LiBr	Bromure de Lithium
KOH	Potasse
LiCl	Chlorure de Lithium
$MgCl_2$	Chlorure de Magnésium
NaBr	Bromure de Sodium
NaCl	Chlorure de Sodium
KCl	Chlorure de Potassium
KCO_3	Carbonate de Potassium
$CuCl_2$	Chlorure de Cuivre
K_2SO_4	Sulfate de Potassium
$(NH_4)_2SO_4$	Sulfate d'Ammonium
$Mg(NO_3)_2$	Nitrate de Magnésium
KF	Fluorure de Potassium
$COCl_2$	Chlorure de monoxyde de carbone
CH_3COOK	Acétate de potassium
ΔG	Laplacien de la grandeur G

INTRODUCTION GENERALE

L'exploitation forestière non contrôlée est une menace de l'intégrité écologique mondiale dans ce sens que les forêts contribuent largement à la régulation du climat, à la protection du sol, au stockage des gaz à effet de serre et à la régénération de l'oxygène. L'exploitation abusive et illégale des forêts appauvrit les populations locales et entraîne une perte énorme aux communautés concernées. On estime en moyenne un manque à gagner mondial et annuel de 10 à 15 milliards d'euros parmi lesquels, d'après une étude de la banque mondiale, le Cameroun perdrait environ 4,5 millions d'euros (environ 2,09milliards de FCFA) à cause des réglementations trop laxistes dans le domaine de la production du bois (Scotland 2003).

Le Cameroun a une superficie de 475442 km^2 et on estime la surface des forêts tropicales d'environ 17,5 millions d'hectares (La lettre de l'ATIBT été 2002), soit environ 44% de toute la surface du pays. On distingue ici plus de 300 espèces de bois parmi lesquelles trois espèces (ayous, sapelli et azobé) souffrent d'une exploitation abusive (près de 70% de la production totale) pouvant entraîner leur disparition à long terme. En 2001, sur 247769 m^3 de grumes de bois exportés du Cameroun, on enregistre un volume de 125845 m^3 de grumes d'Ayous (La lettre de l'ATIBT été 2002).

Pour créer une entreprise forestière d'exploitation du bois au Cameroun, il faut respecter un certain nombre de règlements en vigueur que nous pouvons recenser selon deux contextes : le contexte juridique à travers la loi de 1994 en matière de conservation de forêts, la loi de 1999 limitant l'exploitation du bois de grume et les lois qui érigent les forêts communautaires et communales. L'exploitation forestière au Cameroun passe par l'obtention d'un agrément de la profession forestière et la détention d'un titre d'exploitation forestière. Dans le contexte fiscal, les sociétés qui exploitent le bois doivent payer à l'Etat les taxes à savoir, la taxe sur la surface, la taxe d'abattage, la taxe entrée usine et la taxe sur les droits de sortie.

La filière bois au Cameroun est un secteur économique important, car en plus de générer un nombre non négligeable d'emplois (en moyenne 45000 emplois dans le secteur avec 22000 emplois officiellement enregistrés (Verbelen 1999)), elle contribue à l'activité économique au travers des activités de transport, de fourniture et de maintenance d'équipements industriels, de construction de routes et d'infrastructures sociales par les exploitants forestiers (Cameroon Tribune 08/01/2009). D'après le Ministère des Mines, de l'Eau et de l'Energie, près de 70% des ménages tirent dans ce secteur l'énergie nécessaire pour la cuisson de leurs aliments. Au cours de l'année fiscale 1995/1996, l'exportation du bois a rapporté à l'Etat plus de 20% de tous les revenus d'exportation, soit environ plus de 320 millions de dollars US (Verbelen 1999), l'équivalent de 160milliards de FCFA. Les exportations du bois ont apporté à l'Etat Camerounais en 2005 presque 228 milliards (Perry et Kolokosso 2009) et en 2007 plus de 500 milliards de francs Cfa (Okele, Cameroon Tribune 08/01/2009).

Le décret n°99/781/PM du 13 octobre 1999 impose une interdiction d'exporter treize espèces de bois du Cameroun sous forme de grumes parmi lesquelles on peut citer le bubinga, le doussié, le fromager, l'illonga, l'iroko, le moabi, le padouk, le sapelli et le wengé. Le volume de grumes exportées du Cameroun de 1997-1998 à 2004 est ainsi passé de 1,8million m^3 à 150000 m^3 (Karsenty et al. 2006) donnant la priorité aux besoins locaux. En 2005, on estime ce volume à 148000m^3 (Karsenty et al. 2006), montrant un intérêt de l'Etat à réduire les exportations des grumes, malgré la demande importante des nouveaux marchés asiatiques.

Pour diminuer les pertes en bois et augmenter la valeur ajoutée due au commerce du bois dans l'économie Camerounaise sans endommager l'environnement, il est nécessaire de développer l'industrie du bois afin d'accroître la capacité de transformation locale et de diminuer le prix du transport du bois, l'opération de séchage ayant aussi servi à réduire sa masse. En plus du reboisement dont 1 milliard de F CFA a été réservé à cet effet dans le cadre du budget d'investissement public au Cameroun en 2010 (Abomo, Cameroon Tribune 19/08/2010), il faut optimiser l'utilisation du bois en améliorant les méthodes de leurs transformations, de leurs conservations et de leurs stockages car, à la sortie de la forêt, le bois a en général une teneur en eau moins favorable à une transformation directe. Après le débitage du bois, on doit passer au séchage qui est efficace lorsque son suivi se fait dans des séchoirs appropriés et lorsque le comportement du bois lors du séchage est prédit. La qualité du bois final et le délai de livraison (la durée de séchage) étant les critères à remplir obligatoirement par les sécheurs. Au Cameroun, l'usage des séchoirs est malheureusement réservé aux grandes entreprises à cause du prix élevé de l'opération de séchage (environ 50000 FCFA/m^3 de bois), le faible revenu financier des clients fidèles des petites entreprises de transformation du bois, et aussi, le manque d'informations relatives à la nécessité de bien sécher le bois avant leur transformation.

L'origine naturelle du bois fait de ce dernier un matériau complexe. La composition de sa structure diffère d'une essence à l'autre, et même d'une partie à l'autre et est influencée par l'histoire du bois. La région où est extrait le bois et son domaine d'usage doivent être pris en compte lors du séchage.

La bonne connaissance des propriétés du bois est une condition pour améliorer son séchage. Ceci passe inévitablement par l'étude des relations qui lient les propriétés thermophysiques et mécaniques à la teneur en eau et à la température, car le bois durant son séchage et durant son usage subit les contraintes d'un environnement variable. La détermination des propriétés thermophysiques de quelques bois tropicaux du Cameroun a déjà été effectuée. Ngohe-Ekam (Ngohe-Ekam 1992, Ngohe-Ekam et al. 2006) s'est intéressé aux bois de Tali, Bilinga, Sapelli, Azobé, Sipo et Ayous et Monkam (Monkam, 2006) s'est intéressé aux bois de Doussié, Moabi et Iroko. Ces deux chercheurs ont étudié l'influence de l'humidité et du débit de coupe pour le premier, de l'influence de l'humidité uniquement pour le second.

Il doit exister une affinité entre le bois et le milieu ambiant afin que les fluctuations dimensionnelles du bois n'influent pas sur le bon usage de ce dernier dans le temps. Le séchage étant une activité permettant entre autres au bois de s'adapter à un environnement précis, l'opération doit être menée moyennant des données suffisantes.

La vulgarisation des méthodes de détermination expérimentale des caractéristiques du bois permettrait la conception des séchoirs et des tables de séchage adaptés au séchage des espèces de bois bien précis d'une part, et d'étendre les domaines d'usage des essences mal connues afin que la menace de disparition des essences très connues et très exportées se réduise d'autre part.

A nos jours, plusieurs études portent sur la détermination des caractéristiques du bois. Très peu sont spécifiques et ne portent pas en général des indications sur l'origine des échantillons. Il est pourtant démontré que la durée de vie, les conditions climatiques et l'espèce influencent le séchage du bois (Themelin 1998).

Le present travail contribue non seulement à concilier l'exploitation économique de la forêt et la préservation du patrimoine écologique à travers l'amélioration de l'opération de séchage sur site Camerounais qui favorise l'utilisation durable du bois, mais aussi à spécifier les influences de l'espèce, de la teneur en eau et de la température sur les paramètres thermo physiques et mécaniques. Il est ainsi subdivisé en trois chapitres :

Le premier chapitre s'intéresse à la revue bibliographique et à la problématique. La description de l'anatomie des bois tropicaux, et la présentation de leurs caractéristiques thermophysiques, mécaniques et électriques sont présentées dans la première partie de ce chapitre. Ensuite nous étudions les séchoirs thermique et solaire utilisés en industrie. Enfin, nous présentons l'état de l'art sur les modèles de séchage des produits biologiques.

Le deuxième chapitre porte sur la présentation du matériel expérimental et des méthodes utilisées pour produire les résultats. Nous présentons le matériel et les méthodes utilisés pour estimer la masse volumique de nos bois, leurs cinétiques de séchage et leurs coefficients de diffusion. Ensuite, nous modélisons le séchage thermique à l'échelle de la planche et de la pile et le séchage solaire à l'échelle de la planche.

Dans le troisième chapitre de cette thèse nous nous intéressons à la présentation et à la discussion des différents résultats obtenus sur la caractérisation, sur la simulation numérique du séchage à l'échelle de la planche et sur la simulation numérique du séchage à l'échelle de la pile de nos bois.

CHAPITRE I

REVUE DE LA LITTERATURE ET PROBLEMATIQUE

Pour spécifier une étude à une essence de bois, il faut d'abord la caractériser. Nous nous proposons dans ce chapitre de faire une revue de la littérature afin de se faire des prévisions sur le comportement du bois lorsqu'il est soumis à une ambiance constante ou non. Nous présentons l'anatomie, les propriétés thermophysiques du bois en général et les modèles mathématiques pouvant servir à prédire les transferts de chaleur et de masse lors du séchage du bois.

I.1. Etude anatomique et caractérisation des bois tropicaux
L'origine naturelle du bois explique la variabilité de ses caractéristiques. Il devient donc difficile de trouver des corrélations qui estiment les grandeurs thermo physiques du bois dans la généralité. Dans cette partie, notre objectif est de présenter la structure anatomique et quelques grandeurs thermophysiques du bois.

I.1.1. Etude Anatomique
I.1.1.1 Définition du bois.
Le bois est l'ensemble constitué des tissus végétaux qui forment la principale partie du tronc, des branches et des racines d'un arbre. C'est un matériau hygroscopique, c'est-à-dire susceptible de perdre ou de gagner de l'humidité selon les conditions de l'ambiance. Il est anisotrope et hétérogène, ses propriétés physiques et chimiques variant d'une partie à l'autre.

I.1.1.2 Anatomie du bois
Les méristèmes sont des tissus qui assurent la multiplication cellulaire. On les retrouve à la périphérie des racines, dans les bourgeons et en dessous de l'écorce. Grâce aux méristèmes, un arbre grandit tant dans l'épaisseur que dans la hauteur.

I.1.1.2.1 Structure microscopique du bois.
L'observation de la coupe transversale du bois avec des appareils à fort grandissement nous révèle les éléments suivants :
- Les vaisseaux : c'est une série de pores accolés et disséminés qui servent au transport des éléments nutritifs de l'arbre des racines aux feuilles.
- Les fibres : elles sont à l'origine de la rigidité du bois. Le volume des fibres détermine la densité du bois.

• Les parenchymes : ils révèlent la présence de petits rayons qui constituent les cellules servant de réserve alimentaire et participent à la fonction de soutien du bois.
La disposition des vaisseaux, des fibres et des parenchymes du bois explique l'anisotropie du bois et influence son séchage.

I.1.1.2.2 Structure macroscopique du bois

De la surface vers l'axe d'un d'arbre, on rencontre les tissus cellulaires suivants (figure 1) :

• Le liège ou écorce externe constitué de cellules mortes qui assurent la protection de l'arbre.

• Le liber ou écorce interne, génère le liège et favorise la circulation de la sève élaborée.

• Le cambium ou assise génératrice, est un tissu qui favorise la croissance de l'arbre dans le sens de son diamètre.

• L'aubier qui est la partie vivante de l'arbre et permet la circulation de la sève brute des racines vers les feuilles.

• Le duramen encore appelé bois de cœur ou bois parfait est la partie centrale du tronc d'un arbre. Il est constitué de cellules mortes et assure le support mécanique de l'arbre. On rencontre ici une accumulation de substances qui protègent l'arbre contre les attaques d'origine biologique.

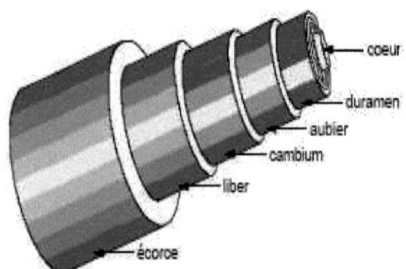

Figure 1 : Coupe transversale d'un tronc d'arbre (Merakeb 2006).

Les cellules de chaque tissu ont une organisation constante dans la même essence. Selon les types de cellules, on rencontre deux grands types de bois : les résineux ou gymnospermes et les feuillus ou angiospermes.

• Les résineux sont constitués de cellules d'un seul type qui jouent à la fois les rôles de soutien, d'éléments conducteurs et de réserve (Aléon *et al.*

1990). Ces cellules sont appelées trachéides de longueur comprise entre 2 et 5 mm (Desch et Dinwoodie 1996). Les résineux ont un tronc généralement droit jusqu'au sommet de l'arbre et ses feuilles sont en forme d'aiguilles. Leurs masses volumiques à 12% d'humidité varient entre 350 et 700kg/m^3 (Desch et Dinwoodie 1996). Leur transformation et leur mise en oeuvre sont faciles à cause de leur origine (ils proviennent généralement des plantations) et de la multitude de travaux qu'on retrouve sur ces espèces. Les résineux proviennent en général d'Europe et d'Amérique du Nord, d'où la raison du fort financement des recherches concernant ces espèces.

- Les feuillus présentent trois types de tissus : les tissus conducteurs constitués de vaisseaux, les tissus de soutien formés de fibres et les tissus de réserve constitués par les cellules des parenchymes. Les principales cellules sont les vaisseaux et les fibres. Leurs feuilles sont plates et larges. Les vaisseaux ont une longueur comprise entre 0,2 et 0,5mm pour un diamètre moyen compris entre 20 et 400µm (Desch et Dinwoodie 1996). Leurs masses volumiques sont en général comprises entre 450 et 1250 kg/m^3 à 12% d'humidité (Desch et Dinwoodie 1996). La multitude et l'organisation diverse de ses cellules, leur origine (les feuillus proviennent en général des régions tropicales dotées de forêts naturelles) et le faible nombre de travaux qui portent sur ces essences peuvent expliquer la difficulté de leur séchage.

On distingue trois directions principales dans un débit de planche :
- La direction axiale ou longitudinale qui est celle des fibres ;
- La direction tangentielle qui est tangente aux cernes d'accroissements. On appelle cerne, les cercles concentriques visibles sur la section d'un tronc ou des branches d'un arbre ;
- La direction radiale qui est perpendiculaire à la direction tangentielle et correspond à celle des rayons ligneux.

De ces trois directions, on peut définir trois sections :
- La section transversale qui est donnée par les directions radiale et tangentielle ;
- La section tangentielle donnée par les directions axiale et tangentielle ;
- La section radiale déterminée par les directions axiale et radiale.

La figure 2 ci-dessous représente la structure annotée d'un bois feuillu, principal type de bois qui concerne notre travail, et la coupe d'un tronc d'arbre.

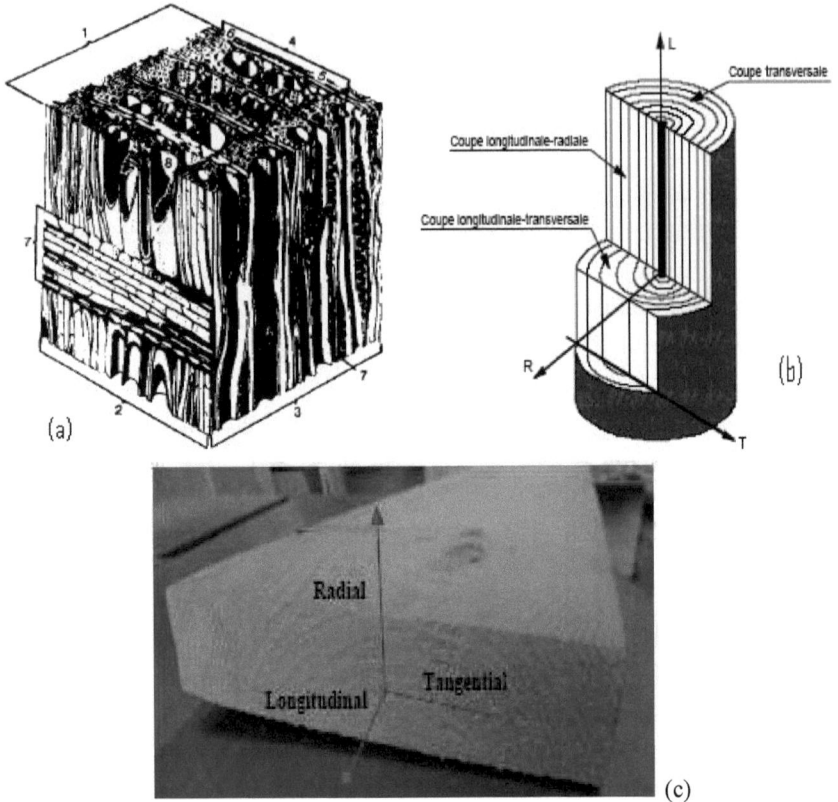

Figure 2 : (a)Structure du bois feuillu (Simpson 1999), (b) coupe d'un tronc d'arbre (Merakeb 2006) et (c) directions principales d'un débit de planche (Candanedo et Derome 2005)
(1) : section transversale ; (2) : section radiale ; (3) : section tangentielle ; (4) : cerne d'accroissement ; (5) : bois initial ; (6) : bois final ; (7) : rayon ligneux ; (8) : vaisseaux

I.1.2. Caractérisation

I.1.2.1 Les propriétés chimiques

Les éléments chimiques suivants se rencontrent dans le bois :

- La lignine : elle a une proportion comprise entre 20 et 30% et permet de lier les fibres du bois entre elles. La lignine contribue ainsi au soutien et à la rigidité du bois. la matière ligneuse du bois est composée en moyenne de 50% de Carbone, 43% d'Oxygène, 6% d'Hydrogène et 1% d'Azote (Moutee 2006);

- La cellulose : Le bois contient environ 50% de cellulose de formule chimique $(C_6H_{10}O_5)_n$ qui est très importante dans la fabrication du papier. Elle est composée d'une chaîne indéfinie d'unités de glucose (Figure 3) liées entre elles par une liaison de groupes hydroxyles expliquant ainsi la propriété hygroscopique du bois.

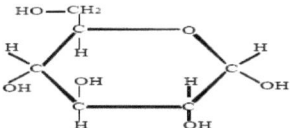

Figure 3 : Structure moléculaire du glucose (Merakeb 2006)

En effet, lors de la croissance de l'arbre, les molécules d'eau s'insèrent entre les chaînes des macromolécules de cellulose favorisant ainsi le gonflement des parois des cellules.

- L'hémicellulose : Sa chaîne est moins longue que celle de la cellulose. Le bois est constitué en moyenne de 20 à 30% d'hémicellulose qui assure les liaisons des filaments dans les fibres du bois;

La littérature signale que les teneurs en lignine, en cellulose et en hémicellulose sont fonction du type de bois (Pakowski *et al.* 2007). Le tableau I ci-dessous présente ces compositions.

Tableau I : Composition chimique du bois fonction du type (Pakowski *et al.* 2007).

Composition (%)	Feuillus	Résineux
Cellulose	40-44	40-44
Hémicellulose	15-35	20-32
Lignine	18-25	25-35

- La coloration : Elle est fonction de l'essence, de la technique utilisée pour découper les morceaux de bois et de l'orientation du plan de coupe par rapport au fil du bois. En effet, les parties du bois ont en général une couleur bien distincte. La coloration d'un morceau de bois dépend de la qualité de débit dans la planche. La figure 4 ci-dessous illustre un aspect de la planche selon que le débit soit de type quartier (vecteur normal aux grandes faces essentiellement tangent aux cernes) ou de type dosse (vecteur normal aux grandes faces pouvant être radial ou tangent aux cernes)

• L'odeur : Elle est fonction de l'espèce d'arbre et peut s'expliquer par la présence des résines.

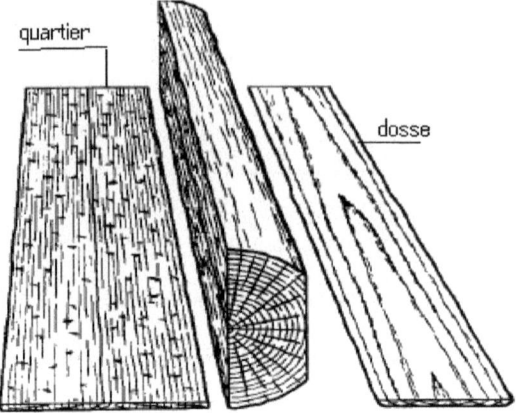

Figure 4 : Coloration du bois en fonction du débit de la planche (Simpson 1999).

I.1.2.2 Les propriétés physiques.
I.1.2.2.1 La teneur en eau
Le bois contient toujours de l'eau qui se présente sous plusieurs formes :

• L'eau libre qu'on rencontre dans les pores et dont aucune force ne retient dans le bois.

• L'eau liée qui se trouve sur les parois cellulaires et dans les cellules ligneuses. Cette eau est retenue dans le bois grâce aux liaisons hydrogènes et nécessite une forte énergie pour être extraite du bois.

• La vapeur d'eau qui occupe les espaces des pores non saturés en eau libre.

• L'eau de constitution qui entre dans la composition du bois. Cette eau ne peut être exclue du bois que par destruction de son édifice.

La teneur en eau est une grandeur qui quantifie l'eau dans le bois. On distingue deux types de teneur en eau :

* La teneur en eau base sèche notée X, encore appelée humidité H, est la masse d'eau contenue dans le bois rapportée à sa masse anhydre. La masse anhydre d'un échantillon étant la masse de sa matière ligneuse, c'est-à-dire, dépourvue des eaux libre et liée. On l'obtient à partir de l'équation (I.1) (Aléon et al. 1990).

$$X = 100 \frac{m_h - m_o}{m_o} \qquad (I.1)$$

Avec : m_h : la masse du bois humide et m_o : la masse du bois à l'état anhydre.

* La teneur en eau base humide notée X_h, est la masse d'eau contenue dans le bois rapportée à la masse du bois humide. L'équation (I.2) permet de l'estimer.

$$X_h = 100 \frac{m_h - m_o}{m_h} \quad (I.2)$$

Il est clair que la relation entre ces deux teneurs est donnée par l'équation (I.3) :

$$X = \frac{X_h}{1 - X_h} \quad (I.3)$$

Dans la pratique, plusieurs méthodes permettent d'estimer l'humidité du bois. La plus répandue et la plus fiable est la méthode de pesée qui retiendra notre attention.

I.1.2.2.1.a La méthode des planches-témoins ou méthode par pesée

C'est la méthode la plus utilisée. Son principe est de sélectionner quelques pièces de bois dans le lot à sécher, de prélever dans chacune une planche-témoin (figure 5), d'évaluer sa masse anhydre et de les peser périodiquement durant le séchage.

Ainsi, connaissant les masses humide et anhydre des échantillons A et B, on détermine l'humidité de chacun. La teneur en eau X_i initiale de la planche-témoin est donnée par la formule (I.4) ci-dessous :

$$X_i = \frac{H_A + H_B}{2} \quad (I.4)$$

Avec : H_A : Humidité de l'échantillon A et H_B : Humidité de l'échantillon B.

La masse anhydre de la planche-témoin M_o est obtenue en appliquant la formule (I.5) ci-dessous :

$$M_o = \frac{M_i}{1 + \frac{X_i}{100}} \quad (I.5)$$

M_i est la masse humide initiale de la planche-témoin.

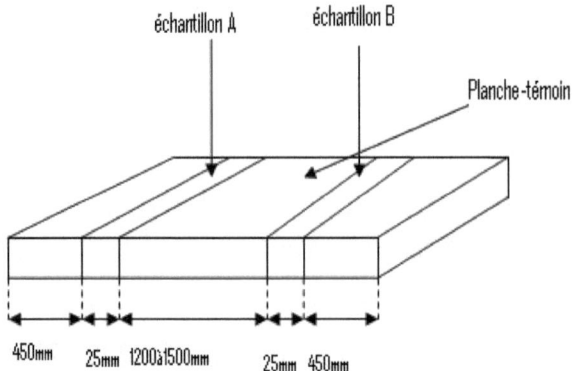

Figure 5 : Prélèvement d'une planche-témoin d'une pièce de bois

Les masses obtenues lors des autres pesées durant le séchage permettent alors de déduire l'humidité de la planche-témoin. Il est recommandé de disperser les planches-témoins dans la pile de bois à sécher afin d'intégrer l'influence d'un séchage inhomogène. L'humidité de la pile est alors la moyenne arithmétique des humidités de toutes les planches-témoins.

Cette méthode, bien qu'étant destructive, est précise. L'ouverture régulière du séchoir pour les différentes pesées est son inconvénient car l'entrée est difficile à température élevée.

I.1.2.2.1.b Les méthodes électriques.

Nous pouvons citer la mesure de l'humidité à partir de l'humidimètre à résistance électrique et l'humidimètre à capacité. Ces appareils permettent d'obtenir rapidement la valeur de l'humidité et cela est possible à partir de la relation qui lie les propriétés électriques du bois à son humidité. A partir des mesures de la radiofréquence, de la spectroscopie à résonance magnétique nucléaire, de la capacitance et de la résistivité l'humidité du bois peut être déduite. Les méthodes électriques sont en général non destructives, permettent une mesure en continu et sont très imprécises lorsque l'humidité est supérieure à 25% bs(Ast 2009, Cloutier 1993).

I.1.2.2.1.c La différence de température à travers la pile de bois.

La variation de la différence de température à l'entrée et à la sortie du séchoir au cours du séchage permet d'estimer l'intensité de transfert de la chaleur de l'air au bois. L'étude de la relation entre cette différence de température et l'humidité du bois peut servir à estimer cette dernière (Cloutier 1993).

I.1.2.2.1.d Les méthodes de mesure par les rayons X et par la spectroscopie proche infra rouge

Pour la première méthode, on étudie l'absorption des rayons X par le matériau bois, ces rayons étant émis par un émetteur convenablement calibré (ayant deux niveaux d'énergie : 70eV et 40eV) (Ast 2009). Un récepteur recevant les rayons X qui ont traversé le matériau à caractériser analyse l'atténuation de ces rayons et l'humidité du bois est aussitôt déduite. Cette méthode est efficace pour la mesure des humidités variant entre 10 et 75% base sèche (Ast 2009).

Au lieu des rayons X, un rayonnement proche infra rouge peut être utilisé, car il est très pénétrant, les longueurs d'onde variant entre 800 et 2500nm. Une partie des rayons incidents est absorbée et l'autre réfléchie par le matériau à caractériser. Le spectre obtenu peut alors être analysé et l'humidité du bois déduite.

Ces deux méthodes sont onéreuses et ne permettent pas d'estimer l'humidité d'une pile de bois.

I.1.2.2.1.e La méthode chimique.

Elle se réalise par une succession de dosage avec des produits déshydratants comme le chlorure de calcium ($CaCl_2$) (Monkam 2006).

I.1.2.2.2 Le point de saturation des fibres (PSF).

La cellulose est l'élément essentiel responsable de l'hygroscopicité du bois. C'est un polymère dont le monomère dérive du glucose, figure 6.

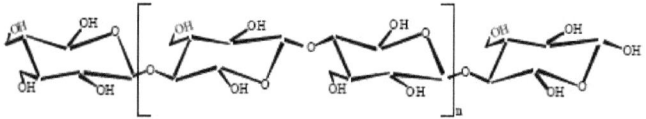

Figure 6 : Structure de la cellulose (Merakeb 2006)

La masse molaire du glucose est de 180g/mol. Le glucose contient trois groupes hydroxyles fortement hydrophiles. C'est sur ces derniers que viennent se fixer les molécules d'eau par liaison hydrogène. Ainsi, la masse d'eau maximale susceptible de s'accrocher est de 54g, donnant ainsi une valeur maximale de la teneur en eau liée de 30%. La plupart des essences ont une teneur en eau voisine à cette valeur lorsque leur structure est dépourvue d'eau libre, les fibres étant saturées d'eau liée. On dit alors qu'on a atteint le point de saturation des fibres. La présence des substances liquides autres que (résine, sucre et sels entre autres) l'eau dans le bois contribue à modifier l'humidité au PSF (Bjork et Rasmuson 1995).

Lorsque l'humidité du bois est supérieure à celle au PSF, on se trouve dans le domaine non hygroscopique, dans le cas contraire, on est dans le domaine hygroscopique.

Plusieurs études montrent que les propriétés physico mécaniques du bois sont modifiées lorsque l'humidité du bois varie dans le domaine hygroscopique (Merakeb 2006, Moutee 2006, Simpson 1999, Themelin 1998). Des études récentes démontrent que les propriétés de quelques essences sont modifiées dès le domaine non hygroscopique (Geovana 2005).

Dans la pratique, on le détermine en mesurant l'humidité du bois lorsque celui-ci est stabilisé dans une ambiance de température de 20°C et d'humidité relative de l'air égale à 100% (Geovana 2005). Le séchage et l'utilisation du bois n'étant pas toujours à une température de 20°C, il nous a semblé intéressant d'estimer l'humidité au PSF à différentes températures.

I.1.2.2.3 La teneur en eau d'équilibre - Isothermes de désorption

La teneur en eau du bois au dessous du PSF est fonction de la température et de l'humidité relative de l'air. La teneur en eau d'équilibre est l'humidité finale atteinte par le bois lorsqu'il est laissé dans une ambiance ayant les caractéristiques thermo physiques différentes que celles du bois. La relation qui lie la teneur en eau d'équilibre du bois à la température et à l'humidité relative de l'air ambiant est appelée isotherme de sorption. On parlera d'isothermes de désorption ou d'adsorption respectivement lorsque le bois perd ou gagne de l'humidité avant d'atteindre l'équilibre.

Lors de l'adsorption, les molécules se fixent sur les groupes hydroxydes disponibles de la cellulose favorisant ainsi l'augmentation de volume du bois. Cette augmentation cesse lorsque les groupes hydroxydes ne sont plus disponibles, c'est-à-dire lorsqu'on a atteint le PSF. Les molécules d'eau supplémentaires prennent alors domicile dans les pores du bois. La fixation des molécules d'eau liée est exothermique. La désorption, processus inverse de l'adsorption est endothermique. Le bois remplace alors progressivement les espaces laissés par l'eau liée. Lors de l'adsorption, le bois ne peut pas fixer le même volume d'eau liée libérée durant la désorption, et ceci dans les mêmes conditions de l'ambiance, figure 7. Ce processus est connu sous le vocable de hystérésis de sorption. La prise en compte des travaux réalisés lors de l'adsorption du bois dans la compréhension du processus de séchage serait donc de nature à négliger l'hystérésis de sorption. Des études récentes montrent que lorsque le bois est en charge où lorsque la température augmente, les sites de sorption d'eau diminuent impliquant ainsi une diminution de l'humidité au PSF (Merakeb 2006).

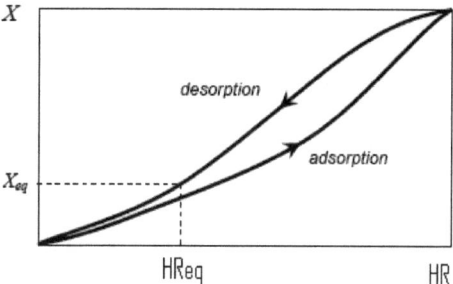

Figure 7 : Schématisation du phénomène d'hystérésis de sorption du bois (Thaï 2006)

Les isothermes de désorption permettent de définir globalement le comportement du bois durant le séchage (Nganhou 2000) et d'analyser le fonctionnement d'un séchoir (Kanmogne 1997, Themelin 1998). Elles fournissent des informations nécessaires à la stabilisation spatiale du bois en fonction des caractéristiques de l'ambiance (Themelin 1998). Elles favorisent la prédiction de l'humidité que le bois doit avoir, lorsque les caractéristiques (température et humidité relative de l'air) du milieu ambiant sont connues. Les isothermes de désorption nous renseignent de l'état de l'eau dans le bois avant son utilisation. Elles permettent ainsi de déterminer la chaleur isostérique de désorption qui est la mesure du degré de liaison de l'eau, d'estimer l'énergie nécessaire pour rompre les liaisons entre l'eau liée et les structures de bois, de déterminer les surfaces spécifiques du bois et de quantifier l'effet sorret (Al-Muhtaseb *et al.* 2004, Benhamou *et al.* 2010, Khalfi et Blanchart 1999).

I.1.2.2.3.1 Description des isothermes de désorption des bois tropicaux.

Les isothermes de désorption des bois tropicaux ont la forme des sigmoïdes, figure 8. Les molécules d'eau dans le domaine hygroscopique se présentent sous trois formes différentes (Jannot 2003a, Nadeau et Puiggali 1995) :

Aux basses humidités relatives de l'air (zone 1), une couche (monocouche) d'eau est liée au squelette du bois. La mobilité des molécules est quasi-impossible et il faudrait une forte énergie pour libérer ces molécules d'eau.

Aux humidités relatives de l'air intermédiaires (zone 2), quelques couches supplémentaires se superposent à la monocouche formant ainsi les multicouches. L'énergie nécessaire pour rompre les liaisons entre les multicouches et le bois est moindre que précédemment.

Aux humidités relatives proches de 1 (zone 3), il y a accumulation d'eau dans les microporosités, puis dans les pores formant la phase liquide qui obéit aux lois de la capillarité. Dans cette zone, l'énergie de liaison est très faible.

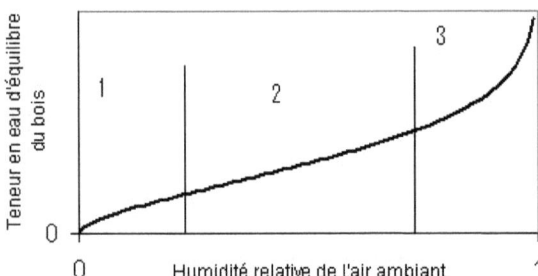

Figure 8 : Forme des isothermes de désorption des bois tropicaux (Jannot 2003a)

I.1.2.2.3.2 Détermination des isothermes de désorption.

La méthode la plus répandue est de placer l'échantillon de bois dans une atmosphère régulée à une température constante T et à une humidité relative de l'air constante HR grâce à la présence des solutions salines saturées (figure 9). Il faut attendre la stabilisation de la masse m de l'échantillon et déterminer la teneur en eau de l'échantillon à l'équilibre X_{eq} qui correspond à la teneur en eau base sèche d'équilibre dans le milieu de caractéristiques (T, HR). L'attente de l'équilibre dure plusieurs semaines et est fonction de l'échantillon. Il faut en moyenne six semaines pour atteindre l'équilibre lorsque l'échantillon de bois est un cube de coté 25,4mm (Wu 1999). Les dimensions des échantillons n'ayant pas une influence importante sur la teneur en eau, il est donc conseillé d'utiliser des échantillons de faible épaisseur afin de réduire la durée d'expérimentation.

Certains auteurs utilisent d'ailleurs des épaisseurs ne dépassant pas 1mm (Merakeb 2006, Pakowski *et al.* 2007). D'autres méthodes de détermination expérimentale des isothermes de sorption sont disponibles dans la littérature (Pakowski *et al.* 2007). De nombreux modèles mathématiques permettant de décrire la courbe de désorption sont proposés dans la littérature (Aghfir *et al.* 2005, Hernandez 1991, Jannot 2003a, Kanmogne 1997, Lamharrar *et al.*2007, Merakeb 2006, Moutee 2006, Nadeau et Puiggali 1995, Nkouam 2007, Thémelin 1998, Vidal *et al.* 2005). Ces modèles sont donnés en fonction des paramètres dont la détermination fait suite de celle des points expérimentaux d'équilibre. Les tableaux II et III ci-dessous présentent respectivement les solutions salines saturées généralement utilisées lors de l'étude de la sorption du bois et une liste non exhaustive des modèles mathématiques des isothermes de désorption. Nous n'avons que sélectionné les modèles très utilisés dans la littérature.

Il n'existe pas de solutions capables de maintenir une humidité relative nulle d'une ambiance. Il est clair que, si un échantillon est en équilibre dans une ambiance dotée d'une humidité relative nulle, c'est-à-dire ayant une activité en eau nulle, la teneur en eau de l'échantillon serait également nulle. Nous pouvons donc admettre pratiquement que la teneur en eau à l'équilibre est nulle lorsque l'humidité relative de l'air de l'ambiance est nulle.

Notons que l'application de cette méthode sur le bois n'est pas récente (Hernandez 1991). La durée d'expérimentation importante a amené les spécialistes à mettre sur pied une méthode dynamique (Jannot 2003a, Meukam 2004) très rapide, mais qui donne des résultats moins précis, l'expérience étant difficile à mener (Jannot 2003a).

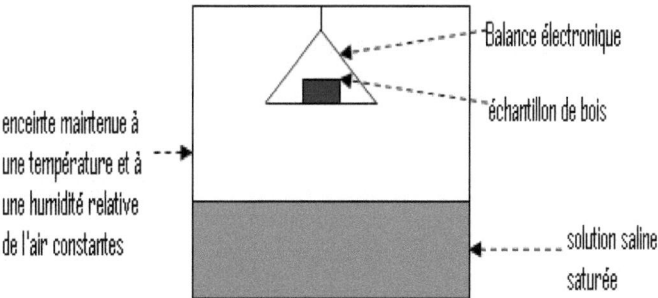

Figure 9 : Disposition expérimentale pour la détermination des isothermes de désorption (Nadeau et Puiggali 1995).

Tableau II : Humidités Relatives (%) de quelques solutions salines saturées en fonction de la température (Jannot 2003a, Nadeau et Puiggali 1995).

T(° C)	LiBr	KOH	LiCl	$MgCl_2$	NaBr	NaCl	KCl
20	6,6	9,3	11,3	33,1	59,1	75,5	85,1
30	6,2	7,4	11,3	32,4	56,0	75,1	83,6
40	5,8	6,3	11,2	31,6	53,2	74,7	82,3
50	5,5	5,7	11,1	30,5	50,9	74,4	81,2
60	5,3	5,5	11,0	29,3	49,7	74,5	80,3

T (° C)	K_2CO_3	$CuCl_2$	K_2SO_4	$(NH_4)_2SO_4$	$COCl_2$	$Mg(NO_3)_2$	KF
20	43,2	68,4	97,6	81,4		54,4	
30	43,2	68,6	97,0	80,6	61,8	51,4	27,3
40	42,3	68,0	96,4	79,9	55,5	48,4	22,7
50	45,6	65,5	95,8	79,2	50,0	45,4	20,8
60	45,0	63,3	95,7	77,2	46,7		20,8

Tableau III : Liste non exhaustive des modèles des isothermes de sorption (Aghfir *et al.* 2005, Hernandez 1991, Jannot 2003a, Lamharrar *et al.*2007, Merakeb 2006)

Nom du modèle	Expression
Oswin (1946)	$X_{eq} = A\left[\dfrac{HR}{1-HR}\right]^{B}$
Smith (1947)	$X_{eq} = A + B\ln(1-HR)$
Halsey (1948)	$X_{eq} = \left[\dfrac{-A}{\ln(HR)}\right]^{\frac{1}{B}}$
Henderson (1952)	$X_{eq} = \left[\dfrac{\ln(1-HR)}{-A}\right]^{\frac{1}{B}}$
Day et Nilson (1965)	$HR = 1 - \exp(-A.T^{B} X_{eq}^{CT^{D}})$
Chung et Pfost (1967)	$X_{eq} = \dfrac{-1}{B}\ln\left[\dfrac{\ln(HR)}{-A}\right]$
Henderson modifié (1968)	$HR = 1 - \exp(-A.(T+B).X_{eq}^{C})$
Kuhn (1972)	$X_{eq} = \left[\dfrac{A}{\ln(HR)}\right] + B$
Cubic (1973,1978)	$X_{eq} = A + B.HR + C.HR^{2} + D.HR^{3}$
Iglesias,Chirife (1978)	$\ln(X_{eq} + (X_{eq}^{2} + X_{eq0.5}^{2})^{\frac{1}{2}}) = A.HR + B$
Iglesias,Chirife (1981)	$X_{eq} = A\left[\dfrac{HR}{1-HR}\right] + B$
Ferro Fontan (1982)	$\ln(\dfrac{A}{HR}) = B X_{eq}^{-C}$
Schuchmann (1990)	$X_{eq} = \dfrac{-A.T\ln(1-HR)}{B.T + \ln(1-HR)}$
Peleg (1993)	$X_{eq} = A\,HR^{B} + C.HR^{D}$
Isse (1993)	$\ln X_{eq} = A.\ln\left(\dfrac{1}{1-HR}\right) + B$
Motta Lima (1999)	$X_{eq} = \dfrac{\ln(1-HR^{A})}{B\exp(-C/T)}$
Iglesias,Chirife,Halsey (1976)	$X_{eq} = A\left[T\ln\left(\dfrac{1}{HR}\right)\right]^{-B}$
Chung et Pfost modifié (1976)	$HR = \exp\left[\dfrac{-A\exp(-BX_{eq})}{T+C}\right]$
Luikov (1978)	$X_{eq} = \dfrac{A}{1 - B\ln(HR)}$
Kaleemullah (2002)	$HR = A - B\exp(-C.T.X_{eq}^{D})$

X_{eq} est teneur en eau à l'équilibre (b.s.) en décimale, HR est l'humidité relative de l'air en décimale. $X_{eq\,0,5}$ est la teneur en eau b.s. à HR = 0,5. T est la température en °C. A, B, C et D sont les paramètres à déterminer expérimentalement.

I.1.2.2.4 Les retraits.

Le retrait est une grandeur qui quantifie la diminution des dimensions ou du volume du bois lors du séchage et serait la conséquence de la présence de l'hémicellulose (Geovana 2005, Merakeb 2006). La détermination de cette grandeur est importante, car permettant de classer les bois en fonction de leur aptitude à se déformer au cours du séchage. On distingue les retraits radial, tangentiel, axial et volumique. Ils sont généralement exprimés en pourcentage.

I.1.2.2.4.1 Expressions des retraits radial total, tangentiel total et axial total.

Ils sont donnés par la formule ci-dessous (Aléon *et al.* 1990, Nadeau et Puiggali 1995) :

$$R_i = 100 \frac{L_{is} - L_{io}}{L_{io}} \tag{I.6}$$

Avec :
    i=r pour le retrait total radial ;
    i=t pour le retrait total tangentiel ;
    i=a pour le retrait total axial ;
    L_{is} : longueur correspondant au PSF ;
    L_{io} : longueur à l'état anhydre.

Le coefficient de retrait total suivant la direction i, r_i, est donné par la formule (I.7) où H_s est la valeur du PSF.

$$r_i = \frac{R_i}{H_s} \tag{I.7}$$

Le retrait total d'un lot de bois suivant une direction est la moyenne arithmétique des retraits totaux des différentes pièces.

I.1.2.2.4.2 Expression du retrait volumique total.

Il est donné par la formule (I.8) ci-dessous (Aléon *et al.* 1990, Nadeau et Puiggali 1995) :

$$R_v = 100 \frac{V_s - V_o}{V_o} \tag{I.8}$$

Où V_s et V_o désignent les volumes de l'échantillon respectivement au PSF et à l'état anhydre.

Le coefficient de retrait volumique est donné par la relation (I.9) ci-dessous :

$$r_v = \frac{R_v}{H_s} \qquad (I.9)$$

La norme NF B 51-003 recommande les précisions de mesurage ci-après lors des différents essais (Norme Française 1985) :
- Masse : ±0,01g ; -Longueur : ±0,01mm ;
- Volume : ±0,003cm³ ; -Température : ±0,05°C.

Le retrait est constant dans le domaine non hygroscopique et croît avec l'humidité dans le domaine hygroscopique selon la relation (I.10) ci-dessous :

$$R_{i_H} = r_i H \quad \text{si } H < H_s \qquad (I.10)$$

r_i est le coefficient de retrait total suivant la direction i. Cette relation reste valable pour estimer le retrait volumique à l'humidité H en posant i=V. La figure 10 présente les courbes de variations des retraits radial, tangentiel et longitudinal. Partant de l'état anhydre, on constate que les valeurs des retraits augmentent jusqu'au PSF où ils deviennent constants.

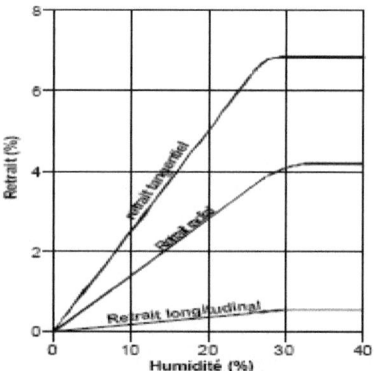

Figure 10 : Variations et grandeurs des retraits (Merakeb 2006).

I.1.2.2.5 La masse volumique du bois.

C'est la masse d'un échantillon de bois rapportée à son volume. Cette grandeur facilite la prédiction des propriétés hygroscopiques et la porosité du bois. La masse volumique du bois dépend de l'espèce à cause de la variation des proportions chimiques qui les constituent. Les différences importantes de la texture du bois tant entre les espèces qu'entre ses différentes parties favorisent la complexité de la connaissance de cette grandeur.

Soit à établir la relation entre la masse volumique et l'humidité. On a :

$$\rho_h = \frac{m_h}{v_h} \qquad (I.11)$$

Le retrait volumique à l'humidité H est donné par la relation (I.12) ci-dessous :

$$R_{Vh} = 100\frac{V_h - V_o}{V_o} \qquad (I.12)$$

Ainsi, les relations (I.1), (I.11) et (I.12) donnent :

$$\rho_h = \rho_o \frac{100 + H}{100 + R_{Vh}} \qquad (I.13)$$

*Si H > H_s, R_{Vh} est constant, d'où :

$$\rho_h = cst(100 + H) \qquad (I.14)$$

Avec cst une constante.

La masse volumique varie dans le même sens que l'humidité H et linéairement.

*Si H < H_s, les relations (I.10) et (I.13) donnent :

$$\rho_h = \rho_o \frac{100 + H}{100 + r_V H} \qquad (I.15)$$

La dérivée partielle de la masse volumique par rapport à l'humidité donne :

$$\frac{\partial \rho_h}{\partial H} = \rho_o \frac{100(1 - r_V)}{(100 + r_V H)^2} \qquad (I.16)$$

Or $r_V < 1$ pour toutes les essences tropicales. D'où :

$$\frac{\partial \rho_h}{\partial H} \succ 0 \qquad (I.17)$$

La masse volumique du bois croît alors avec sa teneur en eau. La dérivée de la relation (I.16) par rapport à l'humidité donne :

$$\frac{\partial^2 \rho_h}{\partial H^2} = \rho_o \frac{-200 r_V(1 - r_V)}{(100 + r_V H)^3} \qquad (I.18)$$

Ainsi :

$$\frac{\partial^2 \rho_h}{\partial H^2} \prec 0 \qquad (I.19)$$

Dans le domaine hygroscopique, la masse volumique est une concavité tournée vers le bas. La figure 11 donne l'allure générale de la masse volumique du bois.

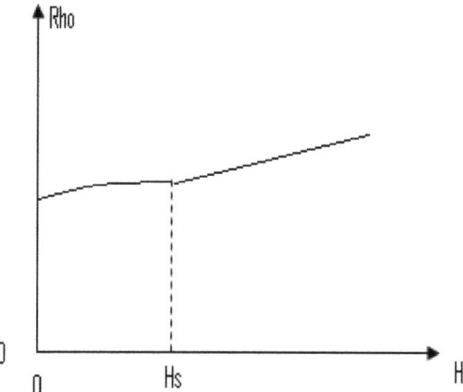

Figure 11 : Allure de la masse volumique en fonction de l'humidité des bois tropicaux (Ngohe-Ekam 1992).

Le résultat (I.13) est analogue à celui trouvé par Simpson et Tenwolde (1999) représenté ci-dessous :

$$\rho_h = 1000 G_m (1 + \frac{H}{100}) \quad \text{(I.20)}$$

$$G_m = \frac{G_b}{1 - 0{,}265 a G_b} \quad \text{(I.21)}$$

$$a = \begin{cases} \dfrac{H_s - H}{H_s} & \text{si } H \prec H_s \\ 0 & \text{si } H \geq H_s \end{cases} \quad \text{(I.22)}$$

G_b étant la densité du bois à l'humidité 0,12. Les corrélations (I.13) et (I.20) donnent les mêmes résultats si la relation (I.23) est vérifiée :

$$G_m = \frac{\rho_o}{10(100 + R_{VH})} \quad \text{(I.23)}$$

I.1.2.2.6 La dureté du bois.

Elle exprime la faculté du bois à résister aux actions dynamiques externes. Elle est fonction de la densité et de la composition chimique du bois. La dureté diminue lorsque l'humidité croît (Geovana 2005, Moutee 2006, Simpson et Tenwolde 1999).

I.1.2.2.7 L'élasticité du bois.

Elle exprime l'aptitude du bois à retrouver sa position initiale après une certaine déformation. L'élasticité croît avec l'humidité (Geovana 2005, Moutee 2006, Simpson et Tenwolde 1999).

I.1.2.2.8 La durabilité du bois.

Elle exprime l'aptitude du bois à résister aux agents de destruction biologique comme les champignons (Geovana 2005). Un bois bien séché est protégé contre ces attaques (Moutee 2006).

I.1.2.3 Les propriétés thermiques.
I.1.2.3.1 Isolant thermique.

Le bois est un bon isolant thermique. Cette propriété croît lorsque baisse l'humidité (Simpson et Tenwolde 1999).

I.1.2.3.2 La conductivité thermique du bois.

La conductivité thermique du bois exprime la capacité qu'a la chaleur à traverser le bois. Elle croît avec la densité, l'humidité et la température et est influencée par la direction anatomique (Bonoma *et al.* 2005 et 2007, Etuk *et al.* 2005, Hernandez 1991, Monkam 2006, Mukam et Mbatene 2004, Ngohe-Ekam 1992, Steinhagen 1977). La relation générale qui estime la conductivité thermique des bois tropicaux est donnée par l'équation (I.24) ci-dessous (Simpson et Tenwolde 1999) :

$$\lambda = G(B + CH) + A \qquad (I.24)$$

Où :

　H est l'humidité du bois exprimé en pourcent ;
　G est la densité du bois ;
　A, B et C sont des paramètres.

Lorsque H<25%, G>0,3 et une température ambiante voisine de 24°C, les paramètres valent : A=0,01864, B=0,1941 et C=0,004064.
Lorsque 25%≤H<40%, on a : A=0,02378, B=0,2003 et C=0,004035.
Lorsque H≥40%, on a : A=0,02378, B=0,2003 et C=0,00548.
Dans toutes ces conditions, λ est exprimée en W/(m.K). Ces valeurs ne sont que des estimations et devraient être ajustées pour des études rigoureuses. Nous avons utilisé la relation I.25 donnée par Jannot (2003c) avec un carré de corrélation de 0,9982 pour estimer la masse volumique de l'eau afin d'obtenir la densité du bois.

$$\rho_e = -0,0038T^2 - 0,0505T + 1002,6 \qquad (I.25)$$

Avec T la température du bois en °C et ρ_e la masse volumique de l'eau en kg/m^3.

I.1.2.3.3 La capacité thermique du bois.

Elle désigne l'énergie nécessaire pour augmenter la température d'un kilogramme de bois de un Kelvin. Elle dépend de la température, de l'humidité du bois, de la direction anatomique (Steinhagen 1977) et est pratiquement indépendante de la densité. Pour les humidités inférieures à l'humidité de saturation des fibres et les températures comprises entre 7°C et 147°C, on peut l'estimer par la formule (I.26) (Simpson *et al.* 1999). Le second terme de la somme est nul dans le domaine non hygroscopique.

$$C_p = \frac{C_{po} + 0,01 H C_{pw}}{1 + 0,01 H} + H(-0,06191 + 2,36*10^{-4}T - 1,33*10^{-4}H) \qquad (I.26)$$

C_{po}=0,1031+0,003867T (I.27)
C_{pw}=4,19kJ/(kg.K)

T est la température en Kelvin, H est l'humidité en pourcent et C_p est exprimée en kJ/(kg.K).

I.1.2.3.4 La diffusivité thermique du bois.

Elle exprime la rapidité avec laquelle la chaleur provenant du milieu extérieur se propage dans le bois (Monkam 2006, Ukrainczyk 2009) et dépend de la densité du bois et de la direction anatomique (Steinhagen 1977). Elle est traduite par la relation :

$$K = \frac{\lambda}{\rho_{bois} C_p} \qquad (I.28)$$

Pour le bois anhydre, sa valeur est voisine de 1,61x10^{-7}m^2/s (Simpson *et al.* 1999).

I.1.2.3.5 Le coefficient de diffusion massique du bois.

Ce coefficient permet de caractériser l'aptitude de l'eau de migrer dans le bois suite à l'application d'un gradient de concentration de teneur en eau ou de pression partielle de vapeur. Plusieurs auteurs se sont intéressés à la détermination de ce paramètre (Agoua *et al.* 2001, Batista *et al.* 2006, Kouchade 2004, Liu et Simpson 1999, Mouchot *et al.* 2000, Mukam et Wanko 2004, Trujillo *et al.* 2004, Youngman *et al.* 1999). Ces études montrent que ce paramètre est influencé par la densité du bois, la teneur en humidité, la direction de diffusion, la température et le régime de séchage. Pour adapter les valeurs trouvées au processus de séchage, il importe donc de déterminer une corrélation liant toutes les grandeurs citées ci-dessus au coefficient de diffusion de l'eau.

Fick en 1855 a montré que la densité de flux massique est proportionnelle au gradient de concentration d'humidité et est dirigée suivant le sens des concentrations décroissantes.

$$q = -D \frac{\partial C}{\partial x} \qquad (1.29)$$

D est le coefficient de diffusion massique de l'eau dirigé suivant la direction x et s'exprime en m^2/s.

Considérons un pore de bois en forme de cylindre et de direction celle de x, et deux positions A et B d'abscisses respectives x et x+dx (figure 12). La quantité de matière emmagasinée dans le pore après un temps dt est :

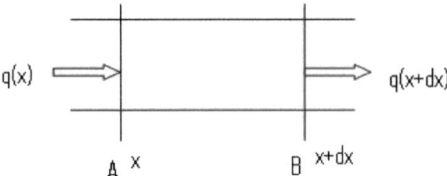

Figure 12 : Diffusion en régime transitoire

$$[q(x) - q(x+dx)]dt = -\frac{\partial q}{\partial x}dxdt \tag{I.30}$$

Entre les instants t et t+dt, on a :

$$[C(t+dt) - C(t)]dx = \frac{\partial C}{\partial t}dtdx \tag{I.31}$$

Ainsi, sachant que les deux équations ci-dessus sont égales (Kouchade 2004), on a :

$$\frac{\partial C}{\partial t} = -\frac{\partial q}{\partial x} \tag{I.32}$$

D'où, d'après les équations (I.29), (I.30), (I.31) et (I.32) on obtient l'équation de diffusion unidimensionnelle I.33 de Fick :

$$\frac{\partial C}{\partial t} = \frac{\partial}{\partial x}(D\frac{\partial C}{\partial x}) \tag{I.33}$$

En dimension 3, on a :

$$\frac{\partial C}{\partial t} = div(\vec{D}\,\vec{grad}\,\vec{C}) \tag{I.34}$$

Les méthodes expérimentales de détermination du coefficient de diffusion de l'eau dans le bois sont développées dans les thèses de Merakeb (2006) et de Kouchade (2004).

I.1.2.3.6 La chaleur latente de vaporisation et la chaleur de désorption du bois

La chaleur latente de vaporisation est l'énergie nécessaire pour faire passer un kilogramme d'eau de l'état liquide à l'état gazeux. Nous l'estimerons à partir de la relation de Regnault (Lumbroso 1987) rappelée ci-dessous :

$$L_b = (3335 - 2,91T) \times 10^3 \tag{I.35}$$

L_b en J/kg et T en K

La chaleur de désorption du bois est l'énergie nécessaire pour libérer un kilogramme d'eau des structures de bois. Nous utiliserons la relation ci-dessous (Merakeb 2006).

$$E = 1170,4 \times 10^3 \exp(-0,14H) \tag{I.36}$$

E en J/kg et H en %

I.1.2.3.7 Les coefficients d'expansion thermique du bois.

Le bois réagit différemment selon qu'on l'expose brutalement à de la chaleur ou au froid. La variation des dimensions du bois due à ce changement brusque de la température est estimée par le coefficient d'expansion thermique qui est influencé par la densité du bois. Une estimation pour des bois anhydres de densité comprise entre 0,1 et 0,8 exposés à des températures appartenant à la plage -51,1°C et 54,4°C est donnée par les équations (I.37) et (I.38) (Simpson 1999, Simpson et Tenwolde 1999):

$\alpha_r = (32,4G_o + 9,9) * 10^{-6}$ par K ; (I.37)
$\alpha_T = (32,4G_o + 18,4) * 10^{-6}$ par K. (I.38)

G_o est la densité du bois à l'état anhydre.
Il vient donc que, dans le domaine hygroscopique, plus le bois est dense, plus la température a un effet sur ses dimensions. Cet effet est plus important dans la direction tangentielle que radiale et axiale.

I.1.2.4 Les propriétés électriques du bois.

Ces propriétés varient énormément avec l'humidité du bois dans le domaine hygroscopique (Simpson 1999, Simpson et Tenwolde 1999).

I.1.2.4.1 La conductivité électrique du bois (Simpson et Tenwolde 1999).

Elle varie avec la tension appliquée et double lorsque la température croît de 10°C. Lorsque la teneur en eau du bois croît de 0 à H_s, la conductivité électrique croît de 10^{10} à 10^{13} fois. La résistivité électrique du bois est de l'ordre de 10^{14} à $10^{16} \Omega.m$ pour un bois sec et 10^3 à $10^4 \Omega.m$ pour un bois au PSF.

I.1.2.4.2 La constante diélectrique du bois.

C'est le rapport de la permittivité diélectrique du bois sur celle du vide. Elle est comprise entre 2 et 5 pour un bois anhydre (Simpson et Tenwolde 1999).

I.1.2.4.3 Le facteur de puissance diélectrique du bois.

Il estime la portion d'énergie stockée dans le bois qui peut être transformée en chaleur. En plus de l'humidité, il est influencé par la température (Simpson et Tenwolde 1999).

I.1.2.5 Cinétique de séchage des bois tropicaux

La cinétique de séchage est l'évolution du séchage dans le temps. On la représente généralement par la courbe illustrant la teneur en eau moyenne en fonction de la durée de séchage. L'étude de la cinétique de séchage du bois est largement abordée dans la littérature. On peut citer entre autres les travaux (Alexandru 2003, Alvear *et al.* 2003, Geovana 2005, Guoxing *et al.* 2003, Hernandez 1991, Jannot *et al.* 2004, Kanmogne 1997, Simo Tagne *et al.* 2010b, Talla *et al.* 2001, Youngman *et al.* 1999). Ces études permettent de construire des tables de séchage, c'est-à-dire des programmes de séchage mettant en

évidence les températures sèches et humides de l'air de séchage à imposer dans le séchoir en fonction de l'humidité du bois, afin de réduire les défauts de séchage du bois que sont :
- les déformations qui sont dues à l'anisotropie du retrait et sont fonction de la zone de prélèvement des planches dans l'arbre (Figures 13 et 14). La figure 15 montre l'état d'une pile de bois mal séchée en entreprise et ressort les planches déformées;
- les gerces encore appelées les fentes superficielles et internes qui sont la conséquence du niveau de tension ou de compression des fibres du bois présentent en fin ou en début du procédé de séchage ;
- les collapses qui sont dus à l'effondrement des parois cellulaires (Figure 16);
- les phénomènes de coloration ou de décoloration dus aux changements de la couleur du bois ;
- les phénomènes de cémentation qui sont la conséquence du dépôt des composés extractibles sur la surface du bois créant ainsi un arrêt du retrait de l'humidité du bois.

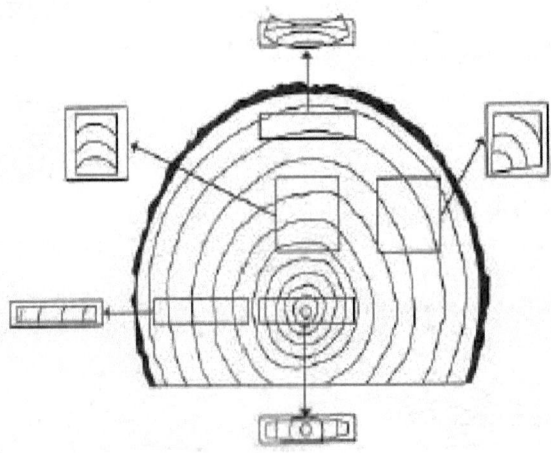

Figure 13 : Déformations fonction de la position de la planche dans le tronc (Cloutier 1993)

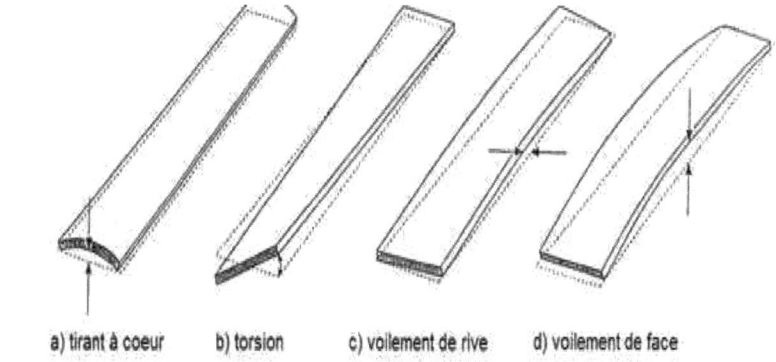

Figure 14: Différents types de déformations (Moutee 2006)

Figure 15 : Exemple d'une pile de bois mal séché à l'échelle industrielle (Perré 1999)

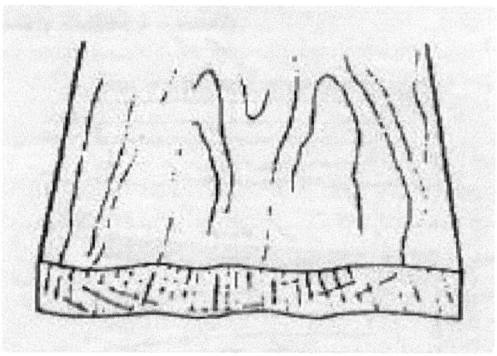

Figure 16 : Collapses (Cloutier 1993)

I.1.2.5.1. Description de la cinétique de séchage du bois dans une ambiance constante.

La littérature présente une même allure de la cinétique de séchage lorsque les conditions de l'ambiance sont constantes. La pente de la cinétique de séchage permet d'obtenir la vitesse de séchage ou taux de variation de la cinétique qui peut être fonction de la durée de séchage ou de la teneur en eau du bois. Trois périodes de séchage sont en général distinguées d'après O. Krischer. Les figures 17 et 18 schématisent les différentes périodes de séchage du bois dans des conditions constantes de l'ambiance. On constate que la période de montée de température n'est pas forcement observable dans le tracé de la vitesse de séchage ou de l'humidité en fonction de la durée de séchage. Pour un matériau hygroscopique, la vitesse s'annule lorsque le bois a atteint l'humidité d'équilibre, figure 18. L'analyse de l'évolution de la vitesse de séchage du bois jusqu'à l'équilibre dans différentes conditions de l'ambiance peut donc permettre d'établir leurs isothermes de désorption

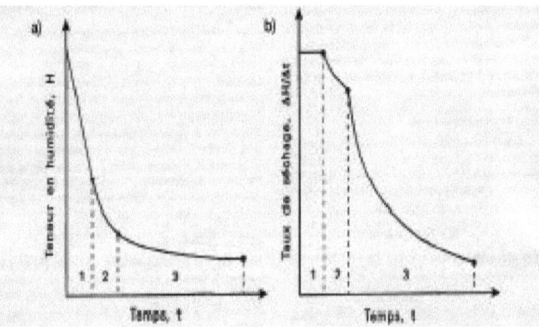

Figure 17 : Périodes du séchage : a) cinétique de séchage. b) vitesse de séchage (Cloutier 1993)

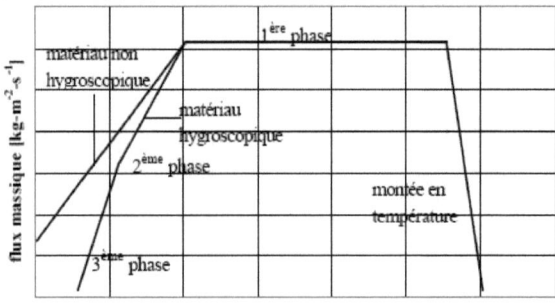

Figure 18 : Variation du Flux massique ou de la Vitesse de séchage en fonction de l'humidité (Merakeb 2006).

I.1.2.5.1.a La période de séchage à vitesse constante

Cette période demeure tant que la surface du bois est saturée en eau libre (Cloutier 1993, Perré 1993). La vitesse d'évaporation de l'eau en surface est donc égale à la vitesse d'évacuation de l'eau de l'intérieur du bois vers la surface. La température de surface du bois est égale à celle du thermomètre humide et est peu différente de celle qui règne à l'intérieur du produit (Cloutier 1993). La cinétique est ici plus influencée par les coefficients de transfert de la chaleur et de la matière (Nadeau et Puiggali 1995) et moins influencée par la variation de la teneur en eau (Cloutier 1993). Cette période est illustrée par la zone 1 des figures 17 et 18 et n'existe pas lorsque la teneur en eau initiale est inférieure à l'humidité au PSF ou lorsque le séchage est sévère (Perré 1993). La pression de vapeur à la surface du bois est égale à la pression de vapeur saturante et est fonction de la température de la surface du bois seulement (Perré 1999). La fin et l'existence de cette phase sont diversifiées dans la littérature. Quelques études estiment que cette phase s'achève lorsque environ le tiers de l'eau initiale est extraite du bois (Allegretti et Ferrari 2004) alors que, d'après Patrick Perré, elle est moins rencontrée lors du séchage du bois et sa durée dépend fortement des conditions de séchage et des propriétés du bois lorsqu'elle existe (Perré 1999).

I.1.2.5.1.b Première période de ralentissement de la vitesse de séchage.

Lorsque la vitesse d'évaporation de l'eau en surface est différente de la vitesse d'évacuation de l'eau libre du centre du bois vers sa surface, des zones sèches se forment progressivement à la surface du bois causant ainsi un frein à l'extraction de l'eau du bois et la vitesse de séchage diminue. Une partie du bois atteint le PSF (Perré 1993). La température du bois est plus proche de celle de l'ambiance diminuant ainsi l'intensité du transfert de la chaleur. Cette période est contrôlée par les températures humide et sèche de l'ambiance et est illustrée par la zone 2 des figures 17 et 18.

I.1.2.5.1.c La deuxième période de ralentissement de la vitesse de séchage

Au fur et à mesure que le séchage se poursuit, l'eau est évacuée vers la surface sous forme de vapeur et la diffusion de l'eau liée est prépondérante. Tout le bois est dans le domaine hygroscopique et la température du bois se rapproche d'avantage de la température sèche de l'ambiance diminuant ainsi l'intensité de transfert de la chaleur. Les zones sèches augmentent et progressent de la surface vers l'intérieur du bois impliquant ainsi une diminution de la vitesse de séchage. Cette période met plus de temps et cesse lorsque la vitesse de séchage s'annule. La teneur en eau finale du bois est alors donnée par les isothermes de désorption de l'essence étudiée dans les conditions (humidité relative et température) de l'ambiance. Cette période est contrôlée par la température sèche de l'ambiance et est illustrée par la zone 3 des figures 17 et 18.

I.1.2.5.2 Description de la cinétique de séchage du bois dans une ambiance variable.

Dans l'industrie, les critères de qualité du bois en fin de séchage obtenus dans les délais de livraison très stricts sont en permanence recherchés. Il est alors nécessaire de faire varier les conditions de l'ambiance afin de gagner en temps sans toutefois détériorer la qualité du produit. L'évolution de la cinétique de séchage est alors modifiée. Le séchage de plusieurs planches (piles de bois) aux teneurs en eau initiales différentes explique la non apparition des différentes périodes de séchage. On rencontre en général une période transitoire où les transferts de chaleur et de masse s'établissent. Cette période est marquée par une augmentation de la vitesse de séchage durant un temps très faible par rapport à toute la durée de séchage. On entre ensuite dans une phase de séchage à vitesse décroissante. L'absence de la période de séchage à vitesse constante s'explique aussi par le fait que une humidification intermittente est souvent effectuée avec de la vapeur d'eau (Bonoma et Migue 2005) afin de détendre les fibres de bois qui sont en général sous tension en surface lorsque les conditions de séchage sont sévères. L'humidité relative de l'air est alors importante. La température de début de séchage doit être faible afin d'éviter des gradients de température forts qui empêcheraient le mouvement de l'eau du centre vers la surface du bois.

La température de séchage obtenue, on augmente légèrement la température sèche de l'air et on diminue légèrement la température humide jusqu'à la période de décroissance rapide de la cinétique de séchage afin de ne pas baisser les résistances mécaniques du bois qui génèrent les collapses. Lorsque tout le bois se trouve dans le domaine hygroscopique, il est conseillé d'augmenter la température humide de l'air et de maintenir constante la température sèche jusqu'à l'annulation de la vitesse de séchage marquant la fin du séchage. Dans une même essence, la cinétique de séchage varie selon les directions anatomiques. L'eau circule rapidement dans le sens axial dominé par les vaisseaux, moins vite dans le sens radial où on rencontre plus les rayons et lentement dans le sens tangentiel (Sales 1979). Ainsi, les débits sur quartier sèchent moins vite que les débits mixtes (constitués partiellement des débits sur dosse et sur quartier), et ces derniers sèchent moins vite que les débits sur dosse. Dans le paragraphe suivant, nous nous intéressons à l'étude des séchoirs à bois et nous présentons quelques paramètres qui influencent la conduite des séchoirs.

I.2. Etude des séchoirs thermique et solaire

La détermination du type de séchoir est une étape déterminante pour conserver le bois issu de la première transformation. Le choix du séchoir dépend de la disponibilité des sources d'énergie, de la quantité et du type de bois à sécher et de la teneur en eau finale à atteindre par les bois séchés entre autres.

I.2.1. Les séchoirs conventionnels

I.2.1.1. Classification des différents types de séchoirs conventionnels

La connaissance des différents types de séchoirs est primordiale pour une entreprise en ce sens que le type de séchoir affecte la qualité du produit final, le suivi et la durée de séchage. On distingue en général trois types de séchoirs conventionnels :

I.2.1.1.1. Les séchoirs à convection forcée.

Ces séchoirs sont les plus répandus. Une source de chaleur produit l'énergie nécessaire pour sécher le bois et l'évacuation de la vapeur par convection est contrôlée afin que l'humidité relative de l'air dans l'enceinte de séchage soit régulière. L'eau chaude, l'huile chaude ou la vapeur à basse ou à haute pression sont les plus utilisées comme fluide caloporteur. Les sources d'énergie sont ligneuses ou fossiles et le chargement se fait sur les rails, les planches sont rangées par compartiments. Le coût d'un tel séchoir dépend du système de chauffage choisi et les températures de fonctionnement sont contrôlées et peuvent dépasser 100°C (Garrahan 2004). Ces types de séchoirs peuvent être à chauffage direct ou indirect.

I.2.1.1.1.a. Les séchoirs à chauffage indirect.

Ces séchoirs ont la particularité d'utiliser l'air de séchage à la pression atmosphérique maintenant des échanges entre l'air extérieur et l'air du séchoir. Le mouvement de l'air du séchoir est entretenu par des ventilateurs et les batteries de chauffe sont constituées des ailettes dans lesquelles circule un fluide caloporteur permettant de réchauffer l'air du séchoir dès l'entrée du séchoir et aussitôt après la sortie d'une pile, avant de traverser une autre pile, favorisant ainsi un recyclage de l'air de séchage. La présence des thermomètres secs et humides permet de réguler l'air du séchoir. Lorsque la température sèche est inférieure à la consigne, on laisse circuler le fluide caloporteur dans les batteries de chauffe jusqu'à l'obtention de la valeur désirée. Si la température humide devient inférieure à la consigne, le système de régulation injecte de l'eau dans l'air du séchoir. La figure 19 permet d'illustrer ce type de séchoir.

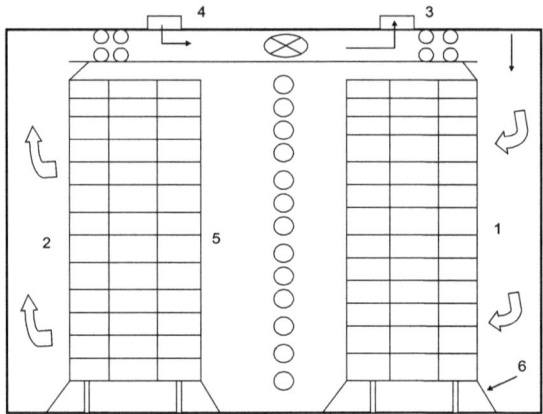

Figure 19 : Séchoir à convection forcée et à chauffage indirect.1) air chaud et sec entrant dans la pile de bois, 2) air frais et humide sortant dans la pile de bois, 3) air humide évacué par les évents du côté pression positive des évents, 4) air frais et sec entrant par les évents du côté pression négative des ventilateurs, 5) air réchauffé par la batterie de chauffe intermédiaire, 6) déflecteur (Cloutier 1993).

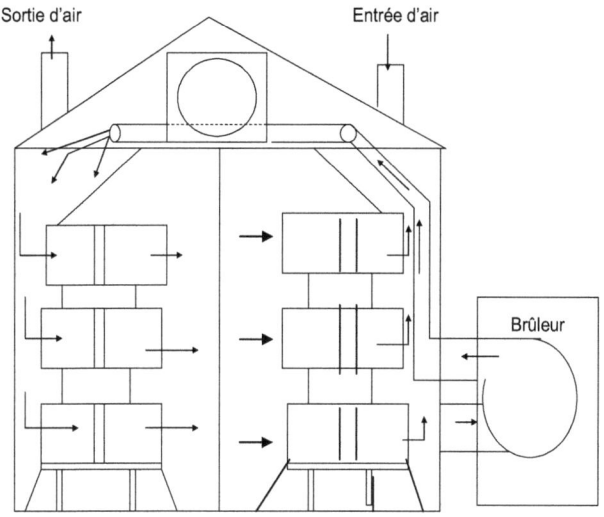

Figure 20 : Séchoir à chauffage direct (Cloutier 1993).

I.2.1.1.1.b. Les séchoirs à chauffage direct

Ces types de séchoirs utilisent la combustion d'huile, de gaz ou des déchets de bois pour obtenir des gaz chauds, l'injection de ces gaz se faisant directement dans le séchoir à une température voisine de 225°C (Cloutier 1993). L'utilisation d'une chaudière n'est pas nécessaire, mais la régulation de l'humidité relative de l'air cause un problème, car ces séchoirs sont dépourvus de la rampe d'humidification. La figure 20 ci-dessus présente un séchoir à chauffage direct.

I.2.1.1.2. Les séchoirs par déshumidification.

Ces séchoirs utilisent une pompe à chaleur et sont très économes en énergie. La chaleur de vaporisation est captée après condensation de l'air chaud sur les serpentins froids, au niveau des parois chaudes de la pompe de chaleur. Le système réfrigérant capte l'énergie qu'il transfère ensuite dans la masse d'air en circulation sous forme de chaleur sèche pour élever la température d'utilisation qui peut avoisiner les 65°C (Cloutier 1993, Garrahan 2004). L'électricité est la principale source d'énergie et peut être accompagnée par d'autres sources diverses. L'écoulement d'air est variable et la vaporisation de l'eau se fait pour des fins d'humidification. La figure 21 schématise un tel séchoir.

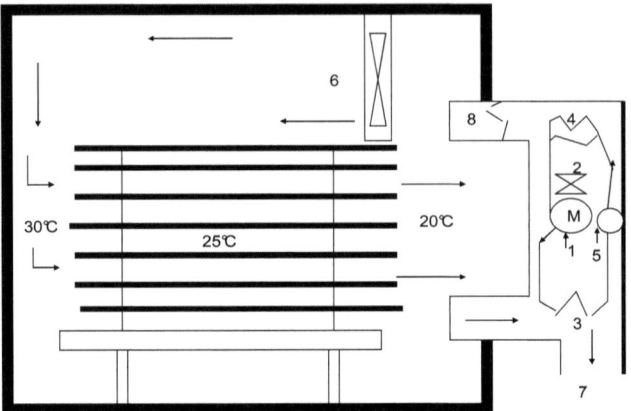

Figure 21 : Séchoir par déshumidification.
1) compresseur de fluide frigorigène, 2) ventilateur à l'intérieur de la pompe à chaleur, 3) évaporateur (élément froid), 4) condensateur (élément chaud), 5) détendeur, 6) ventilateur de reprise et de circulation de l'air dans le séchoir, 7) sortie de l'eau extraite du bois, 8) résistance électrique chauffante (Cloutier 1993).

I.2.1.1.3. Les séchoirs sous vide

L'enceinte de ces séchoirs est étanche et la pression est maintenue à une valeur inférieure à la pression atmosphérique. Le point d'ébullition de l'eau est alors abaissé et par conséquent, la différence de pression entre la surface et le centre des planches en cours de séchage est important favorisant ainsi l'extraction rapide de l'eau du bois et la durée de séchage est réduite. Pour la même qualité et quantité de bois à sécher, la durée de séchage en utilisant ce type de séchoir varie du quart au vingtième de la durée de séchage après utilisation des séchoirs à convection forcée. L'absence ou la faible présence de l'oxygène dans l'enceinte de séchage diminue le processus de décoloration du bois. Le chauffage s'effectue sous vide (ou partiellement sous vide) et utilise de la vapeur surchauffée. L'utilisation des baguettes n'est pas nécessaire dans un champ électromagnétique à haute fréquence. Les séchoirs sous vide peuvent fonctionner en convection forcée (séchoirs sous vide discontinu) utilisant l'air chaud comme fluide caloporteur ou sous un vide poussé (séchoirs sous vide continu). La source d'énergie principale est l'électricité, d'autres sources d'énergie peuvent être utilisées comme par exemple les combustibles fossiles et les débris ligneux. La compression mécanique est effectuée au cours du séchage afin de contrôler les effets néfastes du séchage sur le bois. L'utilisation de ces séchoirs permet d'obtenir des durées de séchage deux à cinq fois plus courts que les séchages à pression atmosphérique. La figure 22 ci après illustre ces types de séchoirs.

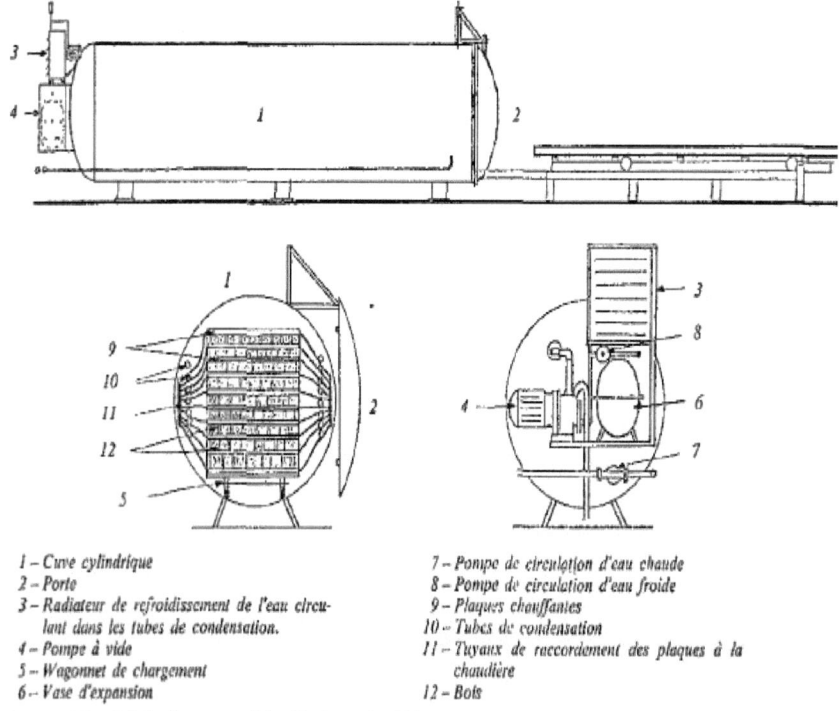

1 – Cuve cylindrique
2 – Porte
3 – Radiateur de refroidissement de l'eau circulant dans les tubes de condensation.
4 – Pompe à vide
5 – Wagonnet de chargement
6 – Vase d'expansion
7 – Pompe de circulation d'eau chaude
8 – Pompe de circulation d'eau froide
9 – Plaques chauffantes
10 – Tubes de condensation
11 – Tuyaux de raccordement des plaques à la chaudière
12 – Bois

Figure 22 : Séchoir sous vide (Sales 1979b).

I.2.2 Les séchoirs solaires

L'utilisation de l'énergie solaire peut être une solution aux problèmes énergétiques qui se posent en ce début du siècle. Cette énergie est encore plus utilisée en zone rurale en Afrique subsaharienne. L'énergie solaire est gratuite, disponible et est non dégradable, comparée à l'énergie électrique. Toutes ces raisons ont donc amené plusieurs chercheurs à développer des séchoirs dont la taille est en général fonction des produits à sécher. Dans ce paragraphe, notre objectif est de vulgariser la construction des séchoirs solaires à bois et la conduite du séchage d'une part et leur modélisation d'autre part. A partir d'une simulation numérique, nous étudierons les sensibilités de certains paramètres sur l'évolution du séchage afin de tenter d'améliorer le rendement desdits séchoirs, tant au niveau de la durée de séchage que de la qualité des produits obtenus.

I.2.2.1 Construction des séchoirs solaires

Le séchage traditionnel à l'air est réalisé au moyen d'une installation peu coûteuse. Il est assez lent et entraîne une immobilisation d'un stock important de bois. De plus, il ne détruit pas certains agents néfastes comme les insectes et les champignons. Par ailleurs, il offre un degré d'humidité insuffisant pour une utilisation immédiate (Masson et Puech 2000). Ces nombreux inconvénients ont induit des constructions des séchoirs capables d'améliorer la qualité du produit final.

Selon le type de conditionnement de l'air de séchage, on distingue deux types de séchoirs solaires : les séchoirs solaires directs et les séchoirs solaires indirects.

Les séchoirs solaires directs sont ceux dont l'air qui est au contact du produit à sécher est chauffé par le flux solaire. L'irradiation solaire permet alors, non seulement d'élever la température de l'air, fluide caloporteur, mais aussi du bois à sécher. Les séchoirs solaires indirects ont un système qui permet de conditionner l'air de séchage dans une chambre autre que celle qui contient le produit à sécher. Ces deux types de séchoirs peuvent être munis d'un système de recyclage et de renouvellement d'air ou non et peuvent fonctionner en convection naturelle ou forcée. Le recyclage et le renouvellement d'air permettent de mieux contrôler la qualité du bois.

I.2.2.1.1. Construction de la chambre de séchage

C'est la chambre qui contient le produit à sécher. Cette chambre varie selon que le séchoir soit direct ou indirect :

I.2.2.1.1.a Séchoirs solaires directs

Ces séchoirs sont composés (figure 23) d'une paroi transparente afin de laisser passer le rayonnement solaire. Cette paroi, faite généralement de verre ou d'une feuille de plastique ou de polyméthacrylate de méthyle doit être orientée dans une direction permettant de capter la quantité de rayonnement nécessaire au bon fonctionnement du système. Les matières citées ci-dessus ont la particularité d'être très perméables aux ondes électromagnétiques dans les longueurs d'ondes du rayonnement solaire (allant de 0,2 à 3 μm). Les parois non exposées aux rayonnements solaires doivent être peintes en noir. Notons que, plus une substance est foncée, plus elle absorbe le rayonnement solaire permettant de chauffer l'air contenu dans l'enceinte. Le rayonnement électromagnétique émis par les substances noires se trouve dans les domaines de longueur d'onde de l'invisible (3 à 30 μm), donc impossible de traverser la surface transparente (Thémelin 1998). Le rayonnement solaire capté par les surfaces noires est donc coincé dans le séchoir. L'inclinaison du séchoir est fonction de la latitude géographique. Dans les tropiques, la valeur de 30° est recommandée par les spécialistes (Sales 1979b). La disposition et la taille des surfaces noires sont fonction de la température à atteindre dans le séchoir. La circulation de l'air dans la chambre de séchage est très importante car, elle permet d'uniformiser la température et l'humidité relative de l'air dans toute l'enceinte, afin d'avoir un contrôle sur tout le produit à sécher. Ainsi, il est nécessaire que l'air frais soit chauffé avant la traversée du bois. Une fois saturé d'humidité ou proche de la saturation, une ouverture autre que celle qui permet de laisser entrer l'air dans le séchoir est utile pour laisser sortir cet air, une fois utilisé.

Les températures maximales atteintes par ces types de séchoirs sont de l'ordre de 60°C (Sales 1979b). Cette température est fonction de la fréquence de recyclage de l'air de séchage et de l'ensoleillement du site de séchage. Pour atteindre des températures supérieures, des améliorations de ces séchoirs ont favorisé la mise sur pieds des séchoirs indirects.

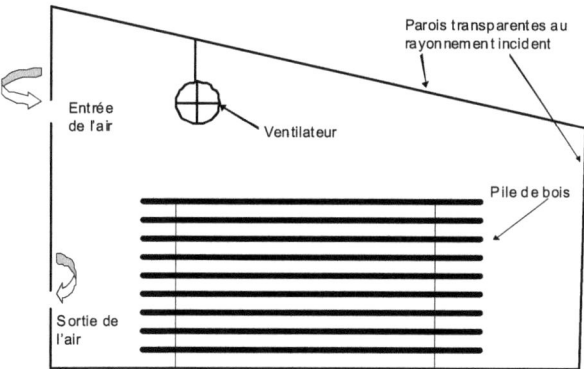

Figure 23 : Schéma annoté d'un séchoir solaire direct à bois (Bekkioui *et al.* 2009, Bentayeb *et al.* 2008)

I.2.2.1.1.b Séchoirs solaires indirects
La chambre de séchage de ces types de séchoirs (figure 24) est très simple, comparée à celle des séchoirs directs. Elle est constituée des parois opaques à la chaleur afin que l'air chauffé dans la chambre de conditionnement influence uniquement le bois à sécher pour diminuer les pertes thermiques. Les dimensions du séchoir doivent être telles que la quasi-totalité d'air traverse la pile de bois à sécher. La constitution de la pile fait l'objet du paragraphe I.2.4.1. De nouveaux types de séchoirs solaires sont présentés dans la littérature et appliqués au séchage des produits agro alimentaires granulaires (Belessiotis et Delyannis 2010, Ramana 2009). Une modification de la chambre de séchage peut permettre d'étendre leur application au bois.

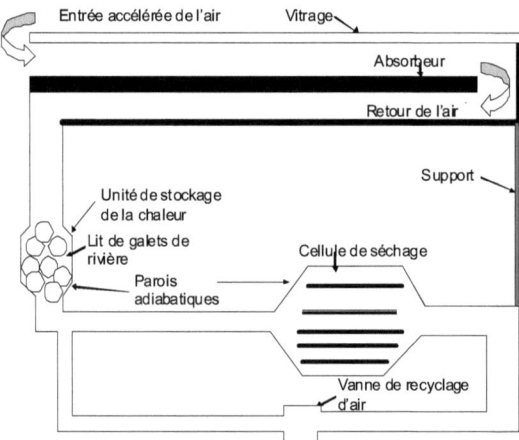

Figure 24 : Schéma annoté d'un séchoir indirect à galets (Benkhefelah *et al.* 2005)

I.2.2.1.2 Construction de la chambre de conditionnement d'air.
Cette chambre est réservée aux séchoirs indirects. Elle est constituée d'un capteur solaire et l'air est le fluide caloporteur. Une plaque absorbante capte la chaleur qui est transmise par convection à l'air afin d'augmenter la température de la chambre de séchage. Un séchoir de ce type construit par Benkhelfellah *et al.* (2005) permet d'atteindre des températures de l'ordre de 90°C.
Certains séchoirs solaires indirects utilisent un appoint d'énergie pour répondre aux problèmes des périodes de non ensoleillement (nuit et durant la pluie). La réserve de chaleur est ainsi assurée par des galets. Durant le fonctionnement du séchoir en journée, une partie de l'air réchauffe le bois à sécher et une autre

augmente la température des galets. La chaleur emmagasinée par les galets est restituée dans la chambre de séchage progressivement. Des prototypes de ces séchoirs sont présentés dans la littérature (Thémelin 1998, Sales 1979b, Belghit *et al.* 1997, Khouya *et al.* 2005, Bouardi *et al.* 2002, Bekkioui *et al.* 2009, Bentayeb *et al.* 2008). Le stock de galets fonctionne alors de façon couplée avec le séchoir et le capteur solaire.

Dans l'optique d'accroître la température de séchage, quelques auteurs proposent de munir l'absorbeur du capteur des ailettes qui augmentent la surface d'échange de la chaleur entre l'absorbeur et l'air de séchage qui fait une circulation double sur les deux surfaces principales de l'absorbeur. L'unité de stockage est constituée d'un lit de galets de rivière (Benkhelfellah *et al.* 2005). Le système ainsi conçu permet à l'air d'atteindre des températures de 80°C à l'allée dans le capteur et de 120°C au retour. La figure 24 est un exemple de séchoir indirect avec galets.

Dans tous les séchoirs décrits ci haut, il est conseillé de placer le ventilateur assurant la circulation de l'air dans le séchoir juste prés de l'évent d'entrée. Leur puissance doit être réglable, la vitesse de circulation de l'air étant fonction de la dureté du bois en cours de séchage (Sales1979b).

A défaut de concevoir une technique permettant d'augmenter le pouvoir calorifique de l'air de séchage une fois l'air sorti d'une pile, il est conseillé de l'évacuer car, à ce niveau, l'air humide favoriserait l'humidification du bois. La figure 25 présente la position des entrées et sorties d'air du séchoir, les positions de la pile, des corps noirs et du ventilateur. On constate que, pour augmenter le rendement de ces types de séchoirs, il est important d'orienter le capteur dans une direction telle qu'un grand flux solaire soit capté. Les parois en plastique et la tôle d'aluminium jouant le rôle de corps noir doivent être exposées au soleil, ceci pour conditionner l'air en circulation dans la pile. Les parois du séchoir non exposées au soleil doivent être thermiquement opaques afin de limiter les pertes de chaleur dans le séchoir et de réduire ainsi la durée de séchage.

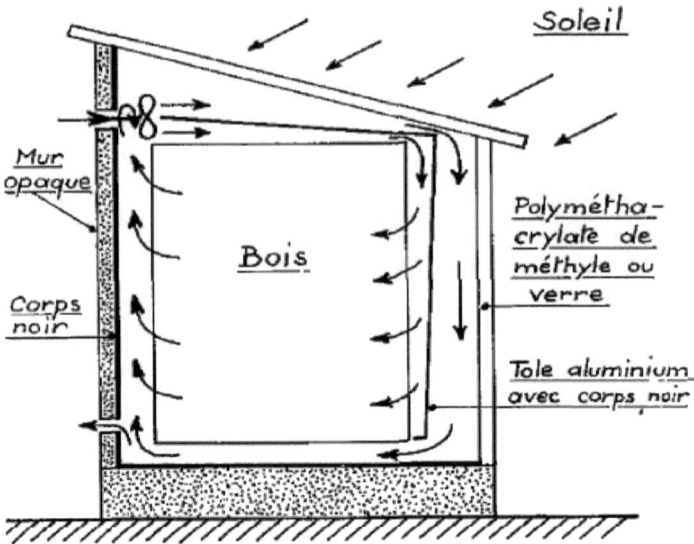

Figure 25 : Constitution classique d'un séchoir solaire à bois à convection forcée (Sales 1979a)

I.2.2.2 Conduite d'un séchoir solaire

Comparés aux séchoirs artificiels, les séchoirs solaires sont simples à conduire et ne nécessite pas forcement une qualification très spécialisée. En effet, la conduite des séchoirs solaires est plus influencée par le milieu ambiant et son emplacement. La conduite du séchage, une fois le séchoir construit en fonction du site (orientation géographique) est influencée par la constitution de la pile et de la dureté du bois à sécher. Les spécialistes recommandent ainsi les vitesses suivantes (Sales1979a).

   * de 0,75 à 1m/s pour les bois durs
   * de 1 à 1,5m/s pour les bois tendres.

Dans chaque plage de vitesses, la qualité du bois final obtenue est bonne si pour un état hygrométrique relativement bas de l'air, la vitesse est faible et, pour un état hygrométrique de l'air important, la vitesse doit être élevée (Sales1979a). Le contrôle de l'évolution de l'humidité du bois est fait par la mesure de la teneur en eau qui est possible soit par la méthode de pesée, soit par la méthode électrique. S'il est impossible d'obtenir l'humidité désirée, il est alors conseillé de finir le séchage dans un séchoir artificiel. Le séchoir solaire aurait alors permis de minimiser le coût de l'énergie utilisée. Certaines études montrent que la vitesse de circulation de l'air n'influence pas la vitesse de séchage lorsque l'humidité du bois est faible. Il importe alors, pour des fins de réduction de la consommation énergétique, de diminuer la vitesse de circulation de l'air de séchage lorsque le bois tend vers l'humidité désirée.

On constate que le suivi du séchage solaire est très simple. La durée de séchage est influencée par l'essence, l'épaisseur, les humidités initiales et finales, le séchoir et les facteurs climatiques du site. Ces derniers facteurs font l'objet de notre prochain paragraphe.

I.2.2.3 Les facteurs climatiques qui influencent l'environnement

Nous nous attarderons sur les facteurs qui ont une influence importante sur notre environnement. On peut citer neuf : les températures sèche, de rosée et humide de l'air extérieur, l'humidité relative de l'air, la masse volumique de l'air humide, les pressions partielles de vapeur et de saturation de l'air humide, son enthalpie spécifique et le rayonnement solaire. La bonne connaissance de ces facteurs serait de nature à mieux caractériser l'environnement séchant.

I.2.2.3.1 La température sèche : T

C'est la température de l'air humide. La relation I.39 ci-dessous permet de l'estimer (Nadeau et Puiggali 1995).

$$T = \frac{5204,9}{20,9 - \ln\left(\frac{P_{sat}}{100}\right)} \quad \text{(en K)} \tag{I.39}$$

P_{sat} est la pression de vapeur saturante en Pa. Nous allons expliciter ce paramètre ci-dessous.

I.2.2.3.2 La température humide : T_h

Lorsqu'on place un thermomètre à bulbe humide (mèche imbibée d'eau) dans un courant d'air de manière à ce que le thermomètre n'échange de la chaleur qu'avec le courant d'air, la température indiquée par le thermomètre à l'équilibre thermique est la température humide. C'est donc la température d'une goutte d'eau en équilibre avec l'air humide. On peut l'estimer connaissant la pression partielle de vapeur saturante humide (P_{vsath}), la pression partielle de vapeur (P_v) et la température sèche (T) en appliquant la relation I.40 ci-dessous (Nadeau et Puiggali 1995):

$$T_h = \frac{1810,8(P_{vsath} - P_v) - T(101325 - P_{vsath})}{2P_{vsath} - P_v - 101325} \quad \text{(en K)} \tag{I.40}$$

I.2.2.3.3 La pression partielle de vapeur, la pression de vapeur saturante, l'humidité relative de l'air et l'humidité de l'air à saturation

L'air humide est constitué d'air sec et de vapeur d'eau. En considérant les différents constituants de l'air humide comme étant des gaz parfaits, la loi de Dalton donne :

$P = P_{as} + P_v$ (I.41)

Où P est la pression de l'air humide, P_{as} et P_v sont respectivement la pression de l'air sec et la pression partielle de la vapeur d'eau. La loi des gaz parfaits nous amène à écrire les relations I.42 et I.43 respectivement relatives à l'air sec et à la vapeur d'eau.

$$P_{as} = \frac{R}{M_{as}} \frac{m_{as}}{V} T \tag{I.42}$$

$$P_v = \frac{R}{M_v} \frac{m_v}{V} T \tag{I.43}$$

M_{as}, M_v, m_{as} et m_v sont respectivement la masse molaire de l'air sec, la masse molaire de la vapeur d'eau, la masse de l'air sec et la masse de la vapeur d'eau. On constate que les pressions partielles de vapeur et d'air sec dépendent respectivement de la masse d'eau et de la masse d'air sec contenues dans l'air humide.

On appelle humidité absolue de l'air humide, la masse de vapeur d'eau associée à 1kg d'air sec (Jannot 2003b). Ainsi, soit x la masse de vapeur d'eau, la masse d'air humide est donc :

$$m_{as} + m_v = (1+x)m_{as} \tag{I.44}$$

Les relations I.41, I.42, I.43 et I.44 donnent :

$$P_v = \frac{xP}{x+\delta} \quad \text{avec} \quad \delta = \frac{M_v}{M_{as}} = 0,622 \tag{I.45}$$

D'après la relation I.43, si l'on augmente la masse de vapeur de l'air humide lors d'un processus en gardant la température constante, la pression de vapeur de l'air humide va augmenter jusqu'à atteindre une valeur maximale appelée pression de vapeur saturante. La relation I.45 montre que la saturation peut aussi être atteinte à partir d'un processus isobare. On peut estimer la pression de vapeur saturante en utilisant la relation I.46 ci après où P_{vsat} est en Pascal et T en degré Celsius (Jannot 2003b).

$$P_{vsat} = 611\exp\left(7,257*10^{-2}T - 2,937*10^{-4}T^2 + 9,81*10^{-7}T^3 - 1,901*10^{-9}T^4\right) \tag{I.46}$$

La pression partielle de vapeur saturante humide est la pression de vapeur saturante à la température humide de l'air, c'est-à-dire :

$$P_{vsath}(T) = P_{vsat}(T_h) \tag{I.47}$$

La relation I.40 dépendant implicitement de T_h, un calcul itératif est alors nécessaire lors de son utilisation.

L'humidité relative de l'air permet de se situer par rapport à la saturation de l'air humide. Ainsi, tant que la pression de vapeur est inférieure à la pression de vapeur saturante de l'air, la vapeur d'eau se présente sous forme de vapeur. L'humidité relative en valeur décimale est donnée par la relation I.48 ci-dessous :

$$HR = \frac{P_v(T)}{P_{vsat}(T)} \tag{I.48}$$

On constate que le refroidissement de l'air implique l'augmentation de son humidité relative, car la pression de vapeur augmente lors de ce processus.

L'humidité de l'air à saturation est importante pour le sécheur, car elle représente la valeur de l'humidité de l'air qui limite l'absorption de l'humidité du bois par l'air. On peut l'estimer par la formule I.49 ci-dessous (Mourad *et al.* 1997) :

$$Y_{Sat} = \frac{1,0*10^5}{8,32(T+273)} \exp\left(14,02 - \frac{5215}{T+273}\right) \quad (I.49)$$

I.2.2.3.4 La température de rosée : T_r

Quittant de l'air humide, on peut refroidir à pression constante la vapeur jusqu'à l'apparition des premières gouttes d'eau. On a ainsi atteint le point de rosée et la température correspondante est la température de rosée. On peut l'estimer à partir de la relation I.50 ci-dessous (Nadeau et Puiggali 1995) :

$$T_r = \frac{5204,9}{20,9 - \ln\left(\frac{1013,25x}{x+\delta}\right)} \quad (I.50)$$

I.2.2.3.5 La masse volumique de l'air humide : ρ

Elle est une donnée importante pour caractériser l'ambiance. On a par définition et d'après la relation I.44 :

$$\rho = \frac{(1+x)m_{as}}{V} \quad (I.51)$$

Les relations I.41, I.42, I.43 et I.45 donnent :

$$\rho = \left(\frac{\delta}{r_{as}} + \frac{x}{(x+\delta)r_v}\right)\frac{P}{T} \quad (I.52)$$

Avec :

$$r_{as} = \frac{R}{M_{as}} = 287,1 J/(kg.K) \qquad r_v = \frac{R}{M_v} = 461,5 J/(kg.K) \quad (I.53)$$

I.2.2.3.6 L'enthalpie spécifique : i

C'est la chaleur totale contenue dans une masse de (1+x) kg d'air humide. Lorsque l'air humide passe de 0°C à T, la chaleur nécessaire est la suivante :

* La vapeur d'eau de masse x kg change d'état à 0°C et passe par la suite à la température T. on a alors la chaleur :

$$i_1 = xL_o + xC_{pv}T \quad (I.54)$$

Où L_o est la chaleur latente de vaporisation à 0°C et C_{pv} la chaleur massique de la vapeur d'eau.

* L'air sec de masse 1kg doit passer de 0°C à T. on a alors la chaleur :

$$i_2 = C_{pa}T \quad (I.55)$$

Où C_{pa} est la chaleur massique de l'air sec. La chaleur totale nécessaire est donc :

$$i = i_1 + i_2 = xL_o + (C_{pa} + xC_{pv})T \quad (I.56)$$

I.2.2.3.7 Le rayonnement solaire

Le soleil est une source de chaleur très importante, étant donné qu'elle est disponible et gratuite. Dans les installations de séchage solaire, la connaissance du rayonnement solaire du site est étroitement liée au rendement du séchoir. Nous définissons brièvement certaines propriétés du rayonnement solaire.

I.2.2.3.7.1 La constante solaire

C'est la puissance surfacique que recevrait une surface perpendiculaire à la direction des rayons solaires, placée sur la terre et hors atmosphère (Njomo et Dumarque 1989, Recknagel *et al.* 1995). La figure 26 présente l'intensité du rayonnement solaire en fonction de la longueur d'onde. Celle-ci montre que le maximum d'intensité est obtenu dans le domaine du visible (longueurs d'onde variant entre 0,45 et 0,8 μm) et l'énergie totale est émise pour des longueurs d'onde variant entre 0,2 et 3 μm. La constante solaire peut être estimée par la relation suivante (Jannot 2003c, Recknagel *et al.* 1995) :

$$I_{CS} = 1353\left(1 + 0,033\cos\left(\frac{2\pi n}{365}\right)\right) \tag{I.57}$$

Où n est le numéro du jour de l'année compté à partir du 1er janvier.

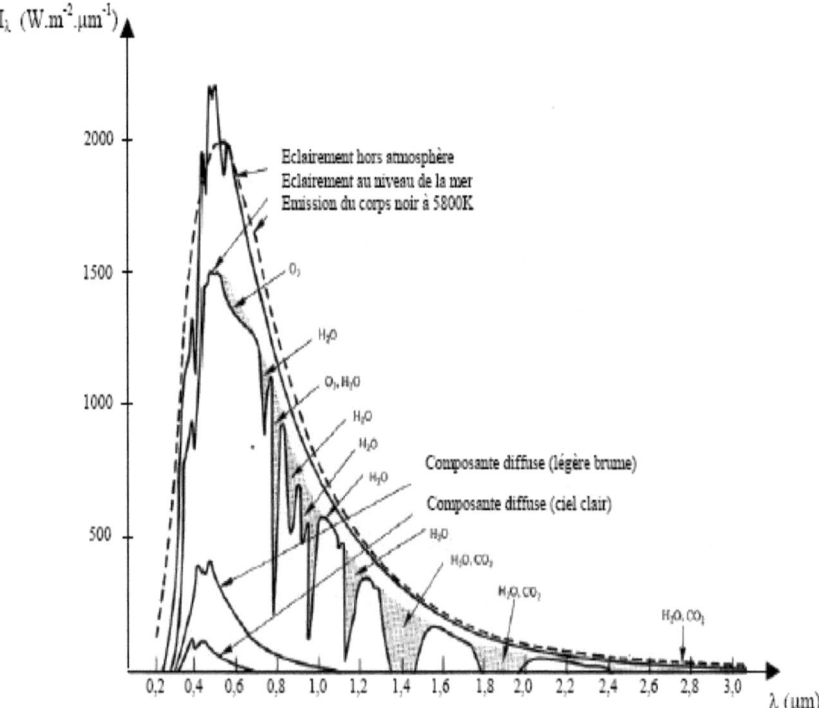

Figure 26 : Répartition du rayonnement solaire au sol (Jannot 2003c)

I.2.2.3.7.2 Les facteurs de trouble

L'atmosphère affaiblit le rayonnement solaire à différents niveaux (Recknagel et al. 1995):

*Les rayons sont déviés à cause de la présence des molécules d'eau, de la poussière et de la vapeur d'eau. Ces déviations sont la conséquence de la diffusion et de la réflexion des rayons solaires par ces particules.

*Les rayons sont convertis en chaleur par absorption due à la teneur de l'air en ozone, acide carboxylique, vapeur d'eau et les particules de poussières et fumées, alors que l'oxygène et l'azote n'ont aucune influence sur ces rayons.

L'ozone absorbe la quasi-totalité des rayons ultra violets. On constate que les rayonnements ayant une longueur d'onde inférieure à $0{,}29\,\mu m$ n'atteignent pas le sol. L'acide carboxylique et la vapeur d'eau consomment les rayons solaires. Cette consommation est totale lorsque le rayonnement a une certaine longueur d'onde (aux environs de $1{,}4\,\mu m$, entre $1{,}8\,\mu m$ et $2\,\mu m$ et entre $2{,}4\,\mu m$ et $2{,}8\,\mu m$), figure 26. L'eau absorbe environ les 10% du rayonnement solaire (Recknagel et al. 1995). Cette absorption est différente selon qu'on se trouve en zone industrielle, en campagne ou dans les grandes villes. Le tableau IV ci-dessous estime les facteurs de trouble selon le site.

Tableau IV : Facteurs de trouble en fonction du site (Recknagel et al. 1995)

Atmosphère	Zone industrielle	Grande ville	Campagne
Trouble maximal (juillet)	5,8	4,0	3,5
Trouble minimal (Janvier)	4,1	3,0	2,1
Moyenne annuelle	5,0	3,5	2,75

Les valeurs du tableau ci-dessus ne sont que des estimations, car les facteurs de trouble sont fonction de la couche atmosphérique traversée par le rayonnement et varient durant la journée et durant l'année.

I.2.2.3.7.3 Le rayonnement solaire global : G_t

Ce rayonnement varie en fonction de la situation géographique, du temps et du degré de pollution entre autres. C'est la somme du rayonnement solaire direct

G_1, du rayonnement solaire diffus G_2 et du rayonnement solaire réémis par le sol G_3. Les corrélations ci-dessous estiment ces différentes grandeurs (Ayangma *et al.* 2008, Kanmogne 1997, Njomo 1986, Njomo et Dumarque 1989, Recknagel *et al.* 1995) :

$$I_1 = I_{cs} A_1 \exp\left(-\frac{B_1}{\sinh_1}\right) \tag{I.58}$$

$$I_2 = I_{cs}\left(0,271 - 0,294 A_1 \exp\left(-\frac{B_1}{\sinh_1}\right)\right) \tag{I.59}$$

$$\sinh_1 = \sin\xi \sin\Phi + \cos\xi \cos\Phi \cosh \tag{I.60}$$

Où Φ est la déclinaison solaire qui est donnée par la relation I.61 ci-dessous (Njomo et Dumarque 1989) :

$$\Phi = 0,41 \sin\left(2\pi\left(\frac{n+284}{365}\right)\right) \tag{I.61}$$

$$G_1 = I_1 \cos i \tag{I.62}$$

$$\cos i = \sinh_1 \cos\beta + \sin A_p \sin\beta \sin A_z \cosh_1 + \cos A_p \sin\beta \cosh_1 \cos A_z \tag{I.63}$$

$$G_2 = Alber\left(\frac{1+\cos\beta}{2}\right) I_2 \sinh_1 \tag{I.64}$$

$$G_3 = Alber\left(\frac{1-\cos\beta}{2}\right)(I_1 \sinh_1 + I_2) \tag{I.65}$$

$$G_t = G_1 + G_2 + G_3 \tag{I.66}$$

Avec : A_z : l'azimut du capteur ; h_1 : la hauteur du soleil ; ξ : la latitude du lieu ; i : l'angle d'incidence des rayons solaires sur la surface du séchoir ; C_o : la correction de la distance terre soleil ; β : l'angle d'inclinaison du capteur par rapport à l'horizontale.

Alber est l'albédo de la paroi du capteur ; A_1 et B_1 sont les coefficients de trouble du site. Pour la ville de Yaoundé, on retrouve leurs estimations dans la littérature (Kanmogne 1997). On a :

* Pour la saison sèche : A_1=0,87 et B_1=0,73 ;
* Pour les conditions normales : A_1=0,88 et B_1=1,12.

Pour estimer les valeurs mensuelles du rayonnement solaire, des journées significatives sont utilisées et publiées dans la littérature (Ayangma *et al.* 2008, Njomo 1986, Njomo et Dumarque 1989). Les corrélations ci-dessus sont difficiles à utiliser car un manque de précision de la position du soleil par rapport au capteur donne en général une forte variation du rayonnement. Cette raison nous a amené à utiliser des estimations de la littérature. La figure 27 ci-dessous représente une estimation de l'évolution du rayonnement globale de la ville de Yaoundé (Retscreem International 2009). En pointillé nous avons une estimation du rayonnement global au niveau du sol. On peut remarquer un faible ensoleillement dans la ville les mois de juillet, août, septembre et octobre. Nous avons corrélé ces données par une courbe de degré 3 afin de mieux les intégrer dans les simulations numériques.

I.2.3 Les séchoirs solaires mixtes

Ces types de séchoirs sont à la fois solaires et convectifs. A partir des cellules photovoltaïques, une partie de l'énergie solaire est transformée en énergie électrique pour faire fonctionner les ventilateurs. Une autre partie permet de conditionner l'air de séchage (mode indirect) ou de chauffer directement le bois (mode direct).

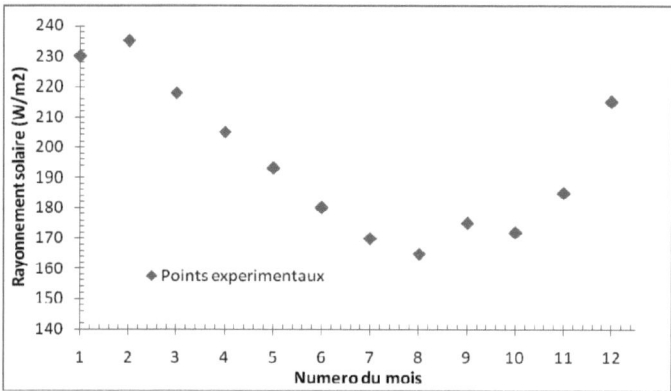

Figure 27 : Evolution au cours d'une année du rayonnement solaire reçu par une surface horizontale. Ville de Yaoundé (Retscreem International 2009).

I.2.4 Empilage du bois et disposition dans le séchoir

Le bois est séché sous forme de piles dans l'industrie camerounaise. Cette disposition permet d'augmenter le volume de bois séché afin de satisfaire le secteur de la deuxième transformation. Cette partie vise à développer une étude susceptible d'expliquer le processus de séchage des piles de bois afin d'améliorer la conduite des séchoirs.

I.2.4.1 L'empilage du bois.

Pour mieux contrôler le séchage, les planches de bois utilisées dans la pile doivent avoir les mêmes dimensions et au mieux, doivent provenir de la même

position dans le tronc. Les planches ainsi obtenues sont surmontées les unes sur les autres et horizontalement. Pour assurer une bonne circulation de l'air dans la pile, deux dispositions des planches sont rencontrées dans l'industrie camerounaise :
Une première disposition utilise les baguettes pour séparer toutes les planches appartenant à deux niveaux consécutifs, figure 28. Sur un même niveau, on aligne les planches dont le nombre est fonction de la largeur des piles à constituer. Les baguettes sont utilisées pour permettre une circulation de l'air à travers toutes les planches. La disposition des baguettes doit à cet effet respecter certaines normes. Nous présentons dans les tableaux V et VI respectivement les épaisseurs des baguettes et les espacements entre les baguettes à respecter en fonction des épaisseurs des bois à sécher (Aléon *et al.* 1990). On constate que plus le bois à sécher est mince, plus l'épaisseur des baguettes et leur espacement sont faibles car, les faibles gradients d'humidité sont alors nécessaires pour sécher le bois.

Pour éviter les fentes de bout et les déformations des planches, il est conseillé de placer les baguettes aux extrémités des planches et de les aligner dans le sens vertical (Aléon *et al.* 1990). La teneur en eau des baguettes doit être comprise entre 10 et 15% d'humidité base sèche afin de réduire leur retrait et empêcher ainsi les déformations des planches (Aléon *et al.* 1990). La présence des baguettes empêche les retraits d'humidité de la planche au niveau de leur contact, d'où le risque de coloration. On recommande alors d'utiliser des baguettes faites de bois blancs (Aléon *et al.* 1990).

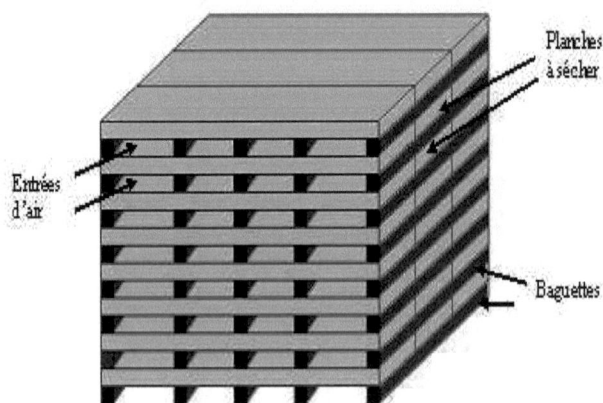

Figure 28 : Disposition de la pile avec baguettes séparant deux niveaux consécutifs.

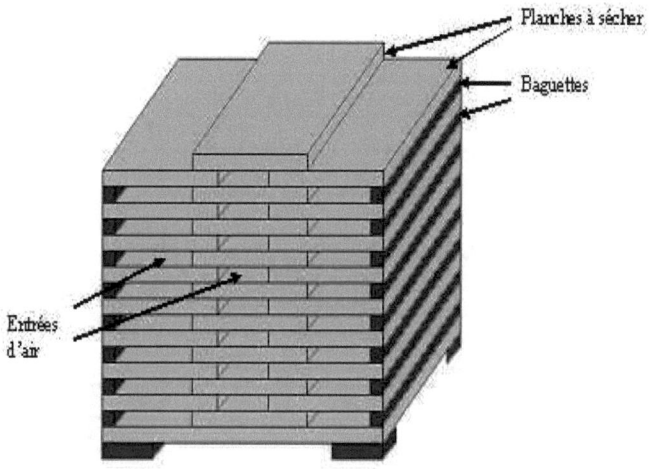

Figure 29 : Disposition de la pile avec baguettes aux extrémités de chaque niveau.

Tableau V : Epaisseur des baguettes en fonction de l'épaisseur du bois (Aléon *et al.* 1990).

Epaisseur du bois (mm)	<40	40 à 65	>65
Epaisseur des baguettes (mm)	20 à 30	30 à 40	40

Tableau VI : Espacement entre les baguettes en fonction de l'épaisseur du bois (Aléon *et al.* 1990).

Epaisseur du bois (mm)	<30	30 à 50	>50
Espacement entre les baguettes (cm)	30 à 50	50 à 60	60 à 80

Tableau VII : Teneur en eau en fonction du type d'usage (Hernandez 1991).

Teneur en eau conseillée (%)	Utilisation finale
8-12	Parquets, lambris, ameublement, menuiseries intérieures
15-18	Menuiseries extérieures, cercueils

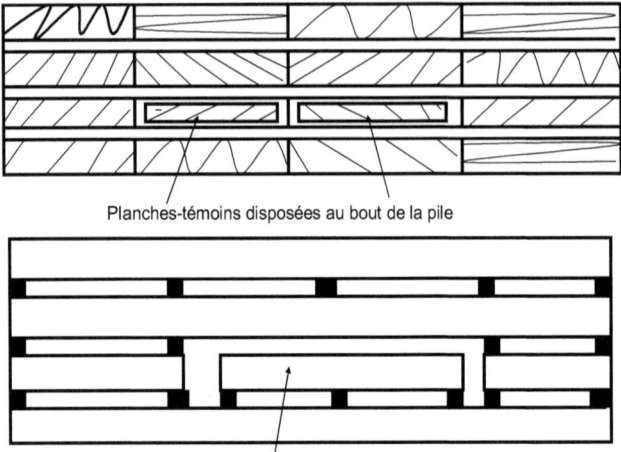

Figure 30 : Disposition des planches témoins dans la pile (Cloutier 1993).

La largeur de la pile de bois doit être telle que les caractéristiques hygrométriques de l'air à l'entrée et à la sortie de la pile soient peu différentes afin d'assurer un séchage homogène. La vitesse de l'air doit alors être fonction de la largeur de la pile. Il est important que les caractéristiques de l'air soient homogènes dans toute la hauteur de la pile et les planches appartenant à un même niveau doivent être jointes les unes aux autres afin de mieux contrôler la teneur en eau dans l'épaisseur des planches.

La deuxième disposition des planches dans la pile n'utilise les baguettes qu'aux extrémités de la pile, figure 29. Un écart est alors laissé entre les planches d'un même niveau obligeant de placer les planches appartenant au niveau suivant au dessus de l'écart laissé précédemment afin de laisser passer l'air entre les planches de la pile. Les baguettes et les planches à sécher doivent avoir les mêmes épaisseurs. Au regard du tableau V, cette disposition est indiquée pour le séchage des planches de faible épaisseur (<40mm). Elle est d'ailleurs utilisée par l'entreprise IBC (Industrie du Bois Camerounais) au Cameroun pour sécher les paquets de planches de 13mm d'épaisseur (Monkam 2006).

La mesure de l'humidité de la pile de bois est très importante et la technique utilisée peut affecter la conduite du séchoir et la qualité du bois. L'utilisation d'un humidimètre, comme déjà signalé au I.1.2.2.1, est conseillée lorsque l'humidité à mesurer est comprise entre 6 et 25% bs (Cloutier 1993). Dans la pratique, il est conseillé d'introduire les électrodes de l'humidimètre dans une profondeur comprise entre les 1/5 et les 1/3 de l'épaisseur des planches afin

d'estimer la teneur en eau moyenne de la pile (Aléon *et al.* 1990), les planches utilisées ayant une disposition bien définie.
En général, la teneur en eau initiale des piles est supérieure à 25% bs. La méthode de la planche-témoin est alors indiquée pour suivre le séchage. La planche témoin est extraite dans une planche comme indiquée dans la figure 5. Ces planches-témoins sont disposées dans la pile comme présentée dans la figure 30 ci-dessus.

I.2.4.2 Disposition des piles dans le séchoir.
Le remplissage du séchoir peut se faire par un chariot élévateur ou par un wagonnet s'il y a assez d'espace disponible tout autour. Dans un même séchoir, il faut sécher les piles de bois d'une même essence et ceci, avec les mêmes épaisseurs des planches et des baguettes. Dans le cas contraire, il est conseillé de sécher ensemble que des piles de bois des essences ayant des comportements semblables au cours de l'opération de séchage. Ces comportements sont obtenus en confrontant les tables de séchage des essences. Pour satisfaire une clientèle diversifiée, on est souvent contraint de sécher des planches ayant des épaisseurs différentes. Les spécialistes recommandent alors de sécher ensemble les épaisseurs de 18 et 22mm, ou de 27 et 34mm (Aléon *et al.* 1990), où la table de séchage à suivre est celle du bois le plus délicat à sécher, le plus épais et le plus humide (Aléon *et al.* 1990). Les teneurs en eau initiales ne doivent pas être très différentes, sinon à la fin du séchage, le bois le moins humide aurait une teneur en eau inférieure à la consigne. Il est important de signaler qu'on ne laisse pas toujours la teneur en eau du bois atteindre celle donnée par les isothermes de désorption car les bois séchés doivent avoir au final une teneur en eau qui est fonction de l'usage ultérieure du bois. Quelques teneurs en eau en fonction de l'usage sont présentées dans le tableau VII ci-dessus. Ces dernières doivent être ajustées afin de satisfaire aux exigences du climat tropical.
Une fois les piles constituées, la disposition de celles-ci doit être telle qu'aucun passage libre de l'air ne soit observé. La totalité de l'air doit alors traverser toutes les piles. Les spécialistes demandent de disposer les piles perpendiculairement au flux d'air (Aléon *et al.* 1990). Pour optimiser la conduite du séchage du bois, la simulation numérique est utilisée pour éviter les difficultés que posent les méthodes expérimentales. Dans le paragraphe suivant, nous présentons les types de modèles pouvant être utilisés dans le séchage du bois.

I.3. Etat de l'art sur les modèles théoriques de séchage des matériaux poreux biologiques
Pour simuler le séchage des matériaux poreux, plusieurs modèles sont établis et disponibles dans la littérature. Ces modèles permettent de se faire des prévisions sur la conduite du séchage des produits biologiques et permettent d'éviter des durées de séchage importantes, sources de consommation énorme d'énergie et

d'immobilisation à long terme des produits ralentissant ainsi la chaîne de transformation. La simulation numérique permet aussi de s'affranchir des études expérimentales très coûteuses en temps. Une fois un modèle validé, les conditions de séchage des produits peuvent ainsi rapidement être améliorées et les types de séchoirs révisés pour être encore performants. Le choix d'un modèle repose sur les hypothèses adoptées et sur sa capacité à décrire les valeurs expérimentales obtenues.

I.3.1. Historique

Les premiers travaux sur le séchage ont vu le jour en 1921 avec W.K.Lewis (Touati 2008). Les travaux de ce dernier décrivent le séchage comme la conjugaison de l'évaporation de l'humidité à la surface du matériau poreux et la diffusion de l'humidité de l'intérieur du produit vers sa surface. Entre 1929 et 1932, T.K.Sherwood a amélioré les travaux de Lewis en détaillant les phénomènes observés lors du séchage. Il estime que le mécanisme de transfert interne est essentiellement dû à une diffusion moléculaire décrite par la loi de Fick. La concentration en eau est utilisée comme force motrice. Ce modèle appliqué au séchage du bois donne des résultats moins satisfaisants car, le coefficient de diffusion n'est pas en réalité constant comme il suggère et les forces capillaires ne sont pas négligeables (Mihoubi 2004).

En 1935, trois phases de séchage sont observées par E.A.Fisher à savoir, la phase à vitesse constante, la phase à vitesse linéaire décroissante et la phase à vitesse non linéaire décroissante, celle-ci s'annulant dès l'atteinte de l'humidité d'équilibre pour les matériaux hygroscopiques, ou lorsque le matériau est anhydre pour ceux non hygroscopiques. Chacune de ces phases est décrite par une relation. Ceaglske et Hougen montrent en 1937 à travers des expériences sur plusieurs matériaux que la distribution de l'humidité dans les matériaux poreux est mieux décrite lorsque les coefficients de diffusion sont variables. En plus de la diffusion, le mouvement de l'eau serait dû à d'autres mécanismes comme la gravité, la pression externe, la capillarité, le gradient de température et la concentration d'eau (Thaï 2006). En 1940, Hougen montre que les forces capillaires influencent plus la migration de l'eau dans les matériaux poreux ayant un réseau interconnecté de capillaires et de pores (Mihoubi 2004), comme le bois.

Dès 1957, les chercheurs Philip et De Vries sont les premiers à analyser le séchage comme la résultante d'un couplage des transferts de chaleur et de matière. Les travaux de ces derniers ont eu un sens physique en 1962 grâce aux idées de Krisher qui s'est inspiré des travaux de Fisher pour déterminer le premier les isothermes de sorption et la conductivité thermique équivalente de plusieurs produits. Dès lors, Luikov, Krisher, Kröll et Whitaker ont contribué à mieux décrire le séchage en intégrant dans leurs analyses plusieurs processus physiques qui interviennent dans le séchage. Les modèles utilisés en industrie nous intéressent dans la suite. Nous nous intéresserons aux forces et faiblesses de ces modèles.

I.3.2. Forces et faiblesses des modèles
Nous distinguerons les modèles empiriques des modèles analytiques. En général l'établissement de ces modèles suit le schéma suivant, un volume de contrôle étant considéré (Ast 2009):
*Principe de conservation de la matière :
Débit de matière sortant − débit de matière entrant + débit d'accumulation = débit de production
*Principe de conservation de l'énergie :
Débit d'énergie sortant − débit d'énergie entrant + débit d'accumulation d'énergie = débit d'énergie thermique + débit d'énergie mécanique
*Principe de conservation de la quantité de mouvement :
Débit de quantité de mouvement sortant − débit de quantité de mouvement entrant + dérivée temporelle de la quantité de mouvement = somme des forces extérieures appliquées au système

I.3.2.1. Les modèles empiriques
Ce sont des modèles basés sur l'expérimentation. Leurs utilisations sont liées aux conditions expérimentales et aux produits ayant servis à l'expérience. Une extrapolation au-delà des limites de l'expérience et à d'autres produits n'est pas recommandée. Ces modèles traduisent la méthode d'estimation de la cinétique de séchage à partir de la courbe caractéristique de séchage (CCS).
Révélée en 1957 par Van Meel, la CCS permet de modéliser la vitesse de séchage afin de s'affranchir de la complexité des phénomènes liés au processus de séchage à l'échelle microscopique. C'est une interprétation des résultats expérimentaux à l'échelle macroscopique dans une plage de conditions aérothermiques importante.
Pour déterminer la CCS d'un produit hygroscopique, la première étape est d'estimer la vitesse de séchage expérimentale et la teneur en eau relative ou teneur en eau normée donnée par la relation suivante :

$$X_{red} = \frac{X(t) - X_{eq}}{X_{cri} - X_{eq}} \qquad (I.67)$$

Où $X(t)$ est la teneur en eau à l'instant t, X_{eq} est la teneur en eau à l'équilibre et X_{cri} est la teneur en eau critique qui indique la teneur en eau de transition entre la phase de séchage à vitesse constante et celle à vitesse décroissante. En absente de la phase de séchage à vitesse constante, cette teneur en eau est prise égale à la teneur en eau initiale du produit.
Soient $N(t)$ et N_o respectivement les vitesses de séchage à l'instant t et à l'instant initial, on a :

$$\frac{N(t)}{N_o} = f(X_{red}) \tag{I.68}$$

La détermination de la vitesse initiale de séchage peut osciller dans un intervalle important lorsque celle-ci est déduite de la courbe expérimentale. Il est alors possible d'utiliser la relation suivante (Touati 2008):

$$N_o = \frac{h_o S_o \Delta T}{m_s L_V(T_h)} \tag{I.69}$$

Avec :
h_o : Coefficient de transfert air-produit ;
S_o : Surface d'échange entre le produit et l'air à l'instant initial ;
$\Delta T = T_s - T_h$: Différence entre les températures sèche et humide de l'air de séchage ;
m_s : masse anhydre du produit ;
$L_v(T_h)$: Chaleur latente de vaporisation du produit à la température humide de l'air de séchage.
Dans la littérature, il existe d'autres formules permettant de déterminer la CCS. Fornell *et al.* (1980) proposent une relation de la forme suivante :

$$\frac{N(t)}{C(T_s - T_h)V_a^\beta} = f(X_{red}) \tag{I.70}$$

Avec : C et β des paramètres à déterminer expérimentalement ;
V_a la vitesse de circulation de l'air de séchage.
Nadeau (2008) et Sanchez (2008) dans leurs travaux utilisent la relation suivante :

$$\frac{N(t)}{A\left[P_{v-surf}(T_{pb}) - P_{v-air}\right]^\alpha V_a^\beta} = f(X_{red}) \tag{I.71}$$

Avec : $P_{v-surf}(T_{pb})$: la pression de la vapeur à la surface de la planche à la température de la planche.
P_{v-air} : la pression de la vapeur à la température de l'air ;
A, α et β les paramètres à déterminer expérimentalement.
Pour redresser les points expérimentaux qui traduisent l'évolution de la cinétique de séchage N(t), il est conseillé d'utiliser des modèles mathématiques présents dans la littérature dont une liste non exhaustive est présentée dans le tableau VIII. Si les points expérimentaux sont déterminés après un intervalle de temps faible et constant, le rapport entre la variation de teneur en eau durant cet intervalle de temps sur la durée de cet intervalle permet de mieux estimer la vitesse de séchage expérimentale du produit en fonction des caractéristiques aérothermiques.
La forme de la fonction f dépend du produit car, la détermination de f fait suite de l'évolution de la vitesse de séchage expérimentale du produit en fonction de sa teneur en eau dans une plage importante de conditions expérimentales comme la température, la vitesse et l'humidité relative de l'air, la nature et l'épaisseur du produit à sécher. Notons que la valeur de β peut être estimée à

0,5 dans le cas du séchage d'une planche. En effet, la relation de Lewis caractérisant les échanges convectifs en régime laminaire dans le cas de deux faces d'échange d'une plaque plane permet d'obtenir h_o :

$$h_o = 1,328 \frac{\lambda_a}{L_p} \mathrm{Re}^{0,5} \mathrm{Pr}^{1/3} \qquad (I.72.a)$$

Sachant que :

$$\mathrm{Re} = \frac{V_p L_p}{\nu_a}, \qquad (I.72.b)$$

On a :

$$h_o = 1,328 \frac{\lambda_a \mathrm{Pr}^{1/3}}{L_p^{0,5} \nu_a^{0,5}} V_a^{0,5} \qquad (I.72.c)$$

Tableau VIII : Liste non exhaustive des courbes de séchage en couche mince (Chemkhi 2008, Hernandez 1991, Kudra et Efremov 2002, Touati 2008)

Equations des modèles	Noms des modèles
$X_{red} = \exp(-kt)$	Newton
$X_{red} = \exp(-kt^n)$	Page
$X_{red} = \exp(-(kt)^n)$	Page modifié I
$X_{red} = \exp((-kt)^n)$	Page modifié II
$X_{red} = a\exp(-kt)$	Henderson et Pabis
$X_{red} = a\exp(-kt) + b\exp(-gt) + c\exp(-ht)$	Henderson et Pabis modifié
$X_{red} = a\exp(-kt) + c$	Logarithmique
$X_{red} = a\exp(-kt) + (1-a)\exp(-kat)$	Two terms exponential
$X_{red} = a\exp(-k_o t) + b\exp(-k_1 t)$	Two terms
$X_{red} = a\exp(-kt) + (1-a)\exp(-kbt)$	Approximation de la diffusion
$X_{red} = a\exp(-kt) + (1-a)\exp(-gt)$	Verma et al
$X_{red} = a\exp(-kt^n) + bt$	Midilli et Kucuk
$t = a\ln(X_{red}) + b(\ln(X_{red}))^2$	Thomson
$X_{red} = 1 + at + bt^2$	Wang et Singh
$X_{red} = \exp\left(-At^{\frac{-1}{B}}\right)$, A et B=f(T,HR,$V_a$,e)	Rosen
$X_{red} = \dfrac{1}{1+\left(\dfrac{t}{\sigma}\right)^n}$	Kudra et Efremov

J.P.Nadeau et D.L.-Sanchez ont obtenu $\beta = 0,4099$ lors du séchage convectif solaire d'une planche de Pin Maritime (Nadeau 2008, Sanchez 2008), Belghit *et al.* (1999) ont obtenu $\beta = 0,43$ lors du séchage convectif de la sauge et Touati a eu $\beta = 0{,}475$ lors du séchage convectif solaire des feuilles de menthe verte (Touati 2008).

Notons que la fonction $f(X_{red})$ dépend du procédé de séchage et du produit. Plusieurs auteurs ont obtenu des fonctions polynomiales de degré supérieur ou égal à trois. Ainsi, Kouhila *et al.* (2002), Khiari *et al.* (2004) et Khouya et Draoui (2009) ont obtenu des polynômes de degré trois dans l'étude du séchage respectivement de l'Eucalyptus globulus, des produits agro-alimentaires et des bois tempérés. Belghit *et al.* (1999) ont obtenu un polynôme d'ordre cinq lors de l'étude du séchage de la sauge.

D'autres auteurs obtiennent plutôt des fonctions exponentielles lorsque la teneur en eau réduite est supérieure à celle correspondante à la teneur en eau au point de saturation des fibres et une droite dans le cas contraire, c'est-à-dire :

$$f(X_{red}) = \begin{cases} cX_{red} + d \dots si \dots 0 \prec X_{red} \prec X_r \\ \dfrac{\exp(bX_{red})}{\exp(b)} \dots si \dots 1 \geq X_{red} \geq X_r \end{cases} \qquad (I.73)$$

X_r est la teneur en eau réduite correspondant à la teneur en eau au point de saturation des fibres. Jannot *et al.* (2004, 2006) et Nadeau (2008) utilisent cette relation pour expliquer respectivement le séchage de la banane et le séchage solaire du pin maritime.

I.3.2.2. Les modèles analytiques

On peut distinguer ici deux sous groupes : Les modèles diffusifs où le transfert de matière est indépendant du transfert de chaleur et les modèles basés sur le principe de la thermodynamique des processus irréversibles. Le premier type de modèles utilise essentiellement la loi de Fick alors que le second tient compte des transferts de matière et de chaleur avec incidence de l'un sur l'autre. La description de ce dernier cas retient notre attention dans la suite.

I.3.2.2.1 Modèle de Philip et De Vries (1957)

C'est le premier modèle issu de la thermodynamique des processus irréversibles. Ce modèle est basé sur le couplage des transferts thermique et massique et tient compte de l'effet de la pesanteur. Ce modèle est adapté pour simuler le séchage des matériaux de construction dont les gradients de température et d'humidité et l'effet de la pesanteur ne sont pas négligeables. Les flux de liquide et de vapeur sont calculés séparément, d'où la nécessité d'avoir l'évolution du taux de changement de phase. Ce modèle se base sur les hypothèses suivantes (Mounajed et Boussa) :
- le milieu poreux est supposé homogène et indéformable ;
- les différentes phases sont en équilibre thermique ;
- en tout point, la pression totale de la phase gazeuse est constante et cette phase obéit à la loi des gaz parfaits ;

- la loi de Kevin est appliquée car en tout point, il existe un équilibre local entre la phase liquide et la vapeur d'eau ;
- l'effet d'hystérésis des courbes de désorption/adsorption est négligé.

Le système qui traduit ce modèle est donné par :

$$\begin{cases} \dfrac{\partial X}{\partial t} + a\dfrac{\partial X}{\partial t} + c\dfrac{\partial T}{\partial t} = div\left(D_q \vec{grad}X + D_T \vec{grad}T\right) - \dfrac{\partial K}{\partial z} \\ \rho C_p \dfrac{\partial T}{\partial t} = div\left(\lambda \vec{grad}T\right) + \rho_l L div\left(D_{qv} \vec{grad}X + D_{Tv} \vec{grad}T - a\dfrac{\partial X}{\partial t} - c\dfrac{\partial T}{\partial t}\right) + \\ \rho_l C_l \left(D_{ql} \vec{grad}X + D_{Tl} \vec{grad}T - K\right) \vec{grad}T + \rho_l C_v \left(D_{qv} \vec{grad}X + D_{Tv} \vec{grad}T\right) \vec{grad}T \end{cases}$$ (I.74.a)

Où : $K = \dfrac{k_l g}{g_l}, y = -\dfrac{P_c}{\rho_l g}, D_{ql} = K\left(\dfrac{\partial y}{\partial x}\right)_T$ (I.74.b)

$D_{Tl} = K\left(\dfrac{\partial y}{\partial T}\right)_x$, $D_{qv} = fD\left(\dfrac{M_v}{RT}\right)^2 \dfrac{gP_{vs}}{\rho_l}\left(\dfrac{\partial y}{\partial x}\right)_T \exp\left(\dfrac{M_v gy}{RT}\right)$, $D_q = D_{ql} + D_{qv}$ (I.74.c)

$D_{Tv} = fD\dfrac{P}{P-P_v}\left(\dfrac{M_v}{RT}\right)^2 \dfrac{LP_{vs}}{T\rho_l}\exp\left(\dfrac{M_v gy}{RT}\right) + fD\dfrac{P}{P-P_v}\left(\dfrac{M_v}{RT}\right)^2 \dfrac{gP_{vs}}{\rho_l}\left(\left(\dfrac{\partial y}{\partial T}\right)_x - \dfrac{y}{T}\right)HR$ (I.74.d)

$D_T = D_{Tl} + D_{Tv}$, $a = \dfrac{(J-q_l)D_{qv}}{fD\dfrac{P}{P-P_v}} - \dfrac{P_v M_v}{\rho_l RT}$, $c = \dfrac{(J-q_l)D_{Tv}}{fD\dfrac{P}{P-P_v}} - \dfrac{(J-q_l)P_v}{\rho_l RT}$ (I.74.e)

Avec : q_l : la teneur en eau volumique ; T : la température ; t : le temps ; P la pression totale du gaz ; P_v : la pression de la vapeur d'eau ; P_{vs} : la pression de vapeur saturante ; HR : l'humidité relative de l'air ; P_c : la pression capillaire ; f : fonction de pondération traduisant l'influence de la phase liquide ; k_l : perméabilité intrinsèque ; y : fonction de succion ; D : coefficient de diffusion de la vapeur dans l'air ; K : conductivité hydraulique ; g_l : viscosité cinématique en phase liquide ; D_{ql} : coefficient de diffusion due à un gradient d'humidité en phase liquide ; D_{qv} : coefficient de diffusion due à un gradient d'humidité en phase vapeur ; D_q : coefficient de diffusion globale due à un gradient d'humidité ; D_{Tl} : coefficient de diffusion due à un gradient de température en phase liquide ; D_{Tv} : coefficient de diffusion due à un gradient de température en phase vapeur ; D_T : coefficient de diffusion globale due à un gradient de température ; ρC_p : chaleur volumique équivalente du milieu ; λ : conductivité thermique équivalente du milieu ; L : chaleur latente de vaporisation de l'eau ; a et c : coefficients traduisant l'accumulation en phase vapeur ; ρ_l : masse volumique du liquide ; g : accélération de la pesanteur ; J : porosité ; z : altitude.

Ce modèle ignore l'influence du gradient de pression et la contribution de la convection dans le transfert de chaleur. En plus, son application fait suite à la détermination des grandeurs physiques à partir des expériences de caractérisation indépendantes qui sont souvent très compliquées (Thaï 2006). Certains auteurs se sont inspirés des hypothèses formulées par Philip et De Vries et ont apporté des simplifications.

I.3.2.2.2 Modèle de Philip et De Vries simplifié (1957)

En négligeant le transfert d'énergie dû au transfert de masse et la variation temporelle locale de la teneur en vapeur d'eau condensée, le modèle de Philip et De Vries simplifié est obtenu. Celui-ci est très utilisé dans le processus de séchage pour les raisons à évoquer ci-après. Ce modèle est traduit par le système ci-dessous :

$$\begin{cases} \dfrac{\partial X}{\partial t} = div\left(D_{q_v} \vec{grad}\, X + D_{T_v} \vec{grad}\, T \right) - \dfrac{\partial K}{\partial z} \\ \rho C_p \dfrac{\partial T}{\partial t} = div\left(\lambda \vec{grad}\, T \right) + \rho_l L div\left(D_{q_v} \vec{grad}\, X + D_{T_v} \vec{grad}\, T \right) \end{cases} \quad (I.75)$$

Cette simplification est pratique car, les expériences effectuées par Larbi en 1990 ont montré que les termes supprimés ont une influence négligeable lors du séchage classique. Par exemple, le transfert de chaleur par convection est souvent négligé devant le transfert de chaleur par conduction dans le cas des faibles variations de températures. Pour éviter les problèmes éventuels liés à la variation du volume, il est recommandé d'utiliser la teneur en eau pondérale au lieu de la teneur en eau volumique. La nomenclature des coefficients est la même que celle du modèle général.

I.3.2.2.3. Modèle de Luikov (1958)

Ce modèle peut être utilisé lorsque le transfert d'énergie dû au transfert de masse et la variation temporelle de la teneur en vapeur d'eau condensée sont négligés. Dans le séchage, ces hypothèses sont presque vérifiées lorsque la pression de la phase gazeuse est uniforme, les températures étant comprises entre 0 et 100°C (Touati 2008). Le système différentiel qui traduit ce modèle est donné par :

$$\begin{cases} \dfrac{\partial X}{\partial t} = div\left[a_m \left(\vec{grad}\, X + \delta\, \vec{grad}\, T \right) \right] \\ \rho C_p \dfrac{\partial T}{\partial t} = div\left(\lambda \vec{grad}\, T \right) + eL\dfrac{\partial X}{\partial t} \end{cases} \quad (I.76)$$

Avec :
X : teneur en eau ; t : temps ; T : Température ; a_m : coefficient de diffusion de l'eau ; ρ : masse volumique du produit ; C_p : chaleur massique du milieu ; δ : coefficient de thermo migration ; λ : conductivité thermique du milieu ; L :

chaleur latente de vaporisation ; e : taux de conversion de l'humidité liquide en vapeur.
La difficulté d'appliquer ce modèle repose sur la détermination du taux de changement de phase e qui n'est pas issus d'une loi physique (Mounajed et Boussa, Touati 2008). En début du séchage, ce taux est nul, la migration de l'eau est essentiellement humide. Ce taux est proche de l'unité vers la fin du séchage car la migration de l'humidité se fait pratiquement en phase vapeur. La maîtrise de l'évolution de ce taux dans le temps fait problème.

I.3.2.2.4. Le modèle de Krisher et Kröll (1963)

Ici, l'eau est supposée se déplacer sous forme liquide par capillarité et sous forme vapeur sous l'action d'un gradient de concentration de la vapeur. Ces deux chercheurs aboutissent au système suivant (Mihoubi 2004):

$$\begin{cases} J_l = -D_l \rho_l \overrightarrow{\text{grad}}\, X \\ J_v = -D_v \rho_v \overrightarrow{\text{grad}}\, P_v \end{cases} \tag{I.77}$$

Avec : J_l : flux de la phase liquide dans l'eau ; J_v : flux de la phase vapeur dans l'eau ; P_v : pression de la phase vapeur ; X : teneur en eau ; ρ_l et ρ_v : masses volumiques de l'eau respectivement dans les phases liquide et vapeur.

P_v est déterminée à l'aide des isothermes de sorption. Krischer suppose que la surface du corps poreux atteint l'équilibre dès le début du séchage (Thaï 2006), hypothèse pas vérifiée en pratique car la surface des corps poreux atteint l'équilibre après un certain temps. En plus, les effets Sorret et de Dufour ne sont pas pris en considération.

I.3.2.2.5. Le modèle de Whitaker (1977)

Ce modèle apporte une contribution importante dans l'explication des processus physiques de séchage des corps poreux. Whitaker tient compte de la morphologie du matériau à sécher en intégrant la porosité de première espèce dans ces hypothèses (porosité du matériau à sécher). On suppose ici que le milieu poreux est constitué d'une matrice solide chimiquement inerte possédant des capillaires et des pores, d'une phase liquide et d'une phase gazeuse formée d'un mélange de vapeur d'eau et d'air. Une telle modélisation n'étant possible qu'à l'échelle macroscopique, un changement d'échelle est alors effectué pour passer de l'échelle des pores aux équations macroscopiques à l'échelle du produit à sécher en utilisant la technique de prise de la moyenne. Les grandeurs moyennées sont supposées représenter la grandeur dans l'échelle de la structure. Le système qui traduit ce modèle est donné par le système suivant (Thaï 2006) :

$$\begin{cases} \rho_w \dfrac{\partial \varepsilon_w}{\partial t} + \rho_w \vec{\nabla}<\vec{V_w}> + <\overset{*}{m}> = 0 \\ \dfrac{\partial}{\partial t}\left(\varepsilon_g <\rho_v>^g\right) + \vec{\nabla}\left(<\rho_a>^g <\vec{V_g}>\right) = \vec{\nabla}\left[<\rho_g>^g D_{\mathit{eff}} \cdot \vec{\nabla}\left(\dfrac{<\rho_v>^g}{<\rho_g>^g}\right)\right] \\ <\rho> C_P \dfrac{\partial <T>}{\partial t} + \left[\rho_w C_{Pw} <\vec{V_w}> + <\rho_g>^g <C_P>^g <\vec{V_g}>\right] \vec{\nabla}<T> + \Delta h_v <\overset{*}{m}> = \vec{\nabla}\left(\lambda_{\mathit{eff}} \vec{\nabla}<T>\right) \end{cases} \quad (I.78)$$

Avec : ρ : masse volumique ; $\vec{V}$: vecteur vitesse ; $\vec{\nabla}$: opérateur gradient ; $\overset{*}{m}$: vitesse d'extraction de l'eau ; T : température ; λ_{eff} : conductivité effective du milieu ; Δh_v : chaleur latente de changement de phase ; ε : porosité ; D_{eff} : coefficient de diffusion effective ; C_p : chaleur massique ; t : temps
Indices : $<>$: grandeur moyenne ; g : phase vapeur ; w : phase liquide
Ce modèle est très difficile d'appliquer car, la détermination des grandeurs physiques n'est pas aisée (Thaï 2006). La détermination des différentes phases de l'eau nécessite la maîtrise de l'évolution de la perméabilité de chaque phase, laquelle dépend étroitement des propriétés du matériau étudié et de sa structure. Ce modèle donne une bonne interprétation des phénomènes physiques rencontrés dans le processus de séchage et est appliqué avec succès pour interpréter le séchage de plusieurs corps poreux (Thaï 2006).

I.3.2.2.6 Modèle de Perré (1993)
Patrick Perré s'inspire des travaux de Whitaker et les spécifie au matériau bois. Le milieu est supposé partiellement saturé. Les équations suivantes, appliquées à chaque phase, traduisent le modèle :
-Equations de conservation :

$$\begin{cases} \rho_l \dfrac{\partial \varepsilon_l}{\partial t} + \vec{\nabla}\left(\rho_l \vec{u_l}\right) = -\overset{*}{m} \\ \dfrac{\partial \rho_v^g}{\partial t} + \vec{\nabla}\left(\rho_v^g \vec{u_g}\right) = \overset{*}{m} + \overset{*}{m_b} \\ \dfrac{\partial \rho_b}{\partial t} + \vec{\nabla}\left(\rho_v^g \vec{u_v}\right) = \overset{*}{m} + \overset{*}{m_b} \\ \dfrac{\partial \rho_b}{\partial t} + \vec{\nabla}\left(\rho_b \vec{u_b}\right) = -\overset{*}{m_b} \end{cases} \quad (I.79.a)$$

-Equations de transport :

$$\begin{cases} \rho_v^g \vec{u}_v = \rho_v^g \vec{u}_g - \rho_g D_{eff} \vec{\nabla}\left(\frac{\rho_v}{\rho_g}\right) \\ \rho_b \vec{u}_b = -\rho_c D_b \vec{\nabla}\left(\frac{\rho_b}{\rho_c}\right) \\ \vec{u}_g = -\frac{K_g}{\mu_g} \vec{\nabla}(p_g) \\ \vec{u}_l = -\frac{K_l}{\mu_l} \vec{\nabla}(p_l) \end{cases}$$
(I.79.b)

Avec :
$$p_l = p_g - p_c \qquad (I.79.c)$$

-Equation d'énergie

$$\rho C_p \frac{\partial T}{\partial t} + \Delta h_v \left(\overset{*}{m} + \overset{*}{m_b}\right) + h_s \overset{*}{m_b} - \rho_b \vec{u}_b \cdot \vec{\nabla}(h_s) + \left[\left(\rho_l \vec{u}_l + \rho_b \vec{u}_b\right)C_{pl} + \sum_{i=a,v}\rho_i^g \vec{u}_i C_{pi}\right] \cdot \vec{\nabla}T = \vec{\nabla}\left(\lambda_{eff} \vec{\nabla}T\right) \qquad (I.79.d)$$

Avec : ε_i : fraction de la phase i ; h : enthalpie ; $\vec{u}$: vitesse ; ρ : masse volumique ; $\overset{*}{m}$: débit massique ; p : pression ; C_p : Chaleur massique ; T : température ; K : perméabilité ; μ : viscosité dynamique ; D : Coefficient de diffusion.
En indice : a : air ; s : solide ; l : liquide ; g : gaz ; c : capillaire ; b : eau liée ; v : vapeur ; eff : effectif.

Ces équations faisant intervenir la pression, peuvent être adaptées à plusieurs types de séchage, des plus rapides aux lents. On peut ainsi citer le séchage sous vide, le séchage convectif à haute température, le séchage convectif à température moyenne et le séchage convectif à basse température. Au regard du nombre d'indéterminés, la résolution numérique de ces équations n'est pas aisée. Un code baptisé TransPore (Transferts couplés en milieux poreux) est un outil conçu pour résoudre ces équations. Pour alléger la résolution numérique de ce système, Perré et Dégiovanni proposent des formulations en fonction du type de séchage et des mécanismes physiques prépondérants qui en découlent. S'inspirant toujours des travaux de Whitaker, ils vont présenter les équations ci-dessous pour décrire le séchage à forte température, à micro-onde ou sous vide en utilisant trois termes moteurs, à savoir les gradients de température, de pression et de teneur en eau.

*conservation de l'énergie :

$$\frac{\partial}{\partial t}\left(\varepsilon_l \rho_l h_l + \varepsilon_g (\rho_v h_v + \rho_a h_a) + \rho_b h_b + \rho_a h_g - \varepsilon_g p_g\right) + \vec{\nabla}\left(\rho_l h_l \vec{v}_l + (\rho_v h_v + \rho_a h_a)\vec{v}_g + h_b \rho_b \vec{v}_b\right) =$$

$$\vec{\nabla}\left(\rho_g D_{eff}\left(h_l \vec{\nabla} w_l + h_a \vec{\nabla} w_a\right) + \lambda_{eff} \vec{\nabla} T\right) + \Phi$$
(I.80.a)

*conservation de la teneur en eau :

$$\frac{\partial}{\partial t}\left(\varepsilon_l \rho_l + \varepsilon_g \rho_g + \rho_b\right) + \vec{\nabla}\left(\rho_l \vec{v}_l + \rho_g \vec{v}_g + \rho_b \vec{v}_b\right) = \vec{\nabla}\left(\rho_g D_{eff} \vec{\nabla} w_l\right)$$
(I.80.b)

*conservation de l'air :

$$\frac{\partial}{\partial t}\left(\varepsilon_g \rho_a\right) + \vec{\nabla}\left(\rho_g \vec{v}_g\right) = \vec{\nabla}\left(\rho_g D_{eff} \vec{\nabla} w_g\right)$$
(I.80.c)

Pour obtenir les différentes vitesses, la relation de Darcy est utilisée. Ainsi :

$$\vec{v}_i = -\frac{K_i}{\mu_i}\vec{\nabla}(p_i - \rho_i g) \text{ avec } i = l, g$$
(I.80.d)

Le terme Φ représente la contribution des éventuels sources ou puits d'énergie (puissance volumique) dont l'expression est fonction du fonctionnement du séchoir. L'application de ce modèle n'est pas aisée à cause de la difficulté que pose l'estimation des grandeurs relatives à chaque phase.

Tenant compte de deux termes moteurs (les gradients de teneur en eau et de température), les auteurs proposent un modèle adapté au séchage à basse température. Celui-ci est une simplification du modèle précèdent où sont éliminés les termes qui influencent moins lors de ce type de séchage. Ainsi, la loi de Darcy est utilisée seulement pour estimer la vitesse de la phase liquide, laquelle est supposée être en mouvement sous la seule action des forces capillaires. Les phases liquide et vapeur sont en mouvement par diffusion. Les équations illustrant ce modèle sont :

*conservation de l'eau :

$$\frac{\partial}{\partial t}(\rho_o X) = \vec{\nabla}\left((\rho_v D_v + \rho_l D_l)\vec{\nabla} X\right)$$
(I.81.a)

*conservation de l'énergie :

$$\frac{\partial}{\partial t}[\rho_o(h_o + X h_l)] + \vec{\nabla}\left(\rho_l h_l \vec{q}_l + \rho_v h_v \vec{q}_v\right) = \vec{\nabla}\left(\lambda_{eff} \vec{\nabla} T\right) + \Phi$$
(I.81.b)

Avec :

$$\vec{q}_i = \rho_i D_i \vec{\nabla} X, \text{ i=v,l}$$
(I.81.c)

Un troisième modèle est proposé par les auteurs en prenant comme seule force motrice la teneur en eau. C'est un modèle purement diffusif qui rejoint le modèle de Sherwood avec comme seule différence que ce dernier utilise un gradient de concentration en eau comme force motrice. Les mécanismes physiques ici ne sont pas pris en compte, le seul intérêt étant la description des points expérimentaux. Ce modèle ne prend pas en compte le couplage existant entre la température et la teneur en eau et est traduit par l'équation :

$$\frac{\partial X}{\partial t} = \vec{\nabla}\left(D_{eff} \vec{\nabla} X\right) \tag{I.82}$$

I.3.2.2.7. Modèle de Duforestel (1992)
Partant des mêmes hypothèses adoptées par Philip et De Vries, Duforestel en 1992 a obtenu les équations suivantes (Mounajed et Boussa):

$$\begin{cases} a_T \frac{\partial p_v}{\partial t} - \frac{a_T p_v}{\rho_v T^2}(h_m + L)\frac{\partial T}{\partial t} = div\left(\left(\frac{p_v}{p_t} + K_n + \frac{\rho_l K_l \rho_v T}{p_v}\right)\vec{grad}p_v - \rho_l K_l \frac{L}{T}\vec{grad}T\right) \\ \left(-h_m a_T + h\frac{L}{\rho_v T}\right)\frac{\partial p_v}{\partial t} + \left(C + \frac{a_T p_v}{\rho_v T^2}h_m(h_m + L)\right)\frac{\partial T}{\partial t} = div\left(L\left(\frac{P}{P_t} + K_n\right)\vec{grad}p_v + \lambda \vec{grad}T\right) \end{cases} \tag{I.83}$$

Avec : a_T : pente de l'isotherme de sorption ; h_m : chaleur de sorption : p_v/p_t : perméabilité à la vapeur ; K_l : perméabilité liquide ; K_n : coefficient de Knüdsen ; h : porosité du matériau.

Ce modèle est plus accessible que celui de Philip et De Vries car, Duforestel a introduit le potentiel P_v qui est expérimentalement plus maîtrisable. Ce modèle a aussi l'avantage de s'appliquer aux matériaux non hygroscopiques. En plus, les coefficients qui apparaissent dans le système de Duforestel peuvent être déterminés par des méthodes de mesures simples (Mounajed et Boussa). Mais seulement, la non prise en compte du gradient de teneur en eau dans la migration de l'humidité est souvent l'une des sources des écarts entre les points expérimentaux et les simulations.

I.3.2.2.8. Modèle de Nicolas (1992)
Nicolas introduit dans son modèle les effets de capillarité et d'hystérésis tenant compte des différents changements de phase. Le terme moteur du transport est le gradient de température. L'équation de la dissipation sur le taux de changement de phase a été écrite de la manière suivante (Mounajed et Boussa):

$$\frac{\partial(b_l \rho_l)}{\partial t} + div\left(b_l \rho_l \vec{\upsilon}_l\right) = \frac{RT}{kM_v}\ln\left(\frac{p_v}{p_{vs}}\right) \tag{I.84.a}$$

Avec k le coefficient de dissipation sur le taux de changement de phase.
Pour tenir compte des effets de capillarité, il modifie la loi de Kevin en considérant que la pression de vapeur saturante de l'eau en milieu poreux p_{vs} et la pression de vapeur saturante de l'eau en milieu libre p_{vs}^o sont différentes. Nicolas présente la loi de Kevin modifiée sous la forme :

$$P_c = -\frac{\rho_l RT}{M_v}\ln(HR) + \frac{\rho_l RT}{M_v}h(b_l) \tag{I.84.b}$$

Avec :

$$\ln(HR) = \ln\left(\frac{p_{vs}}{p_{vs}^o}\right) = \frac{d(b_l h(b_l))}{db_l} \tag{I.84.c}$$

Où P_c est la pression capillaire et $h(b_l)$ la fonction d'interaction du milieu poreux et l'eau.

Tenant compte de tout ce qui précède, Nicolas aboutit à la formulation mathématique suivante :

$$\begin{cases} \rho C_p \left(\dfrac{\partial T}{\partial t} + \vec{V} \cdot \overrightarrow{grad}\, T \right) = div\left(\lambda\, \overrightarrow{grad}\, T \right) - \left((C_l - C_v)T - L_o \right) \dfrac{RT}{kM_v} \ln\left(\dfrac{p_v}{p_{vs}} \right) \\ \dfrac{\partial (b_a \rho_a)}{\partial t} + div\left(b_a \rho_a \vec{v}_a \right) = 0 \\ \dfrac{\partial (b_v \rho_v)}{\partial t} + div\left(\rho_v b_v \vec{v}_v \right) + \dfrac{\partial (b_l \rho_l)}{\partial t} + div\left(\rho_l b_l \vec{v}_l \right) = 0 \\ \dfrac{\partial (b_l \rho_l)}{\partial t} + div\left(b_l \rho_l \vec{v}_l \right) = \dfrac{RT}{kM_v} \ln\left(\dfrac{p_v}{p_{vs}} \right) \end{cases} \quad (I.85.a)$$

Dans ces équations, les lois de comportement suivantes ont été adoptées :

$$b_a \vec{v}_a = -\left(K_g + \dfrac{p_v}{p_a} K_{av} \right) \overrightarrow{grad}\, p_a - \left(K_g - K_{av} \right) \overrightarrow{grad}\, p_v \quad (I.85.b)$$

$$b_v \vec{v}_v = -\left(K_g - K_{av} \right) \overrightarrow{grad}\, p_a - \left(K_g + \dfrac{p_a}{p_v} K_{av} \right) \overrightarrow{grad}\, p_v \quad (I.85.c)$$

$$b_l \vec{v}_l = -K_l\, \overrightarrow{grad}\left(p_l + \dfrac{\rho_l RT}{M_v} h(b_l) + \rho_l g \right) \quad (I.85.d)$$

$$p_a = \dfrac{\rho_a RT}{M_a},\ p_v = \dfrac{\rho_v RT}{M_v},\ p_l = p_a + p_v + p_v \dfrac{dh(b_l)}{db_l} \quad (I.85.e)$$

Avec : G : fonction relative à la chaleur latente ; P_{vs} : Pression de vapeur saturante de l'eau en milieu poreux ; p_{vs}^o : pression de vapeur saturante de l'eau en milieu libre ; P_c : Pression capillaire ; P_j : pression au sein du fluide j ; ρ_i : masse volumique du constituant i ; K_l : perméabilité à la phase liquide ; g : module de l'accélération de la pesanteur ; K_g : perméabilité à la phase gazeuse ; k : coefficient de dissipation sur le taux de changement de phase ; C_i : capacité calorifique du fluide i à volume constant ; b_i : teneur volumique du constituant i ; v_i : vitesse du fluide i ; v_g : vitesse moyenne molaire du gaz ; K_i : perméabilité de la phase i ; K_{av} : coefficient de diffusion de la vapeur dans l'air ; L : chaleur latente de vaporisation

Nicolas a étudié, à partir de son modèle, l'influence des variations de la pression totale du gaz sur le phénomène d'imbibition du sable. Il a constaté une différence sur l'évolution de la teneur en eau dans le cas où la pression totale du gaz est considérée comme constante ou pas. Il constate aussi que la surpression du gaz ralenti le mouvement de l'eau. Nicolas a aussi appliqué son modèle dans l'étude des effets hystérétiques en modélisant le cycle de sorption-désorption sur une paroi en mortier de 15cm d'épaisseur dont les surfaces sont en contact alternativement avec une paroi humide et avec une paroi sèche. Ainsi, il constate que la prise en compte de la dissipation sur le taux de changement permet d'obtenir des courbes d'hystérésis qui ont tendance à revenir rapidement sur les courbes de sorption. En plus, la dissipation sur le taux de changement ne permet pas de décrire des phénomènes hystérétiques dans différents états d'équilibre.

I.3.2.2.9. Modèle de Hernandez (1991)
Hernandez a établi un modèle de séchage d'un empilement de planches dans un séchoir. Il écrit différemment les équations de transfert selon que l'air de séchage soit saturé ou non.

-air de séchage non saturé
Bilan d'énergie sur le plot de bois :

$$\frac{e}{2}\rho_{pr}\left(C_{p_{ps}} + XC_{p_e}\right)\frac{dT_p}{dt} = h_T\left(T_a - T_p\right) - F_M\left(C_{P_v}\left(T_a - T_p\right) + L\right) \qquad (I.86.a)$$

Bilan de masse sur le plot de bois :

$$\frac{e}{2}\rho_{P_s}\frac{dX}{dt} = -F_M \qquad (I.86.b)$$

Bilan d'énergie sur l'air de séchage :

$$\frac{e_a}{2}\rho_a\left(C_{pas} + X_a C_{pv}\right)V_a\frac{dT_a}{dy} = h_T\left(T_p - T_a\right) \qquad (I.86.c)$$

Bilan de masse sur l'air de séchage

$$\frac{e_a}{2}\rho_{as}V_a\frac{dX_a}{dy} = F_M \qquad (I.86.d)$$

-air de séchage saturé
Lorsque l'air de séchage est saturé, aucun transfert de masse n'est possible dans le bois. Ainsi, on a :
Bilan d'énergie sur le plot de bois

$$\frac{e}{2}\rho_{ps}\left(C_{p_{ps}} + X_p C_{pe}\right)\frac{dT_p}{dt} = h_T\left(T_a - T_p\right) \qquad (I.86.e)$$

Bilan de masse sur le plot de bois :

$$\frac{dX_p}{dt} = 0 \qquad (I.86.f)$$

Bilan d'énergie sur l'air de séchage

$$\frac{e_a}{2}\rho_{as}\left(C_{p_{as}} + X_a C_{p_v}\right)V_a\frac{dT_a}{dy} = h_T\left(T_p - T_a\right) - \frac{h_T\left(C_{p_v}\left(T_a - T_p\right) + L\right)}{C_{p_a}\left(X_{aSat}(T_a) - X_{aSat}(T_p)\right)} \qquad (I.86.g)$$

Bilan de masse sur l'air de séchage :

$$X_a = X_{aSat}(T_a + dT_a) \qquad (I.86.h)$$

Dans ces équations, les paramètres spécifiques au bois se retrouvent dans l'expression du flux masse F_M. Celui-ci est obtenu en appliquant la relation ci-dessous :

$$F_M = \frac{\rho_{Ps}V_s}{A}\frac{dX_p}{dt}\bigg|_{surf} \qquad (I.86.i)$$

Avec : ρ : la masse volumique ; X : La teneur en eau ; y : l'abscisse de l'axe d'écoulement ; t : temps de séchage ; V_s : le volume du matériau sec ; A : la surface exposée à l'agent séchant ; h_T : le coefficient de transfert thermique ; C_p : la chaleur massique ; e : l'épaisseur du bois ; e_a : l'épaisseur des baguettes ; V_a : la vitesse de l'air de séchage ; T : La température ; L : la chaleur latente de vaporisation.
En indice : p : produit ; a : air ; v : vapeur ; e : eau ; a_s : air sec ; s : sec ; a_{Sat} : air saturé
Ce modèle ne permet pas de décrire les évolutions de la température et de l'humidité dans l'épaisseur du bois car, les gradients de température et de teneur en eau ne sont pas pris en compte. Le terme moteur est le flux –masse qui est obtenu après une étude expérimentale en général très coûteuse en temps de mesure. J.M.Hernandez a appliqué son modèle pour simuler numériquement le séchage des bois de Pin maritime et de chêne lors des séchages convectifs à air constant et à air variable. Ces deux simulations montrent une sensibilité du modèle par rapport à la position de mesure le long du lit de planches. Cette sensibilité est très accentuée lors du séchage à air variable qu'à air constant.

I.3.3. Influence des retraits mécaniques sur le séchage du bois.
L'objectif du séchage du bois est de réduire une quantité d'eau pour placer le bois dans des conditions où l'activité de l'eau est faible. Dans cette condition, le bois est dans le domaine hygroscopique. Si le processus de séchage n'est donc pas suivi, le bois est susceptible de changer de forme pour ne pas être utile. Malgré un bon séchage, les outils faits de bois doivent être utilisés dans des ambiances très peu variables afin que leur stabilité spatiale soit conservée (Forest Products Laboratory 1957).
Bien avant 1990, le Centre Technique du Bois et de l'Ameublement (CTBA) a établi expérimentalement des tables de séchage de plusieurs espèces de bois et a ressorti des espèces de bois susceptibles d'être séchées ensemble. Le suivi de ces tables permet de réduire les pertes après séchage liées à l'anisotropie des retraits induisant des déformations et des collapses.
A l'échelle de la planche, le rétrécissement du bois dû à l'anisotropie de retrait permet de réduire la taille des pores, car le bois occupe en partie les espaces qu'occupait l'eau. Lorsque le séchage se poursuit, il est alors difficile de réduire la teneur en eau du bois car, l'espace disponible à l'extraction de l'eau devient de plus en plus faible. La cinétique de séchage peut alors être influencée dans le domaine hygroscopique. Cette influence est importante dans le cas du séchage des produits à forte teneur en eau initiale comme la banane, la mangue et les pommes de terre (Khama et Belhamri 2009, Mayor et Sereno 2004, Talla *et al.* 2003), et faible dans le cas du bois, quelque soit sa teneur en eau initiale (Nadeau et Puiggali 1995).
La maîtrise de la transformation du bois est aussi fonction du mode de débit et de l'hétérogénéité des planches (Chassagne *et al.* 2005). Il est malheureusement

difficile d'inclure ces deux derniers paramètres lors de la modélisation du comportement du bois car, ils dépendent de la croissance de l'arbre (Chassagne et al.2005). Dans la suite, nous présentons quelques modèles qui tiennent compte des retraits mécaniques

I.3.3.1. Modèle diffusif avec retrait
Dans le cadre d'un séchage à basses températures, les effets de la pression de la phase gazeuse sont faibles et deux gradients peuvent alors être pris en compte, à savoir les gradients de température et de teneur en eau. Le transport capillaire peut alors être transformé en diffusion liquide et on obtient une écriture diffusive de l'équation de transfert d'eau. Les modèles diffusifs avec retrait peuvent être obtenus selon deux approches :

I.3.3.1.1. Approche monophasique
On peut considérer que le bois est un milieu diphasique assimilé à un mélange binaire monophasique : une phase solide et une phase liquide portant des équations de conservation de la masse pour les deux composants solide et liquide et de l'équation de conservation de la quantité de mouvement totale. Ce modèle est traduit par les équations ci-dessous (Chemkhi 2008):

$$\frac{\partial X}{\partial t} = \frac{\partial}{\partial x}\left(D_{is}\frac{\rho_s \rho}{\rho_s^{o2}(1+X)}\frac{\partial X}{\partial x}\right) \qquad \text{(I.87.a)}$$

$$\rho\frac{d\vec{V}}{dt} = \vec{\nabla}\sigma_p + \rho\vec{g} \qquad \text{(I.87.b)}$$

Où : ρ : masse volumique ; X : teneur en eau ; x : abscisse selon l'épaisseur du bois ; g : module de l'accélération de la pesanteur ; t : durée de séchage, D_{is} : coefficient de diffusion ; $\vec{V}$: vecteur vitesse de rétrécissement du produit, σ_p : tenseur des contraintes du mélange (Pa).

La détermination du coefficient de diffusion pose un problème et le non couplage entre les gradients moteurs ne permettent pas d'adapter ce modèle au processus de séchage avec les conditions variables de l'ambiance.

I.3.3.1.2. Approche biphasique
Ici, les phases solide et liquide sont distinguées comme deux milieux continus non miscibles. Les équations de conservation de la masse, de l'énergie et de la quantité de mouvement sont écrites pour chacune des phases. Ces phases sont liées par les conditions aux limites. Signalons que la résolution numérique est très lourde car, la répartition géométrique des deux phases est mal connue et au mieux, complexe. Les équations étant à l'origine à l'échelle des pores, il est nécessaire de les intégrer sur un volume élémentaire représentatif. Les évolutions de la teneur en eau sont obtenues en résolvant l'équation (Chemkhi 2008):

$$\frac{\partial X}{\partial t} = \vec{\nabla}\left(D\vec{\nabla}X\right) \quad (I.88)$$

Pour étudier les sensibilités du séchage d'un matériau, il est conseillé de déterminer en inverse le coefficient de diffusion après obtention des cinétiques expérimentales. Il faut alors s'assurer de rester dans la plage des variations expérimentales lors de l'étude de sensibilité. L'équation mécanique du milieu équivalent est donnée par :

$$\vec{\nabla}\sigma_p = 0 \quad (I.89.a)$$

Avec :

$$\sigma_p = \sigma_s + \sigma_l \quad (I.89.b)$$

Quelques modèles ont été récemment présentés dans la littérature et qui présentent certaines innovations. Nous les présentons dans la suite.

I.3.4. Modèles récents du séchage des milieux saturés

Des travaux récents permettent de modéliser les transferts dans les milieux saturés biphasiques et déformables de type Darcy, c'est-à-dire utilisant comme seule force motrice un gradient de pression. En 2004, Sarmento (Sarmento 2004) a proposé un modèle décrivant les transferts de masse, de chaleur et de quantité de mouvement en milieux biphasiques déformables. Son travail se focalise sur la description du transport convectif de la phase liquide en introduisant un coefficient de transport équivalent. Il considère que les phases solide et liquide sont incompressibles, c'est-à-dire :

$$\vec{\nabla}V_i = 0, \quad i=l,s \quad (I.90.a)$$

Partant des équations de conservation à l'échelle des phases seulement au transport de masse et en utilisant la méthode de la prise de la moyenne pour passer à l'échelle locale, il considère que le milieu est saturé (c'est-à-dire la somme des fractions des phases est égale à l'unité) et néglige l'effet de la pesanteur dans la loi de Darcy. Sarmento obtient le système suivant :

$$\begin{cases} \vec{\nabla}\left(\vec{V}_s^s - \frac{\bar{k}_l}{\mu_l}\vec{\nabla}\bar{p}_l^l\right) = 0 \\ \frac{\partial \varepsilon_l}{\partial t} + \vec{\nabla}\left(\varepsilon_l \vec{V}_s^s - \frac{\bar{k}_l}{\mu_l}\vec{\nabla}\bar{p}_l\right) = 0 \end{cases} \quad (I.90.b)$$

Avec ε_l la fraction de la phase liquide ; P_l : la pression du liquide ; V_s : la vitesse du solide ; k_l : la perméabilité ; μ_l : la viscosité dynamique du liquide ; t : la durée de séchage.

L'auteur applique son système au séchage d'un milieu élastique linéaire en considérant une dimension et ne constate aucun lien entre le gradient de pression et le gradient de teneur en eau, contrairement au cas des modèles diffusifs.

En 2005, Porras a repris l'étude précédente dans le cas d'un liquide binaire et l'a appliqué au séchage 2D d'un milieu élastique linéaire. Ce dernier a abouti aux mêmes conclusions que Sarmento.

En 2006, Caceres a développé un modèle de transfert similaire qui tient compte du couplage thermo-hydro-mécanique qui existe dans le processus de séchage convectif d'un milieu poreux saturé et déformable. Le gradient de pression de la phase liquide est considéré comme moteur dans le cas du transfert de l'eau tout en tenant compte de la compressibilité de la phase liquide. Il aboutit au système d'équations suivant :

$$\begin{cases} \varepsilon_l \chi \dfrac{\partial \bar{p}_l}{\partial t} + \vec{\nabla}\left(\vec{V}_s^s - \dfrac{\bar{k}_l}{\mu_l} \vec{\nabla} \bar{p}_l \right) = 0 \\ \varepsilon_l \chi \dfrac{\partial \bar{p}_l}{\partial t} + \dfrac{\partial \varepsilon_l}{\partial t} + \vec{\nabla}\left(\varepsilon_l \vec{V}_s^s - \dfrac{\bar{k}_l}{\mu_l} \vec{\nabla} \bar{p}_l \right) = 0 \\ \vec{\nabla}\left(\bar{E}\varepsilon \right) - \vec{\nabla}\left(\bar{p}_l \bar{I} \right) = 0 \end{cases} \qquad (I.91)$$

χ est la compressibilité du liquide ; $\bar{E}$: le tenseur déplacement ; $\bar{I}$: tenseur unité ; le reste comme dans la nomenclature du système I.90.b.

Caceres (2006) montre lors de l'étude de sensibilité que l'introduction de la compressibilité du liquide permet d'améliorer la stabilité numérique du problème.

Pour passer aux milieux déformables et insaturés comme le bois, il suffit d'ignorer l'effet de la microstructure des pores sur la désorption. Les microstructures du produit ne remplacent plus la totalité des espaces laissés par l'eau (retrait non idéal). Cet effet peut être intégré dans nos équations en considérant que les variations dépendantes comme la température et la teneur en eau sont des quantités moyennes, la relation des flux avec ses gradients étant faite par des coefficients empiriques.

Les modèles qui viennent d'être présentés ont du mal à expliquer les phénomènes à la frontière du matériau lors du séchage. Il faut donc les compléter par les équations aux limites. En plus, les spécificités liées au séchoir utilisé doivent obligatoirement être intégrées dans ces équations. La résolution des équations données par ces modèles est souvent fastidieuse à cause de la forte dépendance des coefficients thermophysiques et les grandeurs indépendantes étudiées (Température, Teneur en eau et Pression). De nos jours, des modélisations de type macroscopique sont appliquées dans le séchage solaire, l'objectif visé étant de proposer une formulation mathématique qui traduit les évolutions de la température et de l'humidité du produit sans se soucier des phénomènes physiques qui interviennent à l'échelle microscopique. Une étude est à cet effet basée sur les variations de la matière et de l'énergie interne du produit et complétée par les équations aux frontières du produit. Les travaux de

Pallet (1985), de Pallet *et al.* (1987) et de Hachemi *et al.* (1998) permettent de mieux illustrer la modélisation des séchoirs solaires.

En somme, dans ce chapitre, une étude de l'anatomie du bois a été faite à la base de la littérature. Cette étude montre la complexité du plan ligneux des feuillus qui peut plus ou moins différencier les valeurs des coefficients thermophysiques des feuillus et des résineux. Nous avons aussi défini les caractéristiques thermophysiques du bois à partir de la littérature. Ensuite, nous avons présenté les différents types de séchoirs à bois. La disposition des piles de bois et leur impact sur le suivi du séchage ont été relevés. Quelques avantages et inconvénients de chaque type de séchoirs sont exposés. Les séchoirs solaires à bois ne sont presque pas utilisés dans l'industrie au Cameroun. Enfin nous avons fait un état de l'art sur la modélisation du bois. Il ressort que la modélisation du séchage est abordée dans la littérature depuis les années 1920. Les modèles établis différent selon les hypothèses adoptées. Ces hypothèses sont souvent fonction des produits à sécher. La spécificité à un produit précis est obtenue à partir de la détermination expérimentale des propriétés thermophysiques de celui-ci, lesquelles sont insérées dans les équations.

Nous notons que les corrélations présentes dans la littérature ne sont pas spécifiques à un type de bois, en plus les bois résineux sont généralement utilisés pour les établir. Ce qui peut entraîner des mauvaises estimations lorsqu'on utilise les grandeurs thermophysiques issues de ces estimations pour simuler le séchage des bois tropicaux. Dans l'industrie camerounaise, les séchoirs à convection forcée avec combustion des déchets de bois sont très utilisés. Ceci favorise la pollution et un problème de gestion des cendres de bois et d'eaux usées issus des séchoirs. Nous pouvons également noter que les modèles présentés dans la littérature possèdent comme coefficients des grandeurs physiques pas aisées à déterminer expérimentalement. C'est alors une nécessité de proposer un modèle qui pourra, moyennant des coefficients thermophysiques faciles à estimer expérimentalement, mieux décrire les points expérimentaux. Un tel modèle sera nécessaire pour simuler numériquement le comportement des bois tropicaux afin d'envisager améliorer leur séchage. Dans le chapitre suivant, nous présentons le matériel et les méthodes expérimentales et théoriques utilisés pour générer les résultats numériques et expérimentaux nécessaires pour améliorer le séchage de nos bois d'étude.

CHAPITRE II

MATERIEL ET METHODES

Les grandeurs thermophysiques du bois sont fonction du type de débit, de la teneur en eau, de la proportion d'éléments chimiques présents dans une planche entre autres. Dans un lit de planches, il est difficile d'avoir des planches identiques. Il est alors nécessaire d'utiliser la notion de grandeur moyenne. Pour estimer une grandeur thermophysique d'une essence afin de l'utiliser pour simuler son séchage dans un amas de planches, l'orientation de la coupe des échantillons suivants les directions anatomiques n'est donc pas indiquée. Dans ce chapitre, nous allons présenter le matériel expérimental et les méthodes utilisées pour générer les résultats expérimentaux et numériques sans toutefois privilégier une direction de coupe donnée des échantillons. Les modélisations du séchage thermique, tant a l'échelle de la planche que de la pile, sont une extension du modèle de Whitaker que nous faisons pour simuler le séchage industriel des piles de bois tropicaux au Cameroun.

II.1. Présentation du matériel expérimental
Dans ce paragraphe, Nous allons présenter le matériel qui nous a permis d'obtenir les valeurs expérimentales, lesquelles sont utilisées pour valider les corrélations et les simulations détaillées dans la suite.

II.1.1. Pour la caractérisation des isothermes de désorption du bois
II.1.1.1 Présentation des échantillons.
Les échantillons utilisés dans cette partie viennent de la région du Centre Cameroun. Le conditionnement des échantillons a été effectué avec la forte collaboration du Laboratoire d'Energétique et des Phénomènes de Transfert (LEPT-ENSAM) de l'Université de Bordeaux I pour l'obtention des isothermes de désorption (Jannot *et al.* 2006).

II.1.1.2 Matériel expérimental.
Dix échantillons de chaque espèce de bois de dimensions 25x10x5mm^3 ont été utilisés (Jannot *et al.* 2006). Les solutions salines saturées suivantes ont servi à maintenir l'humidité relative de l'air de l'ambiance à la valeur désirée et dont les valeurs, fonction de la température, sont données par Bizot et Multon (1978) :
LiBr, LiCl, KCH$_3$CO$_2$, MgCl$_2$, K$_2$CO$_3$, NaBr, CuCl$_2$, NaCl, KCl et K$_2$SO$_4$.
Ce matériel est encore utilisé dans les laboratoires car, les résultants obtenus ont une bonne précision (Amiri et Esna-Ashari 2010, Raji *et al.* 2009).

II.1.2. Pour la caractérisation de la masse volumique, des retraits et de la cinétique du séchage thermique du bois à l'échelle de la planche

Les échantillons de bois d'ayous viennent de la région du Centre Cameroun. Ceux du bois d'ébène viennent de la région du Sud Cameroun. La figure 31 ci dessous présente deux échantillons de chaque espèce utilisés.

Nous avons utilisé, pour les différentes pesées une balance électronique de marque Ohaus CS 200 (Figure 32) capable de peser des échantillons de masse inférieure à 200g avec une précision de 0,1g. Une étuve à dessiccation de marque Memmert (Figure 33) possédant plusieurs claies, de dimension interne 17cmx22cmx37cm, de température maximale de 220°C avec une précision de 2°C nous a permis de conditionner nos échantillons qui étaient tous à l'état mature. Ces derniers ont les dimensions de 36mmx36mmx18mm et sont tous issus d'une même planche. Les dimensions des échantillons sont influencées par celles des claies de notre étuve. Nous avons utilisé quinze échantillons de chaque espèce et la coupe de ceux-ci n'a pas tenu compte des directions privilégiées du bois.

Figure 31a - Echantillon de bois d'Ayous

Figure 31b- Echantillon de bois d'Ebène

Figure 31 : Photos de quelques échantillons de bois étudiés

Figure 32 : Balance numérique utilisée

Figure 33 : Etuve à dessiccation utilisée

II.1.3. Pour la caractérisation de la cinétique du séchage solaire du bois à l'échelle de la planche
II.1.3.1. Présentation du séchoir

Le séchoir conçu est à l'échelle du laboratoire. Il est constitué d'une enveloppe en plastique (polyéthylène) qui repose sur un support fait à base de petites traverses en bois d'ayous, car moins coûteux, disponible et léger. La face de dessus est légèrement inclinée d'un angle d'environ 10° afin d'augmenter la réception du rayonnement solaire par notre séchoir. Un socle en tôle peint en noir recouvre les bois à sécher et le nombre de ces derniers est choisi tel que la surface d'échange de chaleur entre les planches et le socle (facteur de forme) soit élevée.

Ce séchoir fonctionne sans recyclage d'air et avec stockage de ce dernier. Aucun système de ventilation n'étant incorporé dans le séchoir, il s'agit d'un système solaire passif (Sfeier et Guarracino 1981). Nous sommes dans une situation de transfert par convection naturelle à travers les différents éléments internes à notre séchoir. Le schéma descriptif du séchoir est représenté sur les figures 34 et 35 ci-dessous. La membrane polyéthylénique et la tôle articulée ont respectivement une épaisseur de 0,35mm et de 0,5mm.

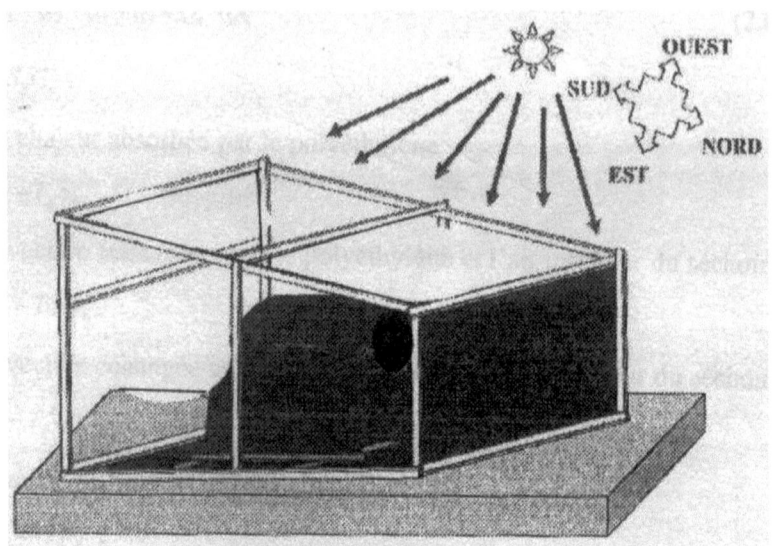

Figure 34 : Séchoir solaire en cours de fonctionnement

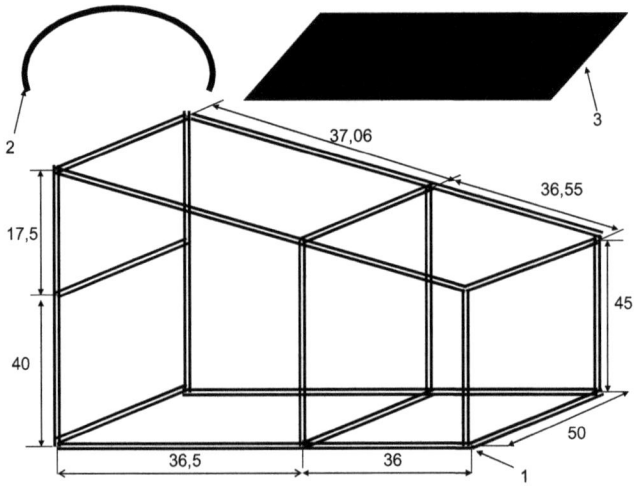

Figure 35 : Représentation des éléments dont est constitué le séchoir (dimensions en centimètre). 1) Paroi, 2) Socle, 3) Plancher

II.1.3.2 Dispositif expérimental

Les planchettes utilisées sont disposées sur le socle. Le nombre et les dimensions de chaque espèce de bois sont influencés par leurs disponibilités. En ce qui concerne l'espèce d'ayous, quatre échantillons sont utilisés avec les dimensions initiales de 50,1x36,6x3,26cm^3. Deux échantillons ont été utilisés dans le cas de l'ébène dont les dimensions initiales sont de 20x12x3cm^3.
Une balance électrique de marque Sartorus et de modèle BL12 a été utilisée pour les différentes pesées. La capacité et la précision de la balance sont respectivement de 12kg et de 0,1g. Cette balance a été utilisée pour contrôler la masse des éprouvettes et des planches témoins. L'humidité relative et la température de l'air de la cellule de séchage ont été contrôlées par un thermohydromètre de marque HRT 1000 où la précision est de 1% pour l'humidité et de 1°C pour la température. La méthode électrique a été utilisée pour la mesure de l'humidité du bois à travers un humidimètre de précision de 1% afin d'éviter l'entrée de l'air ambiant dans le séchoir. Rappelons que la mesure n'est pas bonne dans le domaine non hygroscopique. Un pied à coulisse au 10ème et une étuve électrique de marque ELE International de température réglable entre 30 et 250°C et fonctionnant sous une tension de 220V ont respectivement servi pour mesurer les différentes dimensions et pour déterminer la masse anhydre des éprouvettes.

II.1.4. Pour la caractérisation de la cinétique du séchage thermique industriel du bois à l'échelle de la pile

Deux séchoirs ont été utilisés. Le premier séchage suivi par le Dr. Monkam est effectué dans le séchoir de la société IBC. Celui que nous avons suivi a été effectué dans le séchoir de la société SEEF.SA. Nous présentons ces deux séchoirs ci-après.

II.1.4.1. Le cas de la société IBC

Le séchage de l'Iroko a été effectué à l'IBC par l'équipe de séchage de l'entreprise et Monkam (2006). Les piles de bois sont montées suivant la disposition de la figure 29 et sont constituées des échantillons de bois de dimensions 315x80x13mm^3 destinés à la fabrication des frises et à la pose des planchers entre autres.
Le séchoir est de type conventionnel dont la température de fonctionnement varie entre 50 et 95°C avec une enceinte parallélépipédique de dimensions 8,5x6x5,5m^3. Le plancher est en béton et les murs en parpaings bourrés. La partie supérieure est constituée d'une dalle recouverte d'un faux plafond en aluminium. La porte est coulissante de dimensions 155x60cm^2 portant des bandes de caoutchouc qui assurent l'étanchéité. On retrouve quatre ventilateurs hélicoïdaux à inversion de sens avec des pales de 60cm de longueur entraînés par un moteur de puissance 15Ch, de tension 380V, de fréquence 50Hz, l'intensité du courant étant de 9A.

La chaudière est constituée d'un foyer utilisant la combustion du bois comme source d'énergie. La chaleur est transmise au bois par l'intermédiaire de la vapeur d'eau. Un thermostat permet l'arrêt du fonctionnement de la chaudière une fois la température maximale atteinte.
La cellule de séchage est constituée de clapets permettant l'échange entre l'air proche de la saturation en eau du séchoir et l'air sec provenant de la chaudière. Lorsque l'air est trop sec, les rampes permettent la pulvérisation des fines gouttelettes d'eau pour humidification. Le remplissage des piles dans le séchoir s'effectue après l'arrêt du fonctionnement de ce dernier et les piles sont montées de manière à éviter les courts-circuits d'air. Une cabine de contrôle permet de suivre l'état hygrométrique de l'air et des piles de bois. Six sondes placées aux rangées inférieures permettent de recueillir les caractéristiques des piles. Chaque sonde est constituée de deux électrodes qui sont introduites jusqu'à la mi-épaisseur des échantillons. L'humidité d'équilibre de la cellule est obtenue à partir d'une plaque cellulosique placée dans l'enceinte.
Les résultats de ce séchage vont être utilisés dans la suite pour comparer les résultats de notre code à ceux obtenus par le code de Monkam (2006).

II.1.4.2. Le cas de la SEEF.SA

La Société d'Exploitation et d'Exportation de Fombelle, Société Anonyme (SEEF.SA) possède une scierie, un parc à bois, un complexe de séchage et une menuiserie. Comme son nom l'indique, cette entreprise exporte en grande partie son bois après l'avoir transformé et séché sous forme de planches.
Le complexe de séchage comprend huit séchoirs semblables à commande automatique. Le séchoir a une forme parallélépipédique de dimensions $9\times7\times4m^3$. Les parois sont faites en béton ordinaire pour diminuer les échanges thermiques et massiques entre le bois et les parois et entre les parois et l'air. Des caoutchoucs sont utilisés au niveau des portes pour assurer l'étanchéité et diminuer les déperditions de la chaleur lors du séchage. Ce séchoir à convection forcée et à chauffage indirect utilise un courant triphasé pour une tension de 380V et une intensité de 30A. Le fluide caloporteur est l'eau chaude. L'intervalle de variation de la température de l'air du séchoir est 50°C à 75°C : c'est donc un séchoir conventionnel à moyenne température.
La mesure de la température de l'air est faite à l'aide d'une sonde de température placée dans le séchoir et connectée à un régulateur. Deux mesures sont régulièrement effectuées, l'une dès l'entrée de l'air dans le séchoir et l'autre à sa sortie. L'humidité relative de l'air est mesurée à l'aide d'une plaquette de limba placée entre deux électrodes.
La circulation de l'air dans le séchoir est assurée par des ventilateurs qui imposent à l'air une vitesse moyenne de 1,5m/s. Les clapets favorisent l'échange d'air entre l'extérieur et l'intérieur du séchoir.
Les planches séchées ont les dimensions moyennes de $2,15\times0,08\times0,025m^3$. Les piles de bois possèdent des baguettes en bois d'Ayous de dimensions

1,10x0,025x0,025m³, figure 28. Chaque pile de bois a les dimensions de 2,15x1,10x1,10m³. Lors de l'opération de séchage, le séchoir possédait 48 piles. Chaque pile était constituée de la même essence et dans le séchoir, les piles de bois d'Ayous, de Koto et de Fraké étaient séchées ensemble.

Pour mesurer l'humidité de la pile lors de l'opération de séchage, des planches témoins sont utilisées : deux sondes séparées de 3cm sont fixées dans chaque planche témoin. Ces planches témoins sont placées dans la pile entre les baguettes de manière à « boucher le vide ». Les bois séchés sont destinés à la menuiserie.

Une cabine de contrôle permet de suivre les évolutions de l'humidité et de la température de la pile. Une fiche permet d'imposer les caractéristiques de l'air (la température nominale de l'air T_n et l'humidité relative de l'air HR) en fonction des valeurs affichées sur le tableau de suivi. L'armoire de commande permet alors d'imposer de façon automatique l'humidification, la circulation de l'air et le renouvellement de l'air afin d'obtenir les caractéristiques à imposer. Dans le paragraphe suivant, les méthodes expérimentales et théoriques utilisées dans cette thèse sont exposées.

II.2. Méthodes expérimentales et théoriques

Les résultats d'une mesure ou d'un calcul peuvent dépendre de la méthode utilisée. Dans ce paragraphe, nous présentons les méthodes utilisées.

II.2.1. Caractérisation
II.2.1.1. Isothermes de désorption

Pour obtenir les équations décrivant au mieux l'ensemble des valeurs obtenues expérimentalement, les tests ont été effectués et l'évaluation du coefficient de corrélation nous a amène à porter notre choix sur le modèle de Chung-Pfost (1967) pour les isothermes de désorption de l'ayous :

$$X_{eq} = -\frac{1}{B}\ln\left[-\frac{\ln(HR)}{A}\right] \tag{II.1}$$

et sur le modèle de Henderson (1952) pour les isothermes de désorption de l'ébène :

$$X_{eq} = \left[-\frac{\ln(1-HR)}{A}\right]^{\frac{1}{B}} \tag{II.2}$$

Les valeurs des paramètres A et B sont satisfaisants lorsque la valeur absolue de r est comprise entre 0,87 et 1 (Trignan 1991). La méthode des moindres carrés est utilisée pour estimer les valeurs de A et B.

Les résultats de la simulation sont jugés à partir de la relation II.3 donnant une estimation moyenne des écarts E(%) entre la courbe théorique et la courbe expérimentale.

$$E(\%) = \frac{100}{P}\sum_{i=1}^{P}\frac{\left|X_{m_i} - X_{c_i}\right|}{X_{m_i}} \tag{II.3}$$

Où :
P : Nombre de points expérimentaux ;
X_m : teneur en eau d'équilibre expérimentale ;
X_c : teneur en eau d'équilibre théorique.
La simulation est bonne pour les valeurs de E(%) inférieures ou voisines de 10% (Ahouannou *et al.* 2000).
Les isothermes ne donnent pas une bonne description des teneurs en eau d'équilibre aux HR de l'air proches de 1. D'où la difficulté de déduire les humidités aux PSF par extrapolation. Pour y parvenir, nous avons, à la suite des tests effectués sur les modèles aux HR supérieures ou égales à 0,5, opté pour le modèle de Luikov (1978), équation II.4, au regard des coefficients de corrélation obtenus.

$$X_{eq} = \frac{A}{1 - B\ln(HR)} \quad \text{Avec} \quad 0,5 \leq HR \leq 1 \tag{II.4}$$

II.2.1.2. La masse volumique

A l'aide de la balance numérique, la masse des échantillons est relevée après des instants de séchage précis. En début de séchage, la mesure est effectuée après 30min. Cette durée est progressivement augmentée au fur et à mesure que le séchage progresse afin que soit observée une variation de la masse des échantillons. A chaque mesure, un pied à coulisse au 20ième est utilisé pour mentionner les dimensions des échantillons afin de déduire leur volume qui est le produit des dimensions, les échantillons étant parallélépipédiques. Il suffit alors de faire le rapport entre la masse et le volume pour obtenir la masse volumique à l'humidité mesurée.

II.2.1.3. Le Coefficient de diffusion de l'eau dans le bois
II.2.1.3.1 Lissage de la cinétique de séchage

Le coefficient de diffusion caractérise la vitesse de propagation d'un corps A dans un autre corps B lorsqu'un gradient du corps A est créé dans le corps B (Kouchade 2004). Plusieurs auteurs se sont inspirés de la cinétique de séchage pour déduire le coefficient de diffusion de l'eau dans le bois. La plupart utilise le processus d'adsorption d'un gaz (Mouchot *et al.* 2000) ou de l'eau (Agoua *et al.* 2001, Kouchade 2004, Mukam et Wanko 2004, Youngman *et al.* 1999). Le phénomène d'hystérésis d'adsorption et de désorption voudrait que la détermination de ce coefficient soit également étudiée lors de la désorption afin d'améliorer le séchage des bois tropicaux.

L'inhomogénéité des bois étudiés n'étant pas négligeable au regard de la dispersion des points expérimentaux obtenus, nous avons tenu traduire les courbes expérimentales par une fonction estimant la cinétique moyenne. Patrick Perré recommande d'ailleurs de lisser les points expérimentaux afin de déduire la vitesse de séchage, car elle permet de réduire le bruit expérimental (Perré 1993). Cette méthode est utilisée dans la littérature et appliquée aux produits agro-alimentaires (Belghit *et al.* 1997, Jannot *et al.* 2002, Kudra et Efremov 2002, Lim *et al.* 2004). H.N Rosen (Nadeau et Puiggali 1995) et Hernandez (1991) ont utilisé une fonction exponentielle pour estimer la cinétique du bois. Les fonctions exponentielles faisant intervenir des paramètres difficiles à corréler (Kudra et Efremov 2002), nous avons préféré utiliser la fonction donnée par Kudra et Efremov (2002) dite méthode Quasi Stationnaire Modifiée (méthode QSM) (Kudra et Efremov 2002). Ce modèle est traduit par la relation II.5 :

$$X_{red} = \frac{X - X_{eq}}{X_o - X_{eq}} = \frac{1}{1 + \left(\frac{t}{\sigma}\right)^n} \tag{II.5}$$

Où t est la durée de séchage (min), σ est la durée caractéristique de séchage (min), n est un nombre adimensionnel qui reflète l'effet du gaz convectif sur le matériau, X_{red} est la teneur en eau réduite, X_o, X_{eq} et X étant respectivement les teneurs en eau de l'échantillon à l'instant initial, à l'équilibre et à l'instant t de la mesure.

La vitesse de séchage peut être estimée par la relation II.6 ci-dessous (Belghit *et al.* 1997, Jannot *et al.* 2002, Kudra et Efremov 2002, Lim *et al.* 2004, Simo Tagne *et al.* 2009):

$$N = -\frac{\partial X}{\partial t} \tag{II.6}$$

Ainsi on obtient les expressions de la vitesse de séchage ci-dessous :

$$N(t) = \frac{n(X_o - X_{eq})}{\sigma}(\frac{t}{\sigma})^{n-1}\left[1 + (\frac{t}{\sigma})^n\right]^{-2} \tag{II.7}$$

$$N(X) = \frac{n(X - X_{eq})^2}{\sigma(X_o - X_{eq})}(\frac{X_o - X}{X - X_{eq}})^{\frac{n-1}{n}} \tag{II.8}$$

Pour estimer les paramètres de ce modèle, nous avons tracé la courbe $\ln(X_{red}^{-1} - 1) = f(\ln t)$ qui d'après la théorie doit être linéaire, n et $-n\ln\sigma$ respectivement la pente de la droite et l'ordonnée du point d'abscisse nulle.

II.2.1.3.2. Méthode d'estimation du coefficient de diffusion de l'eau dans le bois

Nous avons utilisé l'hypothèse du milieu semi infini sans résistance au transfert développée par Crank (Ukrainczyk 2009) et qui a pour support l'équation de diffusion de Fick. On a négligé le transfert sur les faces latérales, ce qui revient à supposer une diffusion se faisant uniquement dans le sens de l'épaisseur. Cette hypothèse de direction de transfert a déjà fait l'objet de plusieurs travaux (Bonoma et Migue 2005, Monkam 2006). La seconde loi de Fick est utilisée pour estimer le coefficient de diffusion de l'eau dans le bois. Cette loi est traduite par l'équation :

$$\frac{\partial X_{red}}{\partial t} = D\frac{\partial^2 X_{red}}{\partial x^2} \tag{II.9}$$

L'hypothèse du milieu semi infini sans résistance au transfert se modélise par les conditions initiales et aux limites suivantes :

$\forall x$, à t=0, $X_{red}=1$ (II.10-a)

Pour t >0, $X_{red}\big|_{x=0} = 0$ (II.10-b)

x est l'épaisseur de l'échantillon (m), D le coefficient de diffusion moyen (m^2/s), t la durée de séchage (s).

La solution analytique dans toute l'épaisseur e est déduite des travaux de Agoua et al (2001) et de Kouchade (2004), équation II.10-c.

$$X_{red}(t) = 1 - \frac{4}{e}\sqrt{\frac{D}{\pi}}\sqrt{t}$$ (II.10-c)

Le tracé de la courbe $X_{red} = h(\sqrt{t})$ peut nous permettre d'estimer les valeurs de D. Pour ce fait, on détermine la pente de la partie linéaire des courbes obtenues.

II.2.2. Modélisations et discrétisations

II.2.2.1 Modélisation du séchage thermique du bois à l'échelle d'une planche

La modélisation du séchage du bois peut se faire suivant trois échelles (Hernandez 1991) :
- L'échelle des processus physiques qui influencent le séchage ;
- L'échelle du produit lorsque celui-ci est soumis à un procédé de séchage bien déterminé ;
- L'échelle du séchoir destiné à la pratique du séchage au niveau industriel.

Dans ce paragraphe, notre objectif est de modéliser le séchage des bois tropicaux en appliquant les deux premières échelles.

Soit un milieu poreux de volume unité, figure 36.

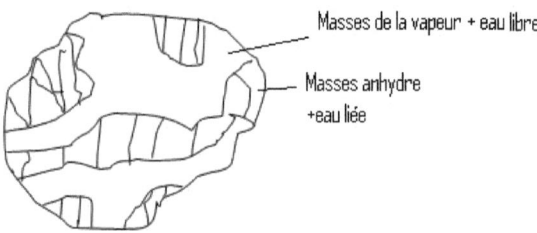

Figure 36 : Représentation d'un milieu poreux (bois)

Il est constitué de sa masse anhydre, de la masse d'eau liée, de la masse de vapeur d'eau et de la masse d'eau libre. Ainsi la masse du milieu poreux peut être estimée par l'expression ci-dessous :

$$\rho_S H = (\alpha S \rho_l + X_b \rho_S + \alpha(1-S)\rho_g C_g)$$ (II.11)

Où : ρ_s, ρ_l et ρ_g sont les masses volumiques respectivement des phases anhydre, de l'eau libre et de la vapeur d'eau. H et X_b sont les humidités respectives du milieu poreux et de l'eau liée. α est la porosité volumique du bois représentant le rapport entre le volume des pores et le volume apparent du bois. S est la fraction volumique de l'eau libre représentant le rapport entre le volume d'eau libre et le volume des pores. C_g est la fraction massique de vapeur dans l'eau contenue dans les pores. Cette dernière est le rapport entre la masse d'eau contenue dans le bois et la masse de la phase gazeuse.

II.2.2.1.1 Equation de transfert de la masse
Elle est donnée par l'équation générale suivante (Comolet 1982, Nadeau et Puiggali 1995) :

$$\frac{\partial \rho}{\partial t} + \vec{\nabla}.\vec{W} + K = 0 \qquad (II.12)$$

Où K est un débit massique et volumique caractéristique du puits ou de la source et $\vec{W}$ est le vecteur flux de la phase considérée. Il suffit alors d'appliquer cette relation aux différentes phases présentes dans le bois.

II.2.2.1.1.a pour la phase liquide.
Dans le séchage, l'eau n'est pas évacuée du bois à l'état liquide. La contribution du mouvement de cette phase dans l'expression du flux est alors négligée et on a :

$$\frac{\partial (\alpha S \rho_l)}{\partial t} + \vec{\nabla}.\vec{J}_l = -K_l \qquad (II.13\text{-a})$$

Avec K_l le débit massique volumique de changement de phase de l'eau libre en vapeur d'eau et $\vec{J}_l$ le vecteur flux de la phase liquide.

II.2.2.1.1.b pour la phase d'eau liée
Le terme cinétique dans la contribution du flux est nul car, l'eau liée est fixe lors du séchage.

$$\frac{\partial (X_b \rho_S)}{\partial t} + \vec{\nabla}.\vec{J}_{as} = -K_{as} \qquad (II.13\text{-b})$$

Avec $\vec{J}_{as}$ et K_{as} respectivement le vecteur flux de la phase d'eau liée et le débit massique volumique de changement de phase d'eau liée en eau libre.

II.2.2.1.1.c pour la phase vapeur
La phase vapeur reçoit les contributions de l'eau liée et de l'eau libre lors des changements de phase. On obtient ainsi l'équation suivante :

$$\frac{\partial (\alpha(1-S)\rho_g C_g)}{\partial t} + \vec{\nabla}.(\rho_g \vec{V}_g + \vec{J}_g) = K_{as} + K_l \qquad (II.13\text{-c})$$

Le terme $\rho_g \vec{V}_g$ étant le flux caractéristique du mouvement de la phase vapeur.
La somme des équations II.13-a, II.13-b et II.13-c donne l'équation II.14 ci-dessous en tenant compte de l'équation II.11 :

$$\frac{\partial(\rho_S H)}{\partial t} + \vec{\nabla}.(\rho_g \vec{V}_g + \vec{J}_l + \vec{J}_{as} + \vec{J}_g) = 0 \tag{II.14}$$

Horacek a estimé $\vec{J}_{as}$ à partir de l'équation phénoménologique suivante :

$$\vec{J}_{as} = -\rho_s \overline{\overline{D}}_H \vec{\nabla} H - \rho_s \overline{\overline{D}}_T \vec{\nabla} T \tag{II.15}$$

Avec $\overline{\overline{D}}_H$ et $\overline{\overline{D}}_T$ les tenseurs coefficients de diffusion de l'eau liée respectivement dus à un gradient d'humidité et à un gradient de température.
Or d'après la littérature (Merakeb 2006),

$$\rho_g \vec{V}_g = \frac{C_g}{1-C_g} \vec{J}_g \tag{II.16}$$

Où C_g est la fraction massique de vapeur dans l'air qui est donnée par la relation ci-dessous :

$$HR = \frac{0,622.C_g}{1+0,622.C_g} \frac{P_g}{P_{sat}(T)} \tag{II.17}$$

Où HR, P_g et P_{sat} sont respectivement l'humidité relative, les pressions du gaz à un état intermédiaire et de saturation à la température T de l'ambiance.
D'après la littérature (Merakeb 2006, Nadeau et Puiggali 1995), on a :

$$\vec{J}_l = -\rho_l \overline{\overline{k}}(\frac{k_r}{\mu})_l (\vec{\nabla} P - \vec{\nabla} P_c - \rho_l \vec{g}) \tag{II.18}$$

$$\vec{J}_g = -\rho_g \overline{\overline{D}}_g \vec{\nabla} C_g \tag{II.19a}$$

Où $\overline{\overline{D}}_g$, P_c et $\vec{g}$ sont respectivement le tenseur coefficient de diffusion de la vapeur dans le bois, la pression capillaire que les pores exercent sur l'eau libre et le vecteur accélération de la pesanteur illustrant l'effet de la pesanteur sur le mouvement de l'eau libre. $\overline{\overline{k}}$ et $\overline{\overline{k}}_r$ sont les tenseurs perméabilités respectivement intrinsèque et relative de l'eau libre dans le bois. On a :

$$\overline{\overline{D}}_g = f_1 \overline{\overline{D}}_G \tag{II.19b}$$

avec f_1 un facteur frein causé par le ralentissement de la diffusion de la vapeur dans le bois et $\overline{\overline{D}}_G$ le tenseur coefficient de diffusion de la vapeur dans l'air. D'après Nadeau et Puiggali (1995), on a $f_1 \approx 10^{-5}$.
En supposant la pression totale P constante durant tout le processus et l'effet de la pesanteur négligeable, sachant que :

$$\vec{\nabla} C_g = \frac{\partial C_g}{\partial T} \vec{\nabla} T + \frac{\partial C_g}{\partial H} \vec{\nabla} H \tag{II.20}$$

$$\vec{\nabla} P_c = \frac{\partial P_c}{\partial T} \vec{\nabla} T + \frac{\partial P_c}{\partial H} \vec{\nabla} H \tag{II.21}$$

On a :

$$\frac{\partial H}{\partial t} - \vec{\nabla}.(\overline{\overline{D}}_{HH} \vec{\nabla} H + \overline{\overline{D}}_{HT} \vec{\nabla} T) = 0 \tag{II.22}$$

Avec :

$$\overline{\overline{D}}_{HH} = \overline{\overline{D}}_H - \frac{\rho_l \overline{\overline{k}}}{\rho_s}(\frac{\overline{\overline{k_r}}}{\mu})_l \frac{\partial P_c}{\partial H} + \frac{\rho_g \overline{\overline{D_g}}}{\rho_s(1-C_g)} \frac{\partial C_g}{\partial H} \qquad (\text{II}.23)$$

$$\overline{\overline{D}}_{HT} = \overline{\overline{D}}_T - \frac{\rho_l \overline{\overline{k}}}{\rho_s}(\frac{\overline{\overline{k_r}}}{\mu})_l \frac{\partial P_c}{\partial T} + \frac{\rho_g \overline{\overline{D_g}}}{\rho_s(1-C_g)} \frac{\partial C_g}{\partial T} \qquad (\text{II}.24)$$

$\overline{\overline{D}}_{HH}$ et $\overline{\overline{D}}_{HT}$ sont les tenseurs coefficients de diffusion de l'eau dans le milieu poreux respectivement dus au gradient global d'humidité et au gradient partiel de température. Ces coefficients sont exprimés dans l'ordre respectivement en fonction des coefficients de diffusion de l'eau liée, de l'eau libre et de la vapeur d'eau dans le bois.

A l'interface air-bois, le transfert d'humidité se fait à travers la couche limite massique dont la résistance au processus de transfert est représentée par le tenseur coefficient de transfert global $\overline{\overline{h}}_m$. Nous utilisons la condition aux limites de Newman :

$$-\overline{\overline{D}}_{HH} \vec{\nabla} H = \overline{\overline{h}}_m (H - H_{air}) \vec{n} \qquad (\text{II}.25)$$

H_{air} est l'humidité de l'air à l'interface et $\vec{n}$ le vecteur unitaire normale sortante à la surface du bois.

Au plan médian, le flux de diffusion de l'humidité est nul (Bonoma et Migue 2005, Monkam 2006) car le séchage est symétrique.

II.2.2.1.2 Equation de transfert de la chaleur

La variation temporelle de la quantité de chaleur volumique Q dans le bois est donnée par l'équation (Comolet 1982) :

$$\frac{dQ}{dt} + Q_s = 0 \qquad (\text{II}.26)$$

Où Q_s est la puissance volumique du puits ou de la source. On a :

$$Q = \rho C_p T \qquad (\text{II}.27)$$

ρC_p est la capacité calorifique. On pose :

$$\frac{dQ}{dt} = \frac{d(\rho C_p T)}{dt}\bigg|_s + \frac{d(\rho C_p T)}{dt}\bigg|_g + \frac{d(\rho C_p T)}{dt}\bigg|_l \qquad (\text{II}.28)$$

Avec :

$$\frac{d(\rho C_p T)}{dt}\bigg|_s = (\rho C_p)_s \frac{\partial T}{\partial t} + \vec{\nabla} \vec{J}_T \qquad (\text{II}.29)$$

$$\frac{d(\rho C_p T)}{dt}\bigg|_g = (\rho C_p)_g (\frac{\partial T}{\partial t} + \vec{V}_g \vec{\nabla} T) \qquad (\text{II}.30)$$

$$\frac{d(\rho C_p T)}{dt}\bigg|_l = (\rho C_p)_l (\frac{\partial T}{\partial t} + \vec{V}_l \vec{\nabla} T) \qquad (\text{II}.31)$$

$\vec{V}_g$, $\vec{V}_l$ et $\vec{J}_T$ étant respectivement la vitesse de la phase vapeur, la vitesse de la phase liquide et le vecteur flux de conduction de la chaleur dans le bois. Ce dernier est donné par la relation (loi de Fourier) :

$$\vec{J}_T = -\overline{\overline{\lambda}} \vec{\nabla} T \qquad (II.32)$$

T et t sont la température du bois et la durée de séchage.
Lors du processus de séchage, on note un changement d'état de l'eau. L'eau liée se transforme en eau libre, et l'eau libre en vapeur d'eau. Ces transformations se font par absorption de chaleur. Ainsi, on peut écrire :

$$Q_s = K_l L + K_{as}(L + E_b) \qquad (II.33)$$

Où le premier terme représente la puissance volumique nécessaire pour transformer l'eau libre en vapeur d'eau alors que le second représente la puissance volumique nécessaire pour libérer l'eau liée du bois et la transformer en vapeur. L et E_b représentant respectivement la chaleur latente de vaporisation de l'eau et la chaleur différentielle de désorption de l'eau liée du bois. En tenant compte des relations ci-dessus, l'équation II.26 donne :

$$\rho_s C_p \frac{\partial T}{\partial t} - \vec{\nabla}(\overline{\overline{\lambda}} \vec{\nabla} T) + ((\rho C_p)_g \vec{V}_g + (\rho C_p)_l \vec{V}_l) \vec{\nabla} T + K_{as}(E_b + L) + K_l L = 0 \qquad (II.34)$$

Avec :

$$(\rho C_p)_l + (\rho C_p)_g + (\rho C_p)_s = \rho_s C_p \qquad (II.35)$$

En supposant que la vapeur d'eau se conserve le long du processus, on a (Merakeb 2006) :

$$\vec{\nabla} \vec{J}_g = K_{as} + K_l \qquad (II.36)$$

Ainsi, en tenant compte des équations II.11 à II.16, l'équation II.34 donne :

$$\rho_s C_p \frac{\partial T}{\partial t} - \vec{\nabla}(\overline{\overline{\lambda}} \vec{\nabla} T) + ((\rho C_p)_g \vec{V}_g + (\rho C_p)_l \vec{V}_l) \vec{\nabla} T - E_b(\vec{\nabla} \vec{J}_{as} + \rho_s \frac{\partial X_b}{\partial t}) + L \frac{\partial (\alpha(1-S)\rho_g C_g)}{\partial t} + \frac{L}{1-C_g} \vec{\nabla} \vec{J}_g = 0 \qquad (II.37)$$

En négligeant le transfert de chaleur par convection dans le bois et la surchauffe de la vapeur obtenue après changement d'état de l'eau, on obtient :

$$\rho_s C_p \frac{\partial T}{\partial t} - \vec{\nabla}(\overline{\overline{\lambda}} \vec{\nabla} T) - E_b \rho_s \frac{\partial X_b}{\partial t} + E_b \vec{\nabla}(\rho_s \overline{\overline{D}}_H \vec{\nabla} H + \rho_s \overline{\overline{D}}_T \vec{\nabla} T) - \frac{L}{1-C_g} \vec{\nabla}(\rho_g \overline{\overline{D}}_g \vec{\nabla} C_g) = 0 \qquad (II.38)$$

Nous supposons que le taux de variation de la teneur en eau liée est proche de celui de toute l'humidité dans le bois, c'est-à-dire :

$$\frac{\partial X_b}{\partial t} \cong \frac{\partial H}{\partial t} \qquad (II.39)$$

Ainsi, l'équation II.38 donne :

$$\rho_s C_p \frac{\partial T}{\partial t} - \vec{\nabla}(\overline{\overline{D}}_{TT} \vec{\nabla} T + \overline{\overline{D}}_{TH} \vec{\nabla} H) = \vec{\nabla}(\overline{\overline{\lambda}} \vec{\nabla} T) \qquad (II.40)$$

Avec :

$$\overline{\overline{D}}_{TT} = \frac{(E_b + L)\rho_g \overline{\overline{D}}_g}{1 - C_g} \frac{\partial C_g}{\partial T} - E_b \rho_l \overline{\overline{k}}(\frac{k_r}{\mu})_l \frac{\partial P_c}{\partial T} \qquad (II.41)$$

et

$$\overline{\overline{D}}_{TH} = \frac{(E_b + L)\rho_g \overline{\overline{D}}_g}{1 - C_g}\frac{\partial C_g}{\partial H} - E_b \rho_l \overline{\overline{k}}(\frac{\overline{\overline{k}}_r}{\mu})_l \frac{\partial P_c}{\partial H} \tag{II.42}$$

$\overline{\overline{D}}_{TT}$ et $\overline{\overline{D}}_{TH}$ étant les tenseurs coefficients de diffusion de la chaleur dans le bois dus respectivement à un gradient de température et à un gradient d'humidité.
A l'interface air-bois, le transfert de la chaleur s'effectue à travers la couche limite thermique dont le frein de transfert est représenté par le tenseur coefficient de transfert de la chaleur $\overline{\overline{h}}_c$. Il faut noter que l'énergie incidente doit être capable d'évaporer l'eau à la surface du bois. On obtient ainsi l'équation (Johansson et al. 1997, Monkam 2006) :

$$\overline{\overline{\lambda}}\vec{\nabla} T = \overline{\overline{h}}_c (T - T_{air})\vec{n} + \rho_l L \overline{\overline{D}}_{HH} \vec{\nabla} H \tag{II.43}$$

Le séchage étant symétrique, le flux de chaleur est nul au plan médian (Bonoma et Migue 2005, Monkam 2006).
Les équations de transfert de l'humidité (II.22) et de la chaleur (II.40) sont analogues au modèle de Philip-DeVries simplifié (Mounajed et Boussa) lorsque la conductivité hydraulique est supposée nulle. Il est à noter que les coefficients des équations trouvées et ceux du modèle de Philip-DeVries simplifié ne sont pas les mêmes. Les tenseurs coefficients de diffusion $\overline{\overline{D}}_{HT}$ et $\overline{\overline{D}}_{TH}$ représentant respectivement les effets Sorret et Dufour sont en général faibles comparés aux tenseurs coefficients respectifs $\overline{\overline{D}}_{HH}$ et $\overline{\overline{D}}_{TT}$ (Bonoma et Migue 2005) et freinent la diffusion de l'humidité et de la chaleur (Merakeb 2006, Monkam 2006).

II.2.2.1.3 Discrétisation des équations obtenues à l'échelle de la planche
II.2.2.1.3.1 Hypothèses simplificatrices
Les coefficients intervenant dans les équations du modèle établi sont difficiles à déterminer expérimentalement (Mounajed et Boussa, Remarche et Belhamri 2008). Nous sommes alors passés à quelques simplifications :
*La diffusion globale de l'humidité est égale à celle de l'eau liée et de la vapeur d'eau. Ainsi, le gradient de pression capillaire doit être faible. Cette dernière condition est vérifiée lorsque le séchage a lieu à température douce (Gibson et al. 1979).
*La diffusion partielle de l'humidité due au gradient de température est proportionnelle à la diffusion de l'eau liée, le coefficient de proportionnalité étant le coefficient de thermo migration.
*La diffusion de l'humidité due à un gradient de température est faible dans le cas de l'eau liée comparée à celle globale de l'eau.
*La diffusion globale de l'humidité due à un gradient d'humidité est importante comparée à celle de l'eau liée.
Ces hypothèses conduisent aux relations ci-dessous :

$$D_{HH} = D_H \tag{II.44}$$
$$D_{HT} = \alpha D_{HH} \tag{II.45}$$
$$D_{TH} = \rho_s (E_b + L) D_H \tag{II.46}$$

$$D_{TT} = \alpha D_{TH} \qquad (II.47)$$

D_H étant le coefficient de diffusion de l'eau liée dans le bois. α est le coefficient de thermo migration exprimé en K^{-1}. Ce coefficient est une mesure relative du transfert d'humidité dû à un gradient de température.

II.2.2.1.3.2 Discrétisation du système d'équations, échelle de la planche
Le système à discrétiser est le suivant :

$$\begin{cases} \dfrac{\partial H}{\partial t} - \vec{\nabla}(\overline{\overline{D_{HH}}} \vec{\nabla} H + \overline{\overline{D_{HT}}} \vec{\nabla} T) = 0 \\ \rho_s C_p \dfrac{\partial T}{\partial t} - \vec{\nabla}(\overline{\overline{D_{TT}}} \vec{\nabla} T + \overline{\overline{D_{TH}}} \vec{\nabla} H) = \vec{\nabla}(\overline{\overline{\lambda}} \vec{\nabla} T) \\ -\overline{\overline{D_{HH}}} \vec{\nabla} H = \overline{\overline{h_m}}(H - H_{air}) \vec{n} \\ \overline{\overline{\lambda}} \vec{\nabla} T = \overline{\overline{h_c}}(T_{air} - T) \vec{n} + L \overline{\overline{D_{HT}}} \vec{\nabla} H \quad \text{à l'interface air-bois} \\ \vec{\nabla} H \cdot \vec{n} = 0 \\ \vec{\nabla} T \cdot \vec{n} = 0 \quad \text{au plan médian} \end{cases} \qquad (II.48)$$

II.2.2.1.3.2.a Mise en place du code de simulation
Le problème est supposé être unidimensionnel où le système ci-dessus est résolu suivant l'épaisseur. Bien que le problème soit tridimensionnel, la simulation en dimension un est utile pour une analyse qualitative fine du séchage (Hernandez 1991). Le séchage étant symétrique, les faces principales sont portées à des conditions thermiques identiques. De ce fait, le plan médian devient un extremum pour les flux de masse et de chaleur. Quelques auteurs essaient de résoudre analytiquement ces équations de transfert avec des coefficients supposés constants (Award et Turner 2000, Djongyang *et al.* 2009, Gibson *et al.* 1979, Kulasiri et Woodhead 2005). Les équations étant couplées, la résolution numérique est nécessaire (Bonoma 1986, Bonoma et Migue 2005, Hernandez 1991, Mounajed et Boussa). Nous avons utilisé la méthode des différences finies sous sa forme implicite et un processus récursif a été adopté.

II.2.2.1.3.2.b Généralités sur la méthode des différences finies progressives
La méthode des différences finies est une méthode classique d'intégration numérique basée sur la discrétisation d'un opérateur différentiel. Elle permet d'approximer les valeurs des fonctions continues et continûment dérivables à partir du développement en série de Taylor. Sa forme implicite est adaptée à la résolution des équations différentielles moins fortement couplées et ayant des coefficients qui varient peu. Cette méthode est utilisée avec succès dans des travaux récents pour discrétiser les équations de transfert liés aux milieux poreux. On peut citer ceux de Bonoma (1986), Bonoma et Migue (2005), Ciegis et Starikovicius (2001), Forson *et al.* (2007), Mihoubi (2004), Monkam (2006) et de Naghavi *et al.* (2010).

Dans l'espace et le temps, le maillage en dimension spatial un est schématisé ci-dessous, figure 37.

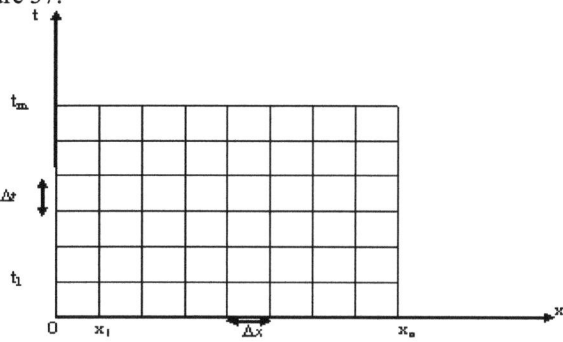

Figure 37 : Maillage des différences finies en dimension un (Gourdin et Boumahrat 1983, Mihoubi 2004, Naghavi *et al.* 2010)

Soit G(x,t) une fonction dépendant de l'espace et du temps. On a, en notant h et l respectivement les pas d'espace et de temps supposés constants :

$$\frac{\partial G}{\partial t} = \frac{G(x,t+l) - G(x,t)}{l}, \quad \frac{\partial G}{\partial x} = \frac{G(x+h,t) - G(x,t)}{h} \; ; \tag{II.49}$$

$$\frac{\partial^2 G}{\partial x^2} = \frac{G(x+h,t) - 2G(x,t) + G(x-h,t)}{h^2} \; ; \tag{II.50}$$

$$x_j = x_0 + jh, \; t_i = t_0 + il \; ; \tag{II.51}$$

Ainsi on note :

$$G_j^i = G(x,t), \; G_j^{i+1} = G(x,t+l) \text{ et } G_{j-1}^i = G(x-h,t) \; ; \tag{II.52}$$

$$\Rightarrow \left[\frac{\partial^2 G}{\partial x^2}\right]_j^{i+1} = \frac{G_{j+1}^{i+1} + G_{j-1}^{i+1} - 2G_j^{i+1}}{h^2} \quad \text{et} \quad \left[\frac{\partial G}{\partial t}\right]_j^i = \frac{G_j^{i+1} - G_j^i}{l} \tag{II.53}$$

Dans l'équation de transfert de la chaleur, la dérivée spatiale de la température est obtenue à l'instant i+1 alors que celle de l'humidité est obtenue à l'instant i. Dans l'équation de transfert de l'humidité, la dérivée spatiale de l'humidité est obtenue à l'instant i+1 alors que celle de la température est obtenue à l'instant i. Ainsi la discrétisation des équations de transfert donne :

$$\begin{cases} -AH_{j+1}^{i+1} + (1+2A)H_j^{i+1} - AH_{j-1}^{i+1} = H_j^i - 2DT_j^i + DT_{j-1}^i + DT_{j+1}^i \\ -BT_{j-1}^{i+1} + (2B+1)T_j^{i+1} - BT_{j+1}^{i+1} = T_j^i - 2CH_j^i + CH_{j+1}^i + CH_{j-1}^i \end{cases} \tag{II.54}$$

Avec :

$$A = \frac{D_{HH}\Delta t}{(\Delta x)^2} \; ; \; B = \frac{\lambda + D_{TT}}{\rho_s C_P (\Delta x)^2}\Delta t \; ; \; C = \frac{D_{TH}\Delta t}{\rho_s C_P (\Delta x)^2} \; ; \; D = \frac{D_{HT}\Delta t}{(\Delta x)^2} \tag{II.55}$$

Nous avons mis le système (II.54) sous la forme matricielle suivante :

$$[E_j][G_j^{i+1}] + [F_j][G_{j-1}^{i+1} + G_{j+1}^{i+1}] = [H_j] \qquad (II.56)$$

Avec :

$$[E_j] = \begin{bmatrix} 2A+1 & 0 \\ 0 & 2B+1 \end{bmatrix}, [F_j] = \begin{bmatrix} -A & 0 \\ 0 & -B \end{bmatrix}, [H_j] = \begin{bmatrix} H_j^i + DT_{j-1}^i - 2DT_j^i + DT_{j+1}^i \\ T_j^i + CH_{j-1}^i - 2CH_j^i + CH_{j+1}^i \end{bmatrix} \qquad (II.57.a)$$

$$[G_j^i] = \begin{bmatrix} H_j^i \\ T_j^i \end{bmatrix} \qquad (II.57.b)$$

Afin de constituer une solution récursive, nous posons :

$$[G_j^{i+1}] = [\gamma_j] - [\beta_j]^{-1}[F_j][G_j^{i+1}] \qquad (II.58)$$

En utilisant l'équation II.58 à l'ordre j-1 et en injectant la relation obtenue dans l'équation II.56, nous obtenons :

$$[G_j^{i+1}] = \frac{[H_j] - [F_j][\gamma_{j-1}]}{[E_j] - \dfrac{[F_j][F_{j-1}]}{[\beta_{j-1}]}} + \frac{[F_j]}{[E_j] - \dfrac{[F_j][F_{j-1}]}{[\beta_{j-1}]}}[G_{j+1}^{i+1}] \qquad (II.59)$$

Par identification entre les équations II.58 et II.59, nous avons :

$$[\gamma_j] = \frac{[H_j] - [F_j][\gamma_{j-1}]}{[\beta_j]} \text{ et } [\beta_j] = [E_j] - \frac{[F_j][F_{j-1}]}{[\beta_{j-1}]} \qquad (II.60)$$

La condition au plan médian permet d'initialiser $[\gamma_j]$ et $[\beta_j]$. Ici, nous avons :

$$\frac{\partial [G_j^i]}{\partial x} = [0] \qquad (II.61)$$

Nous obtenons :

$$[G_2^{i+1}] = [G_1^{i+1}] \qquad (II.62)$$

Ainsi on a :

$$[G_2^{i+1}] = [\gamma_2] - \frac{[F_2]}{[\beta_2]}[G_3^{i+1}] \qquad (II.63)$$

Avec, en tenant compte de la relation II.56 au nœud j=2 :

$$[\gamma_2] = \frac{[H_2]}{[F_2] + [E_2]} \text{ et } [\beta_2] = [F_2] + [E_2] \qquad (II.64)$$

A la surface (j=N+1), nous avons :

$$H_N^i = \left(1 + \frac{h.h_m}{D_{HH}}\right) H_{N+1}^i - \frac{h.h_m H_{air}}{D_{HH}} \qquad (II.65)$$

$$T_N^i = \left(1 + \frac{h.h_c}{\lambda}\right) T_{N+1}^i + \frac{\rho_l L.D_{HH}}{\lambda}(H_N^i - H_{N+1}^i) - \frac{h_c.h.T_{air}}{\lambda} \qquad (II.66)$$

En utilisant la forme récursive, nous obtenons :

$$[G_{N+1}^{i+1}] = \begin{bmatrix} \dfrac{\alpha_N + \dfrac{h_m.h.H_{air}}{D_{HH}}}{1 + \dfrac{h_m.h}{D_{HH}} + \dfrac{C_N}{\theta_N}} \\ \dfrac{\alpha'_N + \dfrac{h_c.h.T_{air}}{\lambda} - \dfrac{\rho_l L.D_{HH}.(H_N^{i+1} - H_{N+1}^{i+1})}{\lambda}}{1 + \dfrac{h_c.h}{\lambda} + \dfrac{C'_N}{\theta_N}} \end{bmatrix} \qquad (II.67)$$

Avec :
$$\begin{pmatrix} \alpha_N \\ \alpha_N^{'} \end{pmatrix} = [\gamma_N], \begin{pmatrix} C_N \\ C_N^{'} \end{pmatrix} = [F_N] \text{ et } \begin{pmatrix} \theta_N \\ \theta_N^{'} \end{pmatrix} = [\beta_N] \tag{II.68}$$

Les pas spatial et temporel utilisés dans la simulation sont respectivement de $7,5 \times 10^{-4}$ m et 400s. Le programme de simulation a été traduit en Fortran 77.
Nous avons intégré dans nos équations les corrélations obtenues relatives à chaque bois ou tirées de la littérature.

II.2.2.2 Modélisation du séchage solaire du bois à l'échelle d'une planche

La modélisation d'une unité de séchage solaire est très complexe pour plusieurs raisons :
* La performance du système est liée au comportement de l'ambiance qui est en général variable selon la journée, le mois, l'année et même le site. Cette raison amène les sécheurs à mieux décrire l'unité de séchage et de toujours préciser le moment de l'expérience dans l'année.
* Le produit à sécher est hygroscopique, son humidité est alors influencée par la répartition de la température dans l'enceinte de séchage.
* La déperdition de la chaleur dans l'unité de séchage et les conditions initiales des éléments du séchoir ne sont pas toujours bien connues.
Ces raisons ont pour conséquence un écart entre les résultats expérimentaux et théoriques. Pour mettre sur pied un modèle mathématique afin de contribuer à ressortir un fonctionnement optimum du séchoir, les hypothèses suivantes ont été utilisées :
* L'hygrométrie de l'air ambiant hors du séchoir est supposée constante mensuellement ;
* Les échanges thermiques mutuels entre les planchettes sont négligés ;
* La température et l'humidité des planchettes et des autres éléments du séchoir sont uniformes à chaque instant ;
* On néglige les échanges mutuels de chaleur entre les parois du séchoir.
* Seule la convection naturelle est considérée, l'air du séchoir n'étant ni mis en mouvement, ni renouvelé.

II.2.2.2.1. Equations du modèle

L'étude des différents transferts est faite sur les éléments distincts du séchoir. Les équations sont alors établies sur la paroi du séchoir, sur la tôle articulée peinte en noir et sur le bois. Nous avons utilisé le principe selon lequel la variation de l'énergie interne d'un élément est égale à la somme algébrique des énergies que celui-ci échange avec les autres éléments. Ce principe est largement utilisé dans la littérature sous forme de bilans thermiques. On peut citer les travaux de Amadou (2007), Bekkioui *et al.* (2009), Benkhefelah *et al.* (2005), Bennamoun et Belhamri (2003 et 2006), Bentayeb *et al.* (2008), Bouardi *et al.* (2002), Forson *et al.* (2007), Khouya *et al.* (2005 et 2007), Rayam (2007), Sfeier et Guarracino (1981) et de Tchinda et Kaptouom (2004).

II.2.2.2.1.a. Equation de transfert sur la paroi

$$m_p C_p \frac{dT_p}{dt} = S_p G_t \alpha_p + S_p \sigma_s F_{pto}\left(T_{to}^4 - T_p^4\right) - S_p h_{ci}\left(T_p - T_a\right) - S_p \sigma_s \varepsilon_p \left(T_p^4 - T_{ciel}^4\right) - S_p h_{vv}\left(T_p - T_{ab}\right) \quad \text{(II.69)}$$

II.2.2.2.1.b. Equation de transfert sur la tôle ondulée (corps noir)

$$m_{to} C_{to} \frac{dT_{to}}{dt} = S_{to} G_t \alpha_{to} \tau_p - S_{to} \sigma_s F_{top}\left(T_{to}^4 - T_p^4\right) - S_{to} h_{to}\left(T_{to} - T_a\right) - S_{to} \sigma_s F_{tob}\left(T_{to}^4 - T_b^4\right) \quad \text{(II.70)}$$

II.2.2.2.1.c. Equations de transfert sur l'air

$$\overset{*}{m}_a C_a \left(T_{as} - T_{ae}\right) = -S_p h_{ci}\left(T_a - T_p\right) - S_b h_b\left(T_a - T_b\right) - S_{to} h_{to}\left(T_a - T_{to}\right) - m_o (1-\varepsilon)(L + E_b) N \quad \text{(II.71)}$$

$$\frac{dY_a}{dt} = -\frac{dX}{dt} \quad \text{(II.72-a)}$$

Les indices as et ae désignent respectivement l'air à la sortie et à l'entrée du séchoir.
La relation II.72-a suppose que toute l'humidité extraite du bois est absorbée par l'air. En réalité une partie de cette humidité est condensée sur les parois du séchoir et l'air peut parfois se saturer. Pour tenir compte de ces phénomènes, la relation II.72-b est préférée à la relation II.72-a (Bekkioui *et al.* 2009, Bentayeb *et al.* 2008).

$$\rho_a V_s \frac{dY_a}{dt} + \rho_o V_o \frac{dX}{dt} + \overset{*}{m}_a (Y_a - Y_{ae}) = 0 \quad \text{(II.72-b)}$$

Où V_i désigne les volumes, les indices s, o, a et ae sont relatives respectivement au séchoir, au bois anhydre, à l'air et à l'air à l'équilibre.

II.2.2.2.1.d. Equations de transfert sur le bois

$$m_b C_b \frac{dT_b}{dt} = -S_b F_{bto} \sigma_s \left(T_b^4 - T_{to}^4\right) - S_b h_b\left(T_b - T_a\right) - \lambda_b S_b \frac{dT_b}{dx} + m_o (1-\varepsilon)(L + E_b) N \quad \text{(II.73)}$$

$$\frac{dX}{dt} = -N(1-\varepsilon) \quad \text{(II.74)}$$

Des relations de la vitesse de séchage sont proposées dans la littérature. Ainsi on a comme autre relation (Thaï 2006) :

$$N = -\frac{M_s}{S_b}\frac{dX}{dt} \quad \text{(II.75)}$$

ε est la porosité du bois (porosité de première espèce) qui peut être estimée à partir d'une valeur moyenne (relation II.76) ou par une valeur variable (Bonoma *et al.* 2010, Usta 2003) (relation II.77). M_s et S_b sont respectivement la masse anhydre et la surface du bois et N est le débit massique par unité de surface dans la relation II.75.

$$\varepsilon = 1 - \frac{\rho_o}{\gamma} \quad \text{(II.76)}$$

$$\varepsilon = 1 - \frac{\rho_h(T)}{\gamma} \qquad (II.77)$$

La température de la voûte céleste est donnée par la relation de Swinbank (Belghit *et al.* 1997) ci-dessous :

$$T_{ciel} = 0,0552 T_{ab}^{1,5} \qquad (II.78)$$

N est la vitesse de séchage donnée par les relations II.74 ou II.75. Compte tenu du fait que les durées de séchage ne sont pas les mêmes que celles obtenues lors du séchage par convection, nous avons retenue la relation II.8 qui estime la vitesse de séchage en fonction de la teneur en eau du bois.
T est la température, m la masse, t la durée de séchage, S la surface, G le rayonnement solaire, α le coefficient d'absorption, h_{ci}, h_{vv} et h_b respectivement les coefficients de transfert convectif de la paroi interne du séchoir, de la paroi externe et de la surface du bois, τ est le coefficient de transmission, λ est la conductivité thermique, F_{bto}, F_{top}, F_{tob} et F_{pto} sont les facteurs de forme respectivement bois-tôle, tôle-paroi, tôle-bois et paroi-tôle, X est la teneur en eau du bois, x l'abscisse suivant l'épaisseur du bois, ε_v est l'émissivité de la paroi et $\gamma = 1500 kg/m^3$ est la masse volumique de la matière ligneuse (Bonoma *et al.* 2010), σ_s : constante de Stefan Boltzmann. Dans ces équations, les indices p, to, a, b, ciel et ab désignent respectivement la paroi, la tôle, l'air de séchage, le bois, la voûte céleste et l'ambiance.

II.2.2.2.2. Détermination des coefficients d'échange thermique par convection
II.2.2.2.2.a. Entre l'air ambiant et la paroi externe du séchoir
La relation de Mc Adams (Belghit *et al.* 1997, Jannot 2003c, Kanmogne 1997, Sfeier et Guarracino 1981) a été utilisée. Elle est donnée ci-dessous :

$$h_{vv} = 5,67 + 3,86 V_v \qquad (II.79)$$

Où V_v est la vitesse du vent du site.

II.2.2.2.2.b. Entre l'air du séchoir et la paroi interne du séchoir
Le nombre de Nusselt retenu est (Jannot 2003c, Sfeier et Guarracino 1981) :

$$Nu = 0,27 (Gr.\Pr)^{0,25} \qquad (II.80)$$

$$h_{ci} = \frac{\lambda Nu}{L} \qquad (II.81)$$

Avec Gr, Pr, et λ respectivement le nombre de Grashop, le nombre de Prandtl et la conductivité thermique de l'air, tous déterminés à la température moyenne entre celle de la paroi et celle de l'air. L est la longueur de la paroi.

II.2.2.2.2.c. Entre l'air du séchoir et la tôle ondulée
Il y a ici deux surfaces d'échange : l'une à l'extérieur de la tôle et l'autre à l'intérieure. Nous avons supposé que la tôle ondulée a la forme d'un demi cylindre. Le nombre de Nusselt utilisé sur chaque face est l'expression ci-

dessous où le diamètre hydraulique est le rayon (Jannot 2003c, Sfeier et Guarracino 1981).

$$Nu = 0,480(Gr.\Pr)^{0,25} \tag{II.82}$$

$$h_{to} = \frac{Nu\lambda}{R} \tag{II.83}$$

Nu et λ sont déterminés à la température moyenne entre la température de l'air et celle de la tôle.

II.2.2.2.2.d. Entre l'air du séchoir et la face exposée des planchettes

Nous avons supposé qu'une seule face des planchettes échange de la chaleur avec l'air, l'autre face étant en contact permanent avec le socle du séchoir. Le nombre Nusselt retenu est donné par la formule (Jannot 2003c, Sfeier et Guarracino 1981):

$$Nu = 0,54(Gr.\Pr)^{0,25} \tag{II.84}$$

$$h_b = \frac{\lambda Nu}{L_b} \tag{II.85}$$

L_b est la longueur des planchettes, le nombre de Nusselt et la conductivité thermique de l'air sont déterminés à la température moyenne entre la température du bois et celle de l'air.

II.2.2.2.3. Facteurs de forme
II.2.2.2.3.a. Entre la paroi et la face externe de la tôle

Tout le rayonnement émis par la face indiquée de la tôle est capté par la paroi du séchoir. On a ainsi :

$$F_{top} = 1 \tag{II.86}$$

En appliquant la formule de reciprocité du facteur de forme, on :(Lienhard IV et Lienhard V 2001, Sfeier et Guarracino 1981) :

$$S_{to}F_{top} = S_p F_{pto} \tag{II.87}$$

Alors :

$$F_{pto} = \frac{S_{to}}{S_p} \tag{II.88}$$

II.2.2.2.3.b. Entre la face interne de la tôle et les planchettes

Tout le rayonnement émis par le bois est capté par cette face. On a alors (Lienhard IV et Lienhard V 2001, Sfeier et Guarracino 1981) :

$$F_{bto} = 1 \tag{II.89}$$

$$F_{tob} = \frac{S_b}{S_{to}} \tag{II.90}$$

II.2.2.2.4. Méthode de résolution des équations de transfert, séchage solaire

Au regard de la durée de séchage, la méthode de Runge Kutta n'est pas justifiée (Sfeier et Guarracino 1981) bien que certains auteurs l'utilisent à l'ordre 4 (Benkhefelah *et al.* 2005, Kanmogne 1997). La méthode de résolution numérique aux différences finies implicites a été choisie car toutes les inconnues sont exprimées aux instants $t + \Delta t$. La variation de l'humidité du bois est par exemple donnée par la relation II.91 tirée de la relation II.74

$$\Delta X = -N(1-\varepsilon)\Delta t \tag{II.91}$$

Klein et *al.* ont montré que les pas temporels inférieurs ou égaux à l'heure apportent sensiblement la même précision des résultats de la simulation numérique (Sfeier et Guarracino 1981). Le pas temporel pris dans cette simulation est de 35s.

L'humidité relative de l'air de séchage est obtenue en appliquant la relation de Anon ci-dessous (Phoungchandang et Woods 2000) :

$$HR = \frac{P_a}{P_{vsat}} \frac{Ya}{0,622 + Ya} \tag{II.92}$$

Y_a est l'humidité de l'air de séchage, P_a et P_{vsat} sont respectivement la pression de l'ambiance et celle de la vapeur saturante. Afin de baisser la température d'ébullition de l'eau dans l'enceinte de séchage, il est nécessaire que le processus soit capable de baisser la pression atmosphérique. Pour cette raison, on a l'habitude d'utiliser des pressions variant entre 5×10^3Pa et 5×10^4Pa dans le séchage (Hernandez 1991). Au regard des résultats expérimentaux obtenus et en constatant que le séchage est possible à une température sèche de 24,5°C, nous avons fixé la pression atmosphérique à $1,013 \times 10^3$Pa. Cette valeur est d'ailleurs recommandée pour une ambiance de température moyenne de 34°C (Perré 1993).

II.2.2.3. Modélisation du séchage thermique du bois à l'échelle de la pile
II.2.2.3.1 Modélisation

Nous avons utilisé le système obtenu à l'échelle d'une planche qui est rappelé ci-dessous :

$$\begin{cases} \dfrac{\partial H}{\partial t} = \vec{\nabla}\left(\overline{\overline{D}}_{HH} \vec{\nabla} H + \overline{\overline{D}}_{HT} \vec{\nabla} T\right) \\ \rho_s C_p \dfrac{\partial T}{\partial t} = \vec{\nabla}\left((\overline{\overline{\lambda}} + \overline{\overline{D}}_{TT})\vec{\nabla} T + \overline{\overline{D}}_{TH} \vec{\nabla} H\right) \end{cases} \tag{II.93}$$

Soient une grandeur G et V un volume élémentaire de surface dS. L'estimation moyenne de G dans l'espace est donnée par l'expression $\langle G \rangle$ telle que (Whitaker 1986):

$$\langle G \rangle = \frac{1}{V} \int_V G dV \tag{II.94}$$

Pour étendre ce résultat à l'échelle de la pile de bois, les formalismes utilisés dans les travaux de Whitaker S. (1986) sont adoptés. On a :

$$\left\langle \frac{\partial H}{\partial t} \right\rangle = \frac{\partial \langle H \rangle}{\partial t} - \frac{1}{V} \int_{A_{wg}} H \vec{w} \vec{n}_{wg} \, dS \tag{II.95}$$

$$\left\langle \vec{\nabla}\left(\vec{\nabla} H\right) \right\rangle = \vec{\nabla}\left\langle \vec{\nabla} H \right\rangle + \frac{1}{V} \int_{A_{wg}} \vec{\nabla} H \vec{n}_{wg} \, dS \tag{II.96}$$

$$\left\langle \vec{\nabla} H \right\rangle = \vec{\nabla}\langle H \rangle + \frac{1}{V} \int_{A_{wg}} H \vec{n}_{wg} \, dS \tag{II.97}$$

$$\left\langle \vec{\nabla}\left(\vec{\nabla} H\right) \right\rangle = \vec{\nabla}\left(\vec{\nabla}\langle H \rangle\right) + \frac{1}{V} \int_{A_{wg}} \vec{\nabla} H \vec{n}_{wg} \, dS + \vec{\nabla}\left(\frac{1}{V} \int_{A_{wg}} H \vec{n}_{wg} \, dS \right) \tag{II.98}$$

$$\left\langle \vec{\nabla}\left(\vec{\nabla} T\right) \right\rangle = \vec{\nabla}\left(\vec{\nabla}\langle T \rangle\right) + \frac{1}{V} \int_{A_{wg}} \vec{\nabla} T \vec{n}_{wg} \, dS + \vec{\nabla}\left(\frac{1}{V} \int_{A_{wg}} T \vec{n}_{wg} \, dS \right) \tag{II.99}$$

Les grandeurs entre les crochets représentent les estimations des valeurs intrinsèques. L'utilisation des relations ci-dessus lors des intégrations des équations du système II.93 donne pour l'équation de transfert de masse :

$$\frac{\partial \langle H \rangle}{\partial t} - \frac{1}{V} \int_{A_{wg}} H \vec{w}.\vec{n}_{wg} \, dS = \overline{\overline{D}}_{HH} \left\{ \vec{\nabla}\left(\vec{\nabla}\langle H \rangle\right) + \frac{1}{V} \int_{A_{wg}} \vec{\nabla} H.\vec{n}_{wg} \, dS + \vec{\nabla}\left(\frac{1}{V} \int_{A_{wg}} \vec{\nabla} H.\vec{n}_{wg} \, dS \right) \right\} +$$
$$\overline{\overline{D}}_{HT} \left\{ \vec{\nabla}\left(\vec{\nabla}\langle T \rangle\right) + \frac{1}{V} \int_{A_{wg}} \vec{\nabla} T.\vec{n}_{wg} \, dS + \vec{\nabla}\left(\frac{1}{V} \int_{A_{wg}} \vec{\nabla} T.\vec{n}_{wg} \, dS \right) \right\} \tag{II.100}$$

Avec $\vec{w}$: Vecteur vitesse de l'humidité par rapport au solide
Le débit massique est donné par l'équation ci-dessous :

$$\overset{\bullet}{m} = -\frac{1}{V} \int_{A_{wg}} H \vec{w}.\vec{n}_{wg} \, dS \tag{II.101}$$

D'après la littérature, les expressions non moyennées du second membre de l'équation II.100, encore appelées termes de perturbation, sont supposées faibles par rapport aux expressions moyennées (Bonoma 1986). Ainsi, on pose :

$$\int_{A_{wg}} \vec{\nabla} T \vec{n}_{wg} \, dS = 0 \text{ et } \int_{A_{wg}} \vec{\nabla} H \vec{n}_{wg} \, dS = 0 \tag{II.102}$$

L'équation II.100 donne alors :

$$\frac{\partial \langle H \rangle}{\partial t} + \overset{\bullet}{m} = \overline{\overline{D}}_{HH} \left\{ \vec{\nabla}\left(\vec{\nabla}\langle H \rangle\right) \right\} + \overline{\overline{D}}_{HT} \left\{ \vec{\nabla}\left(\vec{\nabla}\langle T \rangle\right) \right\} \tag{II.103}$$

L'estimation de la valeur intrinsèque donne (Whitaker 1986) :
$$\langle G \rangle = \varepsilon_i G \tag{II.104}$$

Où ε est la porosité de seconde espèce (liée à la phase i de la pile). La relation II.103 donne alors :

$$\varepsilon_s \frac{\partial H}{\partial t} + \overset{*}{m} = \varepsilon_s \overline{\overline{D}}_{HH} \left\{ \vec{\nabla} \left(\vec{\nabla} H \right) \right\} + \varepsilon_s \overline{\overline{D}}_{HT} \left\{ \vec{\nabla} \left(\vec{\nabla} T \right) \right\} \qquad (II.105)$$

En ce qui concerne l'équation de transfert de la chaleur dans le bois, on a :

$$\rho_s C_p \left\langle \frac{\partial T}{\partial t} \right\rangle = \left(\overline{\overline{\lambda}} + \overline{\overline{D}}_{TT} \right) \left\langle \vec{\nabla} \left(\vec{\nabla} T \right) \right\rangle + \overline{\overline{D}}_{TH} \left\langle \vec{\nabla} \left(\vec{\nabla} H \right) \right\rangle \qquad (II.106)$$

Ce qui donne :

$$\rho_s C_p \frac{\partial \langle T \rangle}{\partial t} - \frac{1}{V} \int_{A_{ws}} \rho_s C_p T \vec{w} . \vec{n}_{ws} \, dS = \left(\overline{\overline{\lambda}} + \overline{\overline{D}}_{TT} \right) \left\langle \vec{\nabla} \left(\vec{\nabla} T \right) \right\rangle + \overline{\overline{D}}_{TH} \left\langle \vec{\nabla} \left(\vec{\nabla} H \right) \right\rangle \qquad (II.107)$$

On pose (Thaï 2006):

$$\overset{*}{m} \Delta h \rho_s = -\frac{1}{V} \int \rho_s C_p T \vec{w} . \vec{n}_{ws} \, dS \qquad (II.108)$$

L'équation II.107 donne :

$$\rho_s C_p \frac{\partial \langle T \rangle}{\partial t} + \overset{*}{m} \Delta h \rho_s = \left(\overline{\overline{\lambda}} + \overline{\overline{D}}_{TT} \right) \left\langle \vec{\nabla} \left(\vec{\nabla} T \right) \right\rangle + \overline{\overline{D}}_{TH} \left\langle \vec{\nabla} \left(\vec{\nabla} H \right) \right\rangle \qquad (II.109)$$

Δh est la variation d'enthalpie du solide qui est égale à la chaleur latente de vaporisation L. L'équation II.109 donne :

$$\varepsilon_s \rho_s C_p \frac{\partial T}{\partial t} + \overset{*}{m} L \rho_s = \varepsilon_s \left(\overline{\overline{\lambda}} + \overline{\overline{D}}_{TT} \right) \vec{\nabla} \left(\vec{\nabla} T \right) + \varepsilon_s \overline{\overline{D}}_{TH} \vec{\nabla} \left(\vec{\nabla} H \right) \qquad (II.110)$$

Par analogie du résultat de transfert de la chaleur et de la matière obtenu au paragraphe sur le bois à l'échelle de la planche et compte tenu du mouvement du gaz dans le séchoir industriel dont le suivi conditionne la qualité du produit obtenu, on peut établir les relations de transfert de la matière et de la chaleur au sein du gaz. Elles sont résumées dans le système ci-dessous :

$$\begin{cases} \left(\frac{\partial Y}{\partial t} + \vec{V}_g . \vec{\nabla} Y \right) = \vec{\nabla} \left(\overline{\overline{D}}_g \vec{\nabla} Y \right) \\ \rho_g C_{pg} \left(\frac{\partial T_g}{\partial t} + \vec{V}_g . \vec{\nabla} T_g \right) = \vec{\nabla} \left(\overline{\overline{\lambda}}_g \vec{\nabla} T_g \right) \end{cases} \qquad (II.111)$$

Le mouvement du gaz est tel que les relations ci-dessous soient vérifiées (Bonoma 1986, Thaï 2006):

$$\vec{n}_{wg} = -\vec{n}_{ws} \quad \text{et} \quad \vec{V}_g . \vec{n}_{wg} = 0 \qquad (II.112)$$

Lorsque les intégrations sont faites sur une surface A_{wg} et en tenant compte du formalisme développé dans le cas du solide, on obtient les relations II.113 et II.114 représentant respectivement les équations de transfert d'humidité et de l'énergie au sein du gaz.

$$\varepsilon_g \frac{\partial Y}{\partial t} = \overset{*}{m} + \varepsilon_g \overline{\overline{D}}_g \vec{\nabla} \left(\vec{\nabla} Y \right) - \varepsilon_g \vec{V}_g . \vec{\nabla} Y \qquad (II.113)$$

$$\rho_g C_{pg} \varepsilon_g \left(\frac{\partial T_g}{\partial t} + \vec{V}_g . \vec{\nabla} T_g \right) = \overset{*}{m} L \rho_s + \varepsilon_g \overline{\overline{\lambda}}_g \vec{\nabla} \left(\vec{\nabla} T_g \right) \qquad (II.114)$$

Soient V_b et V_p respectivement les volumes du bois et de la pile de bois, on a (Monkam 2006):

$$\varepsilon_s = \frac{V_b}{V_p} \text{ et } \varepsilon_s + \varepsilon_g = 1 \qquad (\text{II.115})$$

Le système obtenu pour décrire l'évolution du comportement du bois et celle de l'air est donné par le système II.116 et concilie les hypothèses de l'approche de Luikov, du modèle diffusionnel et en partie de S.Whitaker (Helel et Boukadida 2007, Nganhou 1986, Whitaker 1986).

$$\begin{cases} \varepsilon_s \frac{\partial H}{\partial t} + \overset{*}{m} = \varepsilon_s \vec{\nabla}\left(\overline{\overline{D}}_{HH} \vec{\nabla} H + \overline{\overline{D}}_{HT} \vec{\nabla} T\right) \\ \varepsilon_s \rho_s C_p \frac{\partial T}{\partial t} + \overset{*}{m} L \rho_s = \varepsilon_s \left(\overline{\overline{\lambda}} + \overline{\overline{D}}_{TT}\right)\vec{\nabla}\left(\vec{\nabla} T\right) + \varepsilon_s \overline{\overline{D}}_{TH} \vec{\nabla}\left(\vec{\nabla} H\right) \\ \varepsilon_g \left(\frac{\partial Y}{\partial t} + \vec{V}_g \cdot \vec{\nabla} Y\right) = \overset{*}{m} + \varepsilon_g \overline{\overline{D}}_g \vec{\nabla}\left(\vec{\nabla} Y\right) \\ \varepsilon_g \rho_g C_{pg}\left(\frac{\partial T_g}{\partial t} + \vec{V}_g \cdot \vec{\nabla} T_g\right) = \overset{*}{m} L \rho_s + \varepsilon_g \overline{\overline{\lambda}}_g \vec{\nabla}\left(\vec{\nabla} T_g\right) \end{cases} \qquad (\text{II.116})$$

Le système ci-dessus est traduit en dimension 1 et ne peut pas être résolu analytiquement (Hernandez 1991, Turner *et al.* 1998). Le sens de l'épaisseur de la planche est choisi pour les transferts liés aux bois et celui de la largeur de la pile de bois est choisi pour le gaz. Ces sens influencent plus l'homogénéité de l'humidité et de la température du séchoir (Hernandez 1991, Awadalla *et al.* 2004). Les géométries des planches et des piles utilisées en industrie expliquent le rapprochement des résultats quantitatifs entre la discrétisation en dimension 3 et celle utilisée d'après les directions ci-dessus (Awadalla *et al.* 2004). Rappelons que la discrétisation en dimension 3 permet de mieux interpréter les phénomènes physiques qui ont lieu au cours de l'opération de séchage (Perré et Turner 1999).

Ainsi, l'équation unidimensionnelle de transfert à l'échelle de la pile donne :

$$\begin{cases} \frac{\partial H}{\partial t} + \frac{\overset{*}{m}}{\varepsilon_s} = D_{HH} \frac{\partial^2 H}{\partial x^2} + D_{HT} \frac{\partial^2 T}{\partial x^2} \\ \rho_s C_p \frac{\partial T}{\partial t} + \frac{\overset{*}{m} L \rho_s}{\varepsilon_s} = (\lambda + D_{TT}) \frac{\partial^2 T}{\partial x^2} + D_{TH} \frac{\partial^2 H}{\partial x^2} \end{cases} \qquad (\text{II.117})$$

A la surface de chaque planche des piles et en supposant un équilibre thermodynamique local, on a:

$$\begin{cases} -D_{HH} \frac{\partial H}{\partial x} = h_m \left(H - H_{eq}\right) \\ \lambda \frac{\partial T}{\partial x} = h_c \left(T_g - T\right) + \rho_l L D_{HH} \frac{\partial H}{\partial x} \end{cases} \forall t \succ 0 \qquad (\text{II.118})$$

Avec $H_{eq} = H_{eq}(HR, T_g)$

Au plan médian des planches, les flux sont nuls (Bonoma et Migue 2005). On a:

$$\begin{cases} \dfrac{\partial H}{\partial x} = 0 \\ \dfrac{\partial T}{\partial x} = 0 \end{cases} \quad \forall t \succ 0 \qquad \text{(II.119)}$$

Pour le gaz, on a :

$$\begin{cases} \dfrac{\partial Y}{\partial t} + V_g \dfrac{\partial Y}{\partial y} = \dfrac{\overset{*}{m}}{\varepsilon_g} + D_g \dfrac{\partial^2 Y}{\partial y^2} \\ \rho_g C_{pg} \left(\dfrac{\partial T_g}{\partial t} + V_g \dfrac{\partial T_g}{\partial y} \right) = \dfrac{\overset{*}{m} L \rho_s}{\varepsilon_g} + \lambda_g \dfrac{\partial^2 T_g}{\partial y^2} \end{cases} \qquad \text{(II.120)}$$

Les conditions aux limites donnent :
En y=0,
$\forall t \succ 0$, $T_g = T_o$ et $Y = Y_o$ \hfill (II.121)
En y=L,
nous avons utilisé le principe d'uniformisation (Bonoma 1986, Monkam 2006) :

$$\forall t \succ 0, \begin{cases} \dfrac{\partial T_g}{\partial y} = 0 \\ \dfrac{\partial Y}{\partial y} = 0 \end{cases} \qquad \text{(II.122)}$$

II.2.2.3.2. Discrétisation du modèle.

La méthode des différences finies, bien qu'étant simple et nécessite une faible durée de calcul, impose malheureusement une limitation de la géométrie des domaines de calcul. On observe des difficultés de prise en compte des conditions aux limites portant sur les dérivées ou les gradients de l'inconnue (Bajil Ouartassi 2009). Pour remédier à ces limites citées qui sont souvent source des mauvaises estimations, nous avons utilisé la méthode des volumes finis pour discrétiser les équations de transfert au sein de la pile (système 5.116) (Bajil Ouartassi 2009, Kouhila *et al.* 2003, Perré et Turner 1999, Rémond 2004, Thaï 2006). Cette méthode est adaptée pour la résolution des équations différentielles fortement non linéaires couplées et ayant des coefficients variables (Bajil Ouartassi 2009, Kouhila *et al.* 2003) et permet de respecter rigoureusement la forme physique des équations de conservation (Kouhila *et al.* 2003, Rémond 2004). En dimension 1, les volumes finis sont représentés par des petits segments pas forcement uniformes (Bajil Ouartassi 2009, Helel et Boukadida 2007) dont la réunion donne tout le domaine d'étude. Les volumes finis centrés ont été choisis dans ce travail car l'information obtenue dans un nœud est fonction de l'état des voisins. Pour la discrétisation, nous avons découpé nos planches en tranches comme indiqué sur la figure 38.

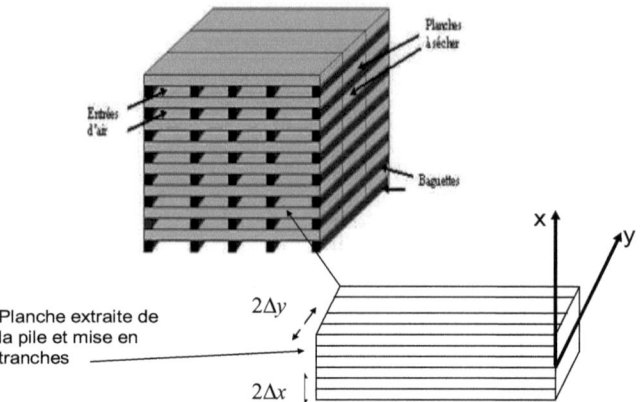

Figure 38 : Exemple de découpe en tranches d'une planche extraite de la pile pour discrétisation

Un ''volume'' de centre i est indicé par la figure 39 ci-dessous :

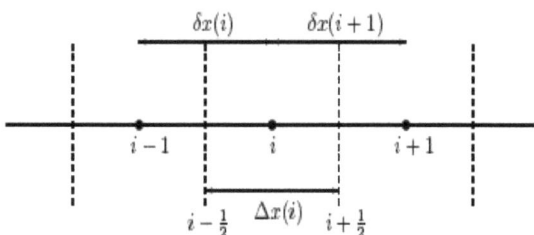

Figure 39 : Schéma du volume fini centré

L'intégration spatiale dans la tranche i de l'équation de transfert d'humidité dans la planche est donnée ci-dessous :

$$\int_{x_{i-\frac{1}{2}}}^{x_{i+\frac{1}{2}}} \left[\frac{\partial H}{\partial t} + \frac{\overset{*}{m}}{\varepsilon_s} - D_{HH} \frac{\partial^2 H}{\partial x^2} - D_{HT} \frac{\partial^2 T}{\partial x^2} \right] dx = 0 \qquad (II.123)$$

En posant :

$$J = -D_{HH} \frac{\partial H}{\partial x} - D_{HT} \frac{\partial T}{\partial x} \qquad (II.124)$$

On a à l'instant n et à la tranche j :

$$\left(\frac{\partial H_i}{\partial t} + \frac{\overset{*}{m}}{\varepsilon_s} \right)_i \Delta x_i + J_{i+1/2} - J_{i-1/2} = 0 \qquad (II.125)$$

Entre les instants t_n et t_{n+1}, l'intégration donne :

$$\int_{t_n}^{t_{n+1}} \left[\left(\frac{\partial H_i}{\partial t} + \frac{\overset{*}{m_i}}{\varepsilon_s} \right) \Delta x_i + J_{i+1/2} - J_{i-1/2} \right] dt = 0 \qquad (II.126)$$

D'après la littérature (Award et Turner 2000, Thaï 2006), si J_i est un flux, son intégration dans le temps donne :

$$\int_{t_n}^{t_{n+1}} J_i^n dt = \left[f J_i^{n+1} + (1-f) J_i^n \right] \delta t_i \qquad (II.127)$$

Où f est le facteur poids dont la valeur, comprise entre 0 et 1, détermine le schéma de l'intégration.

Après développement, on obtient :

$$\left(H_i^{n+1} - H_i^n \right) \Delta x_i + \left[f \left(\frac{\overset{*}{m}_{i+1/2}^{n+1}}{\varepsilon_s} \Delta x_i + J_{i+1/2}^{n+1} - J_{i-1/2}^{n+1} \right) + (1-f) \left(\frac{\overset{*}{m}_{i+1/2}^n}{\varepsilon_s} \Delta x_i + J_{i+1/2}^n - J_{i-1/2}^n \right) \right] \delta t_i = 0 \qquad (II.128)$$

Avec $f=0$ pour le schéma explicite, $f=0,5$ pour le schéma de Crank-Nicolson et $f=1$ pour le schéma implicite. Pour expliciter la grandeur J, nous avons utilisé la relation ci-dessous où G est une grandeur pouvant représenté H ou T qui s'y trouve :

$$\left(\frac{\partial G}{\partial x} \right)_{i+1/2}^n = \frac{G_{i+1}^n - G_i^n}{\delta x_{i+1}} \text{ et } \left(\frac{\partial G}{\partial x} \right)_{i-1/2}^n = \frac{G_i^n - G_{i-1}^n}{\delta x_i} \qquad (II.129)$$

On a alors :

$$J_{i+1/2}^n = -\frac{D_{HH_i}^n}{\delta x_{i+1}} \left(H_{i+1}^n - H_i^n \right) - \frac{D_{HT_i}^n}{\delta x_{i+1}} \left(T_{i+1}^n - T_i^n \right) \text{ et } J_{i-1/2}^n = -\frac{D_{HH_i}^n}{\delta x_i} \left(H_i^n - H_{i-1}^n \right) - \frac{D_{HT_i}^n}{\delta x_i} \left(T_i^n - T_{i-1}^n \right) \qquad (II.130)$$

On pose :

$$A_{1i}^n = -\Delta x_i - f \delta t_i D_{HH_i}^n \left(\frac{1}{\delta x_{i+1}} + \frac{1}{\delta x_i} \right) \qquad (II.131\text{-a})$$

$$A_{2i}^n = \frac{f D_{HH_i}^n \delta t_i}{\delta x_{i+1}} \qquad (II.131\text{-b})$$

$$A_{3i}^n = \frac{f D_{HH_i}^n \delta t_i}{\delta x_i} \qquad (II.131\text{-c})$$

$$A_{4i}^n = (1-f) \delta t_i \frac{D_{HH_i}^n}{\delta x_{i+1}} \qquad (II.131\text{-d})$$

$$A_{5i}^n = (1-f) \delta t_i \frac{D_{HH_i}^n}{\delta x_i} \qquad (II.131\text{-e})$$

$$A_{6i}^n = f \delta t_i \frac{D_{HT_i}^n}{\delta x_{i+1}} \qquad (II.131\text{-f})$$

$$A_{7i}^n = -f \delta t_i D_{HT_i}^n \left(\frac{1}{\delta x_{i+1}} + \frac{1}{\delta x_i} \right) \qquad (II.131\text{-g})$$

$$A_{8i}^n = f\delta t_i \frac{D_{HT_i}^n}{\delta x_i} \tag{II.131-h}$$

$$A_{9i}^n = (1-f)\delta t_i \frac{D_{HT_i}^n}{\delta x_{i+1}} \tag{II.131-i}$$

$$A_{10i}^n = -(1-f)\delta t_i D_{HT_i}^n \left(\frac{1}{\delta x_{i+1}} + \frac{1}{\delta x_i}\right) \tag{II.131-j}$$

$$A_{11i}^n = (1-f)\delta t_i \frac{D_{HT_i}^n}{\delta x_i} \tag{II.131-k}$$

$$A_{12i}^n = -(1-f)\delta t_i \frac{\overset{*}{m_i}^n \Delta x_i}{\varepsilon_s} - \frac{f\Delta x_i \delta t_i \overset{*}{m_i}^{n+1}}{\varepsilon_s} \tag{II.131-l}$$

$$A_{13i}^n = -\Delta x_i + (1-f)\delta t_i D_{HH_i}^n \left(\frac{1}{\delta x_{i+1}} + \frac{1}{\delta x_i}\right) \tag{II.131-m}$$

L'équation discrétisée du transfert de l'humidité au sein de la pile, en tenant compte des coefficients II.131 ci-dessus, est donnée par la relation II.132-a ci-dessous :

$$A_{1i}^n H_i^{n+1} + A_{2i}^n H_{i+1}^{n+1} + A_{3i}^n H_{i-1}^{n+1} + A_{4i}^n H_{i+1}^n + A_{5i}^n H_{i-1}^n + A_{6i}^n T_i^{n+1} + A_{7i}^n T_{i-1}^{n+1} + A_{8i}^n T_{i-1}^{n+1} + A_{9i}^n T_{i+1}^n$$
$$+ A_{10i}^n T_i^n + A_{11i}^n T_{i-1}^n + A_{12i}^n = A_{13i}^n H_i^n \tag{II.132-a}$$

Afin de trouver une forme récursive, toutes les températures sont estimées aux instants n. On pose :

$$A_{14i}^n = A_{13i}^n H_i^n - A_{4i}^n H_{i+1}^n - A_{5i}^n H_{i-1}^n - A_{6i}^n T_i^n - A_{7i}^n T_i^n - A_{8i}^n T_{i-1}^n - A_{9i}^n T_{i+1}^n - A_{10i}^n T_i^n - A_{11i}^n T_{i-1}^n - A_{12i}^n \tag{II.132-b}$$

On a alors :

$$A_{1i}^n H_i^{n+1} + A_{2i}^n H_{i+1}^{n+1} + A_{3i}^n H_{i-1}^{n+1} = A_{14i}^n \tag{II.132-c}$$

L'intégration spatiale de l'équation de transfert de la chaleur au sein de la pile donne :

$$\int_{x_{i-\frac{1}{2}}}^{x_{i+\frac{1}{2}}} \left[\frac{\partial T}{\partial t} + J^1 + \frac{\overset{*}{m}L}{\varepsilon_s C_p}\right] dx = 0 \tag{II.133-a}$$

Avec :

$$J^1 = -\frac{\lambda + D_{TT}}{\rho_s C_p}\frac{\partial T}{\partial x} - \frac{D_{TH}}{\rho_s C_p}\frac{\partial H}{\partial x} \tag{II.133-b}$$

On obtient :

$$\left(\frac{\partial T_i}{\partial t} + \left(\frac{\overset{*}{m}L}{\varepsilon_s C_p}\right)_i\right)\Delta x_i + J_{i+1/2}^1 - J_{i-1/2}^1 = 0 \tag{II.134}$$

L'intégration dans le temps de l'équation II.134 donne :

$$\int_{t_n}^{t_{n+1}}\left[\left(\frac{\partial T}{\partial t} + \frac{\overset{*}{m}L}{\varepsilon_s C_p}\right)_i \Delta x_i + J_{i+1/2}^1 - J_{i-1/2}^1\right] dt = 0 \tag{II.135}$$

On obtient :

$$\left[T_i^{n+1} - T_i^n\right]\Delta x_i + \left[f\left(\frac{\overset{*}{m_i}{}^{n+1} L_i^{n+1}\Delta x_i}{\varepsilon_s C_{p_i}^{n+1}} + J'{}_{i+1/2}^{n+1} - J'{}_{i-1/2}^{n+1}\right) + (1-f)\left(\frac{\overset{*}{m_i}{}^n L_i^n \Delta x_i}{\varepsilon_s C_{p_i}^n} + J'{}_{i+1/2}^{1n} - J'{}_{i-1/2}^{1n}\right)\right]\delta t_i = 0 \qquad \text{(II.136-a)}$$

Avec :

$$J'{}_{i+1/2}^{1n} = -\frac{\lambda_i^n + D_{TT\,i}^n}{\rho_{s\,i}^n C_{p\,i}^n \delta x_{i+1}}\left(T_{i+1}^n - T_i^n\right) - \frac{D_{TH\,i}^n}{\rho_{s\,i}^n C_{p\,i}^n \delta x_{i+1}}\left(H_{i+1}^n - H_i^n\right) \qquad \text{(II.136-b)}$$

$$J'{}_{i-1/2}^{1n} = -\frac{\lambda_i^n + D_{TT\,i}^n}{\rho_{s\,i}^n C_{p\,i}^n \delta x_i}\left(T_i^n - T_{i-1}^n\right) - \frac{D_{TH\,i}^n}{\rho_{s\,i}^n C_{p\,i}^n \delta x_i}\left(H_i^n - H_{i-1}^n\right) \qquad \text{(II.136-c)}$$

Posons:

$$B_{1i}^n = -\Delta x_i - f\delta t_i \frac{\lambda_i^n + D_{TT\,i}^n}{\rho_{s\,i}^n C_{p\,i}^n}\left(\frac{1}{\delta x_i} + \frac{1}{\delta x_{i+1}}\right) \qquad \text{(II.137-a)}$$

$$B_{2i}^n = f\delta t_i \frac{\lambda_i^n + D_{TT\,i}^n}{\rho_{s\,i}^n C_{p\,i}^n \delta x_{i+1}} \qquad \text{(II.137-b)}$$

$$B_{3i}^n = f\delta t_i \frac{\lambda_i^n + D_{TT\,i}^n}{\rho_{s\,i}^n C_{p\,i}^n \delta x_i} \qquad \text{(II.137-c)}$$

$$B_{4i}^n = (1-f)\delta t_i \frac{\lambda_i^n + D_{TT\,i}^n}{\rho_{s\,i}^n C_{p\,i}^n \delta x_{i+1}} \qquad \text{(II.137-d)}$$

$$B_{5i}^n = (1-f)\delta t_i \frac{\lambda_i^n + D_{TT\,i}^n}{\rho_{s\,i}^n C_{p\,i}^n \delta x_i} \qquad \text{(II.137-e)}$$

$$B_{6i}^n = \frac{f\delta t_i D_{TH\,i}^n}{\rho_{s\,i}^n C_{p\,i}^n \delta x_{i+1}} \qquad \text{(II.137-f)}$$

$$B_{7i}^n = -\frac{f\delta t_i D_{TH\,i}^n}{\rho_{s\,i}^n C_{p\,i}^n}\left(\frac{1}{\delta x_i} + \frac{1}{\delta x_{i+1}}\right) \qquad \text{(II.137-g)}$$

$$B_{8i}^n = \frac{f\delta t_i D_{TH\,i}^n}{\rho_{s\,i}^n C_{p\,i}^n \delta x_i} \qquad \text{(II.137-h)}$$

$$B_{9i}^n = \frac{(1-f)\delta t_i D_{TH\,i}^n}{\rho_{s\,i}^n C_{p\,i}^n \delta x_{i+1}} \qquad \text{(II.137-i)}$$

$$B_{10i}^n = -\frac{(1-f)\delta t_i D_{TH\,i}^n}{\rho_{s\,i}^n C_{p\,i}^n}\left(\frac{1}{\delta x_i} + \frac{1}{\delta x_{i+1}}\right) \qquad \text{(II.137-j)}$$

$$B_{11i}^n = \frac{(1-f)\delta t_i D_{TH\,i}^n}{\rho_{s\,i}^n C_{p\,i}^n \delta x_i} \qquad \text{(II.137-k)}$$

$$B_{12i}^n = -\frac{f\overset{*}{m_i}{}^{n+1} L_i^{n+1}\Delta x_i \delta t_i}{\varepsilon_s C_{p_i}^n} - \frac{(1-f)\overset{*}{m_i}{}^n \Delta x_i L_i^n \delta t_i}{\varepsilon_s C_{p_i}^n} \qquad \text{(II.137-l)}$$

$$B_{13i}^{n} = -\Delta x_i + (1-f)\delta t_i \frac{\lambda_i^n + D_{TT_i}^{n}}{\rho_{s_i}^{n} C_{p_i}^{n}} \left(\frac{1}{\delta x_i} + \frac{1}{\delta x_{i+1}} \right) \qquad \text{(II.137-m)}$$

L'équation discrétisée du transfert de la chaleur au sein de la pile, en tenant compte des coefficients II.137 ci-dessus, est donnée par la relation II.138-a ci-dessous :

$$\begin{aligned}&B_{1i}^{n}T_i^{n+1} + B_{2i}^{n}T_{i+1}^{n+1} + B_{3i}^{n}T_{i-1}^{n+1} + B_{4i}^{n}T_i^{n} + B_{5i}^{n}T_{i-1}^{n} + B_{6i}^{n}H_{i+1}^{n+1} + B_{7i}^{n}H_i^{n+1} + B_{8i}^{n}H_{i-1}^{n+1} + B_{9i}^{n}H_{i+1}^{n} \\ &+ B_{10i}^{n}H_i^{n} + B_{11i}^{n}H_{i-1}^{n} + B_{12i}^{n} = B_{13i}^{n}T_i^{n}\end{aligned} \qquad \text{(II.138-a)}$$

On pose, pour chercher une forme récursive :

$$B_{14i}^{n} = B_{13i}^{n}T_i^n - B_{4i}^{n}T_{i+1}^n - B_{5i}^{n}T_{i-1}^n - B_{6i}^{n}H_{i+1}^{n+1} - B_{7i}^{n}H_i^{n+1} - B_{8i}^{n}H_{i-1}^{n+1} - B_{9i}^{n}H_{i+1}^{n} - B_{10i}^{n}H_i^{n} - B_{11i}^{n}H_{i-1}^{n} - B_{12i}^{n} \qquad \text{(II.138-b)}$$

On obtient :

$$B_{1i}^{n}T_i^{n+1} + B_{2i}^{n}T_{i+1}^{n+1} + B_{3i}^{n}T_{i-1}^{n+1} = B_{14i}^{n} \qquad \text{(II.138-c)}$$

En ce qui concerne l'équation de transfert de la chaleur au sein du gaz caloporteur, nous l'avons écris sous la forme suivante :

$$\frac{\partial T_g}{\partial t} + V_g \frac{\partial T_g}{\partial y} = \frac{\overset{*}{m} L \rho_s}{\rho_g C_{pg} \varepsilon_g} + \frac{\lambda_g}{\rho_g C_{pg}} \frac{\partial^2 T_g}{\partial y^2} \qquad \text{(II.139)}$$

Nous avons utilisé la méthode des différences finies pour la discrétisation des équations de transfert dans le gaz car, elle est facilement accessible et sa convergence est assurée. On a :

$$\frac{T_{g_j}^{n+1} - T_{g_j}^{n}}{\delta t_j} + V_g \frac{T_{g_{j+1}}^{n+1} - T_{g_j}^{n+1}}{\Delta y} = \frac{\overset{*}{m}_j^{n} L_j^{n} \rho_{s_j}^{n}}{\rho_{g_i}^{n} C_{pg_i}^{n} \varepsilon_g} + \left(\frac{\lambda_g}{\rho_g C_{pg}} \right)_i^n \frac{T_{g_{j+1}}^{n+1} - 2T_{g_j}^{n+1} + T_{g_{j-1}}^{n+1}}{(\Delta y)^2} \qquad \text{(II.140)}$$

Posons :

$$C_{1j}^{n} = \frac{1}{\delta t_j} - \frac{V_g}{\Delta y} + \frac{2}{(\Delta y)^2} \left(\frac{\lambda_g}{\rho_g C_{pg}} \right)_j^n \qquad \text{(II.141-a)}$$

$$C_{2j}^{n} = \frac{V_g}{\Delta y} - \frac{1}{(\Delta y)^2} \left(\frac{\lambda_g}{\rho_g C_{pg}} \right)_j^n \qquad \text{(II.141-b)}$$

$$C_{3j}^{n} = -\frac{1}{(\Delta y)^2} \left(\frac{\lambda_g}{\rho_g C_{pg}} \right)_j^n \qquad \text{(II.141-c)}$$

$$C_{4j}^{n} = \frac{T_{g_j}^{n}}{\delta t_j} + \left(\frac{\overset{*}{m} L \rho_s}{\rho_g C_{pg} \varepsilon_g} \right)_j^n \qquad \text{(II.141-d)}$$

On obtient, tenant compte des coefficients II.141 :

$$C_{1j}^{n}T_{g_j}^{n+1} + C_{2j}^{n}T_{g_{j+1}}^{n+1} + C_{3j}^{n}T_{g_{j-1}}^{n+1} = C_{4j}^{n} \qquad \text{(II.142)}$$

L'équation de transfert de l'humidité au sein du gaz est écrite de la manière suivante :

$$\frac{\partial Y}{\partial t} + V_g \frac{\partial Y}{\partial y} = \frac{\overset{*}{m}}{\varepsilon_g} + \frac{D_g}{\varepsilon_g} \frac{\partial^2 Y}{\partial y^2} \qquad \text{(II.143)}$$

La forme discrétisée donne :

$$\frac{Y_j^{n+1} - Y_j^n}{\delta t_j} + V_g \frac{Y_{j+1}^{n+1} - Y_j^{n+1}}{\Delta y} = \frac{\overset{*}{m}_j^n}{\varepsilon_g} + \frac{D_{g\,j}^n}{\varepsilon_g} \frac{Y_{j+1}^{n+1} - 2Y_j^{n+1} + Y_{j-1}^{n+1}}{(\Delta y)^2} \qquad (II.144)$$

On pose :

$$D_{1j}^n = \frac{1}{\delta t_j} - \frac{V_g}{\Delta y} + \frac{2}{(\Delta y)^2}\left(\frac{D_g}{\varepsilon_g}\right)_j^n \qquad (II.145\text{-a})$$

$$D_{2j}^n = \frac{V_g}{\Delta y} - \frac{1}{(\Delta y)^2}\left(\frac{D_g}{\varepsilon_g}\right)_j^n \qquad (II.145\text{-b})$$

$$D_{3j}^n = \frac{1}{(\Delta y)^2}\left(\frac{D_g}{\varepsilon_g}\right)_j^n \qquad (II.145\text{-c})$$

$$D_{4j}^n = \frac{Y_j^n}{\delta t_j} + \left(\frac{\overset{*}{m}}{\varepsilon_g}\right)_j^n \qquad (II.145\text{-d})$$

On a alors en tenant compte des coefficients II.145 :

$$D_{1j}^n Y_j^{n+1} + D_{2j}^n Y_{j+1}^{n+1} + D_{3j}^n Y_{j-1}^{n+1} = D_{4j}^n \qquad (II.146)$$

Avec :

$$\delta t_j = \delta t_i \qquad (II.147)$$

La discrétisation des conditions initiales donne en supposant un équilibre hygrothermique à cet instant :

$$T_{g\,j}^0 = T_0 \qquad (II.148\text{-a})$$

$$Y_j^0 = \frac{0,622\, HR_o\, Pvsat\,(T_o)}{P_a - HR_o\, Pvsat\,(T_o)} \qquad (II.148\text{-b})$$

$$T_i^0 = T_0 \qquad (II.148\text{-c})$$

$$H_i^0 = H_0 \qquad (II.148\text{-d})$$

La discrétisation des conditions aux limites donne :
Pour le gaz :

$$T_{g\,M+1}^{n+1} = T_M^{n+1} \qquad (II.149)$$

$$Y_{M+1}^{n+1} = Y_M^{n+1} \qquad (II.150)$$

$$T_{g\,1}^n = T_1^n \qquad (II.151)$$

$$Y_1^n = Y_1^0 \qquad (II.152)$$

Au plan médian de la planche :

$$T_1^n = T_2^n \qquad (II.153\text{-a})$$

$$H_1^n = H_2^n \qquad (II.153\text{-b})$$

Le traitement des relations ci-dessus est fait à partir d'une relation récursive et appliquée aux conditions aux limites et initiales. On a :
- A la surface de la planche, la discrétisation de l'humidité donne :

$$-D_{HH\,N+1}^{n}\frac{H_{N+1,j}^{n+1}-H_{N,j}^{n+1}}{\delta x_{N+1}}=h_{m_{N+1}}^{n}\left(H_{N+1,j}^{n+1}-H_{eq,j}^{n+1}\right) \tag{II.154}$$

On a alors :
$$H_{N,J}^{n+1}=\left(1+\frac{h_{m_{N+1}}^{n}\delta x_{N+1}}{D_{HH\,N+1}^{n}}\right)H_{N+1,j}^{n+1}-\frac{h_{m\,N+1}^{n}\delta x_{N+1}H_{eq\,j}^{n+1}}{D_{HH\,N+1}^{n}} \tag{II.155}$$

L'écriture de la forme récursive donne :
$$H_N=\alpha_N-\frac{A_{2N}H_{N+1}}{\beta_N} \tag{II.156}$$

On obtient alors :
$$H_{N+1,j}^{n+1}=\frac{\alpha_N^{n+1}+h_{m\,N+1}^{n}\delta x_{N+1}H_{eq\,j}^{n+1}/D_{HH\,N+1}^{n}}{1+\dfrac{h_{m\,N+1}^{n}\delta x_{N+1}}{D_{HH\,N+1}^{n}}+\dfrac{A_{2N}^{n}}{\beta_N^{n+1}}} \tag{II.157}$$

Avec :
$$\alpha_i=\frac{A_{14i}-A_{3i}\alpha_{i-1}}{\beta_i}\ \text{et}\ \beta_i=A_{1i}-\frac{A_{3i}A_{2,i-1}}{\beta_{i-1}} \tag{II.158}$$

Les conditions aux limites donnent :
$$\beta_2=A_{12} \tag{II.159}$$
$$\alpha_2=\frac{A_{14,2}-A_{32}H_1}{\beta_2} \tag{II.160}$$

- Pour la température du bois à sa surface, un raisonnement semblable que ci-dessus donne :

$$T_{N+1,j}^{n+1}=\frac{\alpha_N^{'n+1}+\dfrac{\delta x_{N+1}h_{c\,N+1}^{n}T_{g\,j}^{n+1}}{\lambda_{N+1}^{n}}+\dfrac{\rho_{l\,N+1}^{n}L_{N+1}^{n}D_{HH\,N+1}^{n}\left(H_{N+1,j}^{n+1}-H_{N,j}^{n+1}\right)}{\lambda_{N+1}^{n}}}{1+\dfrac{h_{c\,N+1}^{n}\delta x_{N+1}}{\lambda_{N+1}^{n}}+\dfrac{B_{2N}^{n+1}}{\beta_N^{'n+1}}} \tag{II.161}$$

Avec :
$$\alpha'_i=\frac{B_{14i}-B_{3i}\alpha'_{i-1}}{\beta'_i}\ \text{et}\ \beta'_i=B_{1i}-\frac{B_{3i}B_{2,i-1}}{\beta'_{i-1}} \tag{II.162}$$

Les conditions aux limites donnent :
$$\beta'_2=B_{12} \tag{II.163}$$
$$\alpha'_2=\frac{B_{14,2}-B_{32}T_1}{\beta'_2} \tag{II.164}$$

En ce qui concerne l'humidité de l'air de séchage, on a :
$$Y_j=\alpha 1_j-\frac{D_{2j}Y_{j+1}}{\beta 1_j} \tag{II.165}$$

La relation II.150 permet d'obtenir :
$$Y_j = \frac{\alpha 1_j}{1+\frac{D_{2j}}{\beta 1_j}} \quad (II.166)$$

Avec :
$$\alpha 1_j = \frac{D_{4j} - D_{3j}\alpha 1_{j-1}}{\beta 1_{j-1}} \quad \text{et} \quad \beta 1_j = D_{1j} - \frac{D_{3j}D_{2,j-1}}{\beta 1_{j-1}} \quad (II.167)$$

$$\alpha 1_2 = \frac{D_{42} - D_{32}Y_1}{\beta 1_2} \quad \text{et} \quad \beta 1_2 = D_{12} \quad (II.168)$$

- Quant à la température de l'air on a :

$$T_{g_j} = \frac{\alpha 2_j}{1+\frac{C_{2j}}{\beta 2_j}} \quad (II.169)$$

Avec :
$$\alpha 2_j = \frac{C_{4j} - C_{3j}\alpha 2_{j-1}}{\beta 2_j} \quad \text{et} \quad \beta 2_j = C_{1j} - \frac{C_{3j}C_{2,j-1}}{\beta 2_{j-1}} \quad (II.170)$$

$$\alpha 2_2 = \frac{C_{42} - C_{32}Tg_1}{\beta 2_2} \quad \text{et} \quad \beta 2_2 = C_{12} \quad (II.171)$$

Pour tenir compte de l'état poreux du bois et gagner en temps de calcul, nous avons opté pour un pas spatial géométrique, permettant d'obtenir des maillages irréguliers ou réguliers en fonction de la valeur du paramètre m_{ratio} ci-dessous défini. On prendra (Thaï 2006):

$$\Delta x_i = \frac{\delta x_i + \delta x_{i+1}}{2} \quad (II.172)$$

$$\delta x_i = x_i - x_{i-1} \quad (II.173)$$

$$x_i = x_1 + \frac{m^{i-1}-1}{m-1}\Delta x \quad (II.174)$$

$$\Delta x = \frac{x_N - x_1}{h} \quad (II.175)$$

$$\Delta y = \frac{y_M - y_1}{h_1} \quad (II.176)$$

$$m = (m_{ratio})^{\frac{1}{N-2}} \quad (II.177)$$

$$m_{ratio} = \frac{x_N - x_{N-1}}{x_2 - x_1} \quad (II.178)$$

Le maillage est régulier si $m_{ratio}=1$.

$$h = \frac{m^{N-1}-1}{m-1} \quad (II.179)$$

Pour la stabilité, on pose :

$$\delta t_i \geq \frac{(\Delta x_i)^2}{nD_{HHi}} \quad \text{avec n} \geq 1 \quad (II.180\text{-a})$$

Il est judicieux de prendre comme pas temporel, la durée pour que l'air circule d'un bout de la pile à l'autre, soit :

$$\delta t_i = \frac{y_M - y_1}{V_g} \qquad \text{(II.180-b)}$$

Des tests sur ce pas temporel permettront de retenir une valeur respectant la condition II.180-a, mais supérieure à la relation II.180-b afin de gagner en temps de calcul. Le pas spatial est alors fonction de la géométrie du produit (Aissani *et al.* 2008) et celui temporel fonction de la stabilité du calcul et est incrémenté selon la relation suivante :

$$t_{i+1} = t_i + \delta t_i \qquad \text{(II.181)}$$

La simulation numérique du séchage de la pile n'est possible que si les propriétés physiques relatives à l'air humide sont connues. Nous les avons tirées de la littérature et sont rappelées ci-après (Bonoma 1986, Monkam 2006):

- La masse volumique (relation de Bailly) :

$$\rho_g = \frac{P}{r_g T_g}\left(1 - \frac{0{,}378 C_v}{0{,}622 + 0{,}378 C_v}\right) \qquad \text{(II.182)}$$

$$r_g = 287 J/(kg.K) \qquad \text{(II.183)}$$

C_v est la fraction massique de vapeur et est donnée par la relation :

$$C_v = \frac{0{,}622 P_v}{P_a + 0{,}622 P_v} \qquad \text{(II.184)}$$

P est la pression totale du gaz et est donnée par la formule :

$$P = P_a + P_v \qquad \text{(II.185-a)}$$

$$P_v = HR.P_{vsat} \qquad \text{(II.185-b)}$$

- Chaleur massique à pression constante (relation de Bailly) :

$$C_{pg} = C_{pa}(1 - C_v) + C_{pv} C_v \text{ ; } C_{pa}=1004{,}4 J/(kg.°C) \text{ et } C_{pv}=1862{,}3 J/(kg.°C) \qquad \text{(II.186)}$$

- Conductivité thermique (relation de Dascalescu) :

$$\lambda_g = \lambda_o + 0{,}00476 \frac{C_v}{1 - C_v} \text{ (W/(m°C))} \qquad \text{(II.187)}$$

$$\lambda_o = 0{,}0243 + aT_g + bT_g^2 + cT_g^3 \text{ (W/(m°C))} \qquad \text{(II.188-a)}$$

a=9,74167x10⁻⁵ ; b=-0,1825x10⁻⁵ ; c=0,00227x10⁻⁵ ; T en °C (II.188-b)

- Coefficient de diffusion de la vapeur d'eau dans l'air (formule de Schirmer) :

$$D_G = 2{,}25 x 10^{-5} \frac{1}{P}\left(\frac{T_g}{273}\right)^{1{,}81} \text{ (m}^2\text{/s)} \qquad \text{(II.189)}$$

P en bars et T_g en K

- Viscosité dynamique :

$$\mu_g = \frac{P}{\dfrac{P_v}{\mu_v} + \dfrac{P_a}{\mu_a}} \text{ (kg/(m.s))} \qquad \text{(II.190-a)}$$

$$\mu_a = 25{,}393 x 10^{-7} \sqrt{\frac{T_g}{273}} \left(1 + \frac{122}{T_g}\right)^{-1} \text{ et } \mu_v = 30{,}147 x 10^{-7} \sqrt{\frac{T_g}{273}} \left(1 + \frac{673}{T_g}\right)^{-1}, \text{ T}_g \text{ en K (II.190-b)}$$

- Nombres adimensionnels :

$$R_e = \frac{V_g D_h}{v_g} \tag{II.191}$$

$$P_r = \frac{\mu_g C_{pg}}{\lambda_g} \tag{II.192}$$

$$N_u = \frac{h_c D_h}{\lambda_g} \tag{II.193}$$

$$S_h = \frac{h_m D_h}{D_g} \tag{II.194}$$

$$S_c = \frac{v_g}{D_g} \tag{II.195}$$

$$v_g = \frac{\mu_g}{\rho_g} \tag{II.196}$$

$$D_h = 2e \tag{II.197}$$

Avec D_h le diamètre hydraulique et e l'épaisseur des baguettes égale à la distance entre deux niveaux consécutifs des planches dans une pile.

D'après le travail de Nabhani *et al.* (2003), si le régime de l'écoulement est laminaire, on a :

$N_u = 7{,}54$ (II.198-a)
$S_h = 7{,}54$ (II.198-b)

Si ce régime est turbulent, on a :

$$N_u = 0{,}023 R_e^{0,8} . P_r^{0,33} \tag{II.199-a}$$

$$S_h = 0{,}023 R_e^{0,8} . S_c^{0,33} \tag{II.199-b}$$

Pour estimer l'effet Sorret en fonction de l'essence et de la température, nous avons obtenu dans la littérature une grandeur extraite du développement du modèle de Luikov (Horacek 2003). Cette grandeur est rappelée à la relation II.200-a et sera utilisée dans la simulation numérique.

$$\alpha = \frac{dX_{eq}}{dT} = \frac{E_b HR}{RT^2} \frac{\partial X_{eq}}{\partial HR} \tag{II.200-a}$$

Avec (Mardini *et al.* 1996) :

$$E_b = 4{,}18 (9200 - 7000 X_{eq}) \text{ (J/mol)} \tag{II.200-b}$$

R est la constante des gaz parfaits.

Pour résoudre numériquement notre système d'équations, nous avons dressé un code numérique dont le suivi est rappelé au tableau IX. Au tableau X, nous récapitulons les coefficients thermophysiques du bois que nous avons insérés dans notre code. Nous appelons solution non physique, une solution qui n'a pas de sens physique dans le cadre de notre étude. Par exemple, une température ou une humidité négative.

Nous tenons à signaler que les hypothèses simplificatrices adoptées ci-dessus relèvent aussi de la complexité mathématique du modèle obtenu et le défaut lié à la connaissance de certains paramètres du modèle. Ces raisons ont également amené quelques auteurs à des simplifications (Remarche et Belhamri 2008).

Tableau IX : Organigramme du code de résolution

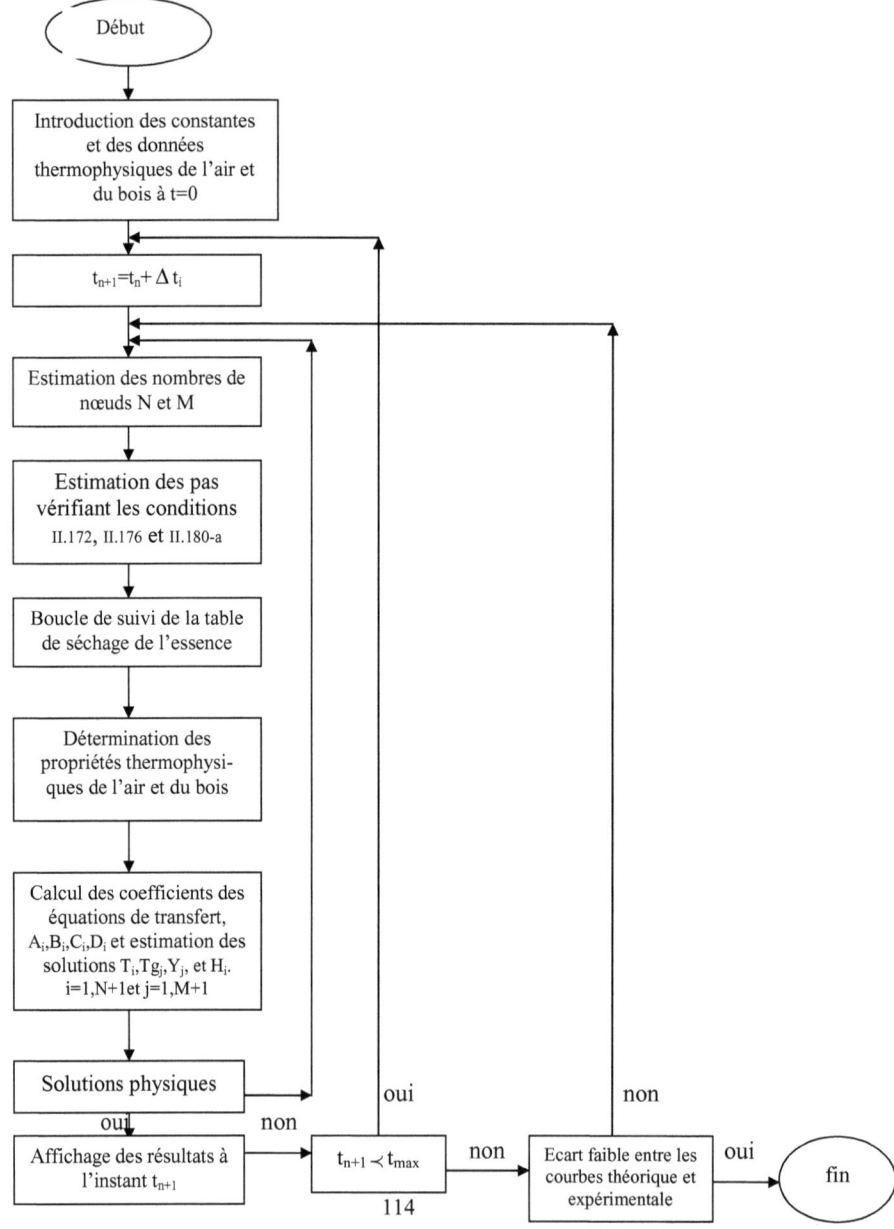

Tableau X : Récapitulatif des coefficients thermophysiques

*Masses volumiques :
$$\rho_h(T) = a + bT + cH + dHT \quad (III.10)$$
a=343,1843 ; b=1,212 ; c=1,761 ; d=0,0292 pour l'ayous
a=775,5415 ; b=3,8445 ; c=7,7562 ; d=0,03884 pour l'ébène

*Isothermes de désorption :
Pour l'ayous :
$$X_{eq} = -\frac{1}{B}\ln\left[-\frac{\ln(HR)}{A}\right] \quad (II.1)$$

Avec :
A(T)=-0,03738T+16,35834 \quad (III.1)
B(T)=0,09764T-11,53384 \quad (III.2)

Pour l'ébène :
$$X_{eq} = \left[-\frac{\ln(1-HR)}{A}\right]^{\frac{1}{B}} \quad (II.2)$$

Avec :
A(T)=aT^4+bT^3+cT^2+dT+e \quad (III.3)
Où : a=-0,000453942, b=0,558790272, c=-257,5534793, d=52674,06693 et e=-4032498,705
B(T)=-0,016384722T+7,33776532 \quad (III.4)

*Conductivité thermique :
$$\lambda = G(B + CH) + A \quad (I.24)$$
A=0,02378 ; B=0,2003 ; C=0,00548 ; G la densité des essences

*Chaleur massique :
$$C_p = \frac{C_{po} + 0,01HC_{pw}}{1 + 0,01H} + H(-0,06191 + 2,36*10^{-4}T - 1,33*10^{-4}H) \quad (I.26)$$
C_{po}=0,1031+0,003867T et C_{pw}=4,19kJ/(kg.K) \quad (I.27)
T en K

*Chaleur latente de vaporisation et chaleur de désorption du bois
L=(3335-2,91T)*10^3 \quad (I.35)
E_b=1170,4x10^{3}Exp(-0,14H) \quad (I.36)
L et E_b en J/kg, H en % et T en K

*Coefficients de diffusion :
Domaine non hygroscopique : (Figure 79)
T=40°C: Ayous: D=2x10^{-9}m^2/s; Ebène: D=1,05x10^{-9}m^2/s;
T=50°C: Ayous: D=4,5x10^{-9}m^2/s; Ebène: D=1,37x10^{-9}m^2/s;
T=60°C: Ayous: D=7,5x10^{-9}m^2/s; Ebène: D=1,54x10^{-9}m^2/s;

Domaine hygroscopique :
$$D(t) = \frac{e^2\pi}{16t}\frac{1}{\left(1+\left(\frac{\sigma}{t}\right)^n\right)^2} \quad (III.17)$$

Les paramètres se trouvant dans le texte du chapitre III.

Dans ce chapitre, nous avons présenté le matériel utilisé pour obtenir toutes les mesures expérimentales qui vont suivre. Les résultats expérimentaux obtenus doivent tenir compte des incertitudes annoncées et peuvent être améliorés en utilisant des appareils de mesure plus précis. En plus, nous avons présenté les méthodes expérimentales utilisées pour estimer la masse volumique, les isothermes de désorption et les cinétiques de séchage de nos bois d'étude. Pour la caractérisation des propriétés thermophysiques du bois, les méthodes adoptées sont issues des corrélations qui lient ces propriétés thermophysiques aux grandeurs facilement mesurables. Pour les cinétiques de séchage, nous avons utilisé une étuve à dessiccation pour le séchage thermique de nos bois. Nous avons construis un séchoir solaire simple qui fonctionne en convection naturelle. Pour obtenir les variations de la perte en eau de nos bois, les appareils utilisés ne permettent pas d'obtenir une mesure continue, ce qui entraîne généralement une infiltration moins contrôlée de l'air dans l'enceinte du séchoir. Nous avons ensuite décrit les séchoirs industriels qui nous ont permis d'obtenir les valeurs expérimentales à l'échelle de la pile.

En plus, nous avons modélisé le séchage de nos bois à l'échelle de la planche, où nous nous sommes intéressés aux séchages thermique et solaire, et à l'échelle de la pile pour le séchage thermique uniquement. Les discrétisations des modèles à chaque échelle sont effectuées, la méthode de discrétisation retenue étant fonction du degré de couplage des équations. Dans le chapitre suivant, nous présentons et discutons les différents résultats obtenus.

CHAPITRE III

RESULTATS ET DISCUSSION

Les caractéristiques du bois diffèrent selon le niveau de débit de l'échantillon du tronc de l'arbre (Ngohe Ekam 1992) et selon la partie du tronc de l'arbre (duramen, aubier) (Nadeau et Puiggali 1995). Les mesures obtenues sont moyennes car, les échantillons de bois utilisés proviennent des endroits diverses de l'arbre et contiennent aussi bien l'aubier que le duramen. Les valeurs numériques sont issues des modélisations et des discrétisations présentées au chapitre II.

III.1. Présentation et analyse des résultats de la caractérisation
III.1.1. Les isothermes de désorption
III.1.1.1. Identification et modélisation des paramètres des isothermes

Les valeurs des paramètres A et B, ainsi que celles de r et E(%) sont données dans les tableaux XI et XII. On constate que ces deux modèles sont satisfaisants, au regard des valeurs de E(%) et de r et selon les variations de A et B trouvées dans la littérature (Nadeau et Puiggali 1995, Vidal et Cloutier 2005). Les corrélations (III.1), (III.2), (III.3) et (III.4) permettent de prédire les valeurs de ces paramètres dans les différentes plages d'étude. Ces corrélations sont toutes des polynômes comme rencontrés dans la littérature (Hernandez 1991, Nadeau et Puiggali 1995, Vidal et Cloutier 2005). Elles définissent bien le comportement en désorption de nos essences, comme le traduit les figures 40 à 43 où les valeurs de chaque paramètre déduites de l'expérience sont confrontées aux corrélations proposées. Ces paramètres ne restent fiables que dans la plage d'étude.

Tableau XI : Paramètres du modèle de Chung-Pfost (Ayous)

T(°C)	A	B	$|r|$	E(%)
20	5,926	18,882	0,977	12,250
30	5,068	18,214	0,986	8,612
40	4,500	18,783	0,992	13,633
50	4,463	20,099	0,994	6,340
60	3,834	21,030	0,991	7,246

$A(T) = -0,03738T + 16,35834$ (III.1)

$B(T) = 0,09764T - 11,53384$ (III.2)

Avec $303,15 \leq T \leq 333,15 K$

Tableau XII : Paramètres du modèle de Henderson (Ebène)

T(°C)	A	B	$|r|$	E(%)
20	391,764	2,554	0,991	6,075
30	285,342	2,353	0,990	6,477
40	236,853	2,179	0,986	8,350
50	241,833	2,071	0,974	11,912
60	186,898	1,876	0,960	17,632

$A(T) = aT^4 + bT^3 + cT^2 + dT + e$ (III.3)
a=-0,000453942, b=0,558790272, c=-257,5534793, d=52674,06693, e=-4032498,705
$B(T) = -0,016384722T + 7,33776532$ 293,15≤T≤333,15K (III.4)

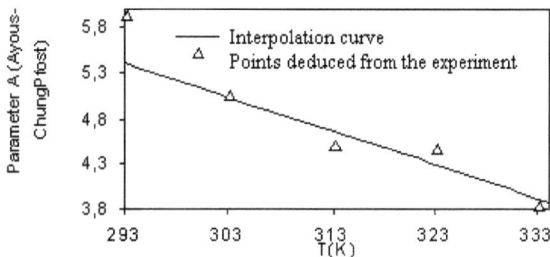

Figure 40 : Variation du paramètre A (Ayous-ChungPfost)

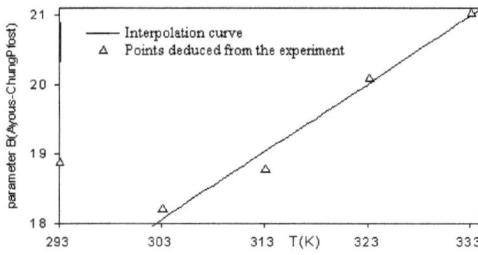

Figure 41 : Variation du paramètre B (Ayous-ChungPfost)

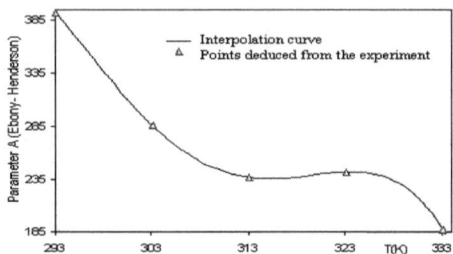

Figure 42 : Variation du paramètre A (Ebène-Henderson)

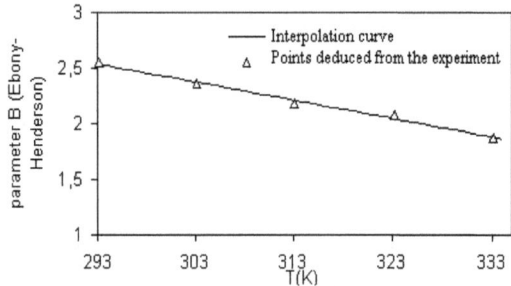

Figure 43 : Variation du paramètre B (Ebène-Henderson)

Les figures 44 à 49 présentent les isothermes de désorption de l'ayous et les figures 50 à 55 celles de l'ébène. On constate une bonne description des points expérimentaux par les courbes théoriques. Les figures 49 et 55 montrent que les teneurs en eau d'équilibre et les températures suivent des sens contraires. Pour les mêmes écarts de températures, les isothermes de désorption de l'ayous sont plus resserrées que celles de l'ébène. C'est dire que l'ébène est plus sensible à la température que l'ayous.

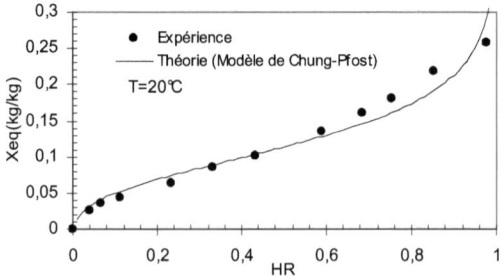

Figure 44 : Isotherme de désorption de l'ayous à T=20°C

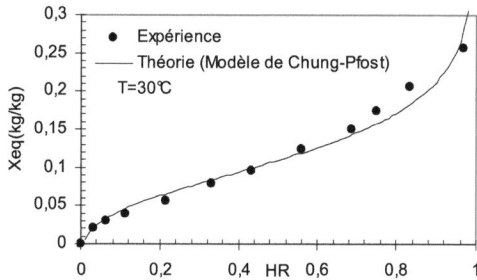

Figure 45 : Isotherme de désorption de l'ayous à T=30°C

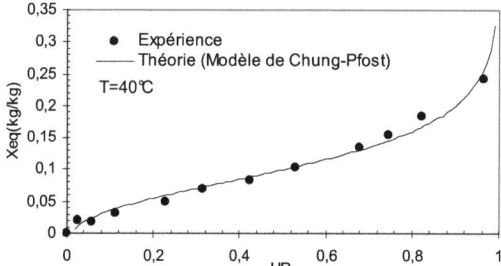

Figure 46 : Isotherme de désorption de l'ayous à T=40°C

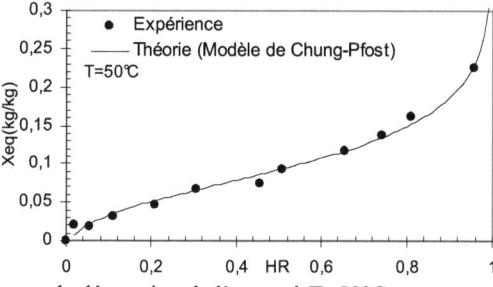

Figure 47 : Isotherme de désorption de l'ayous à T=50°C

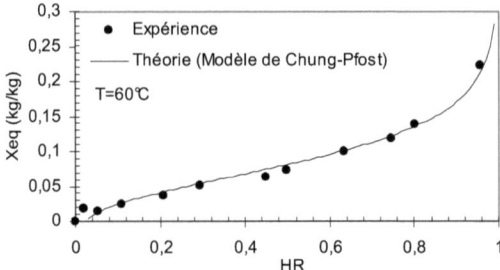

Figure 48 : Isotherme de désorption de l'ayous à T=60°C

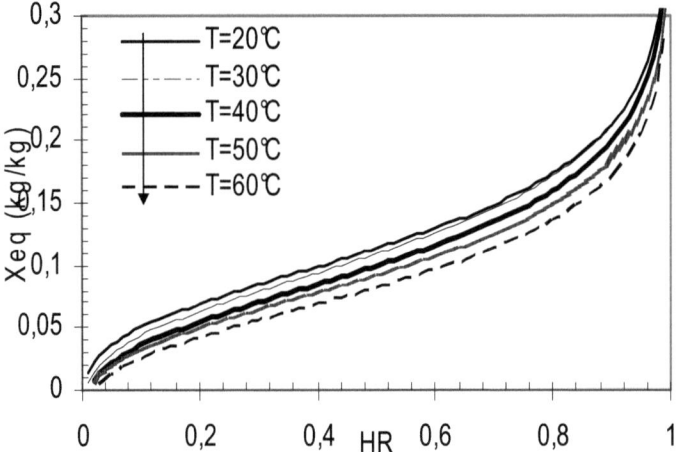

Figure 49 : Isothermes de désorption de l'ayous à plusieurs températures.

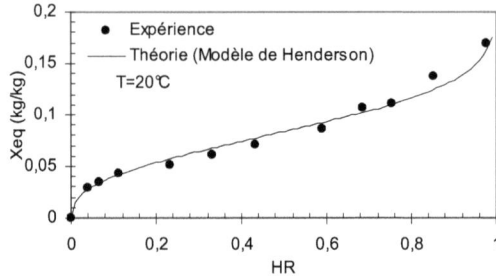

Figure 50 : Isotherme de désorption de l'ébène à T=20°C

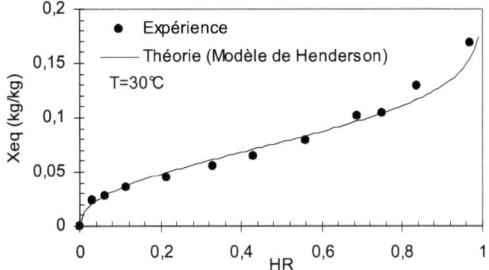

Figure 51 : Isotherme de désorption de l'ébène à T=30°C

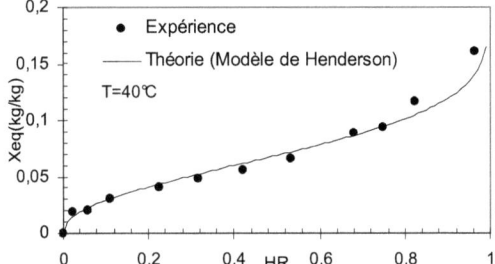

Figure 52 : Isotherme de désorption de l'ébène à T=40°C

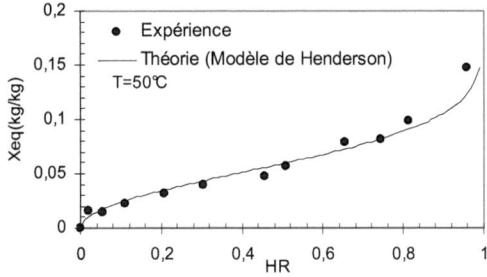

Figure 53 : Isotherme de désorption de l'ébène à T=50°C

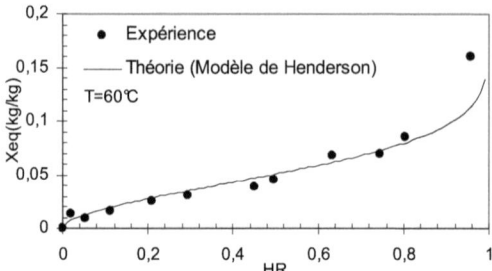

Figure 54 : Isotherme de désorption de l'ébène à T=60°C

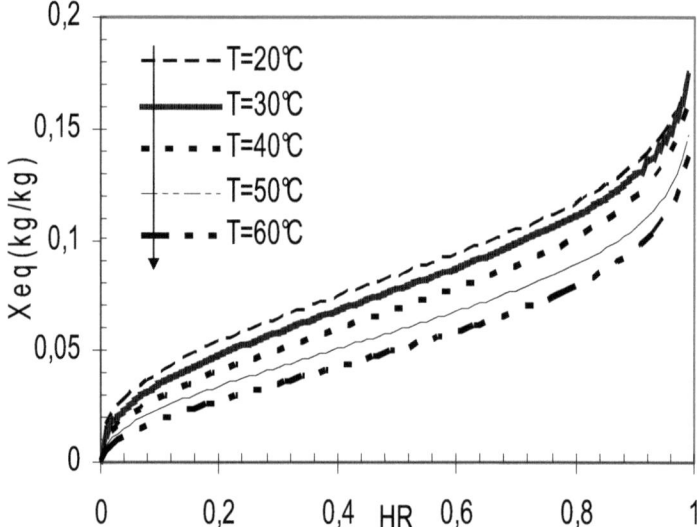

Figure 55 : Isothermes de désorption de l'ébène à plusieurs températures

La figure 56 présente les isothermes comparées des deux essences à la température de 20°C. On constate que, dans une même ambiance, l'ayous contient à l'équilibre plus d'eau que l'ébène. Ceci est la conséquence de la différence dans la répartition des principaux constituants de chaque type de bois (hémicellulose, cellulose, lignine) (Pakowski *et al.* 2007). La teneur en lignine est donc importante et la teneur en hemicellulose faible dans l'ayous que dans l'ébène. A 20°C, on observe un écart entre les isothermes de désorption de nos bois à partir de 0,2HR, c'est-à-dire depuis la saturation des sites de sorption par une monocouche d'eau jusqu'au PSF où intervient la condensation capillaire (Themelin 1998).

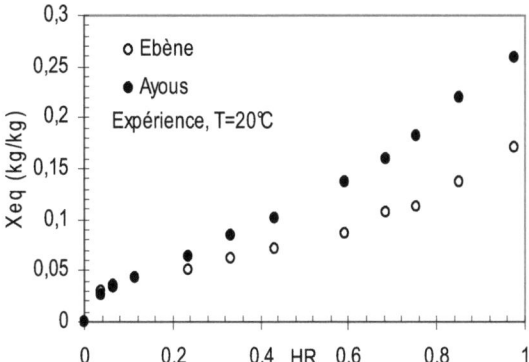

Figure 56 : Isothermes comparées de l'ayous et de l'ébène à T=20°C

III.1.1.2. Modélisation des Isothermes au Point de saturation des Fibres

Le tableau XIII présente les valeurs des différents paramètres du modèle de Luikov relatifs à chaque essence. Les humidités au PSF des essences étudiées sont données par les valeurs du paramètre A.

La figure 57 permet d'illustrer la fidélité du modèle de Luikov dans la détermination des humidités aux points de saturation des fibres. On constate que ces humidités au PSF peuvent être corrélées par les équations III.5 et III.6 respectivement pour l'ébène et pour l'ayous. La figure 58 montre la concordance entre la théorie et l'expérience.

$H_s = 0,1896 - 5,648 \times 10^{-4} T$ (III.5)

$H_s = 0,3161 - 1,327 \times 10^{-3} T$ (III.6)

T étant la température exprimée en degré celsius. Certains auteurs signalent aussi une variation linéaire entre l'humidité au PSF du bois et la température (Hernandez 1991, Johansson *et al.* 1997, Merakeb 2006, Younsi *et al.* 2010). Les résultats obtenus ici montrent que l'essence doit absolument influencer l'évolution de l'humidité au PSF des bois tropicaux.

Tableau XIII : Valeurs des paramètres du modèle de Luikov pour nos essences.

T(°C)	A(ayous)	B(ayous)	$|r|$ (ayous)	A(ébène)	B(ébène)	$|r|$ (ébène)
20	0,2862	2,1222	0,999	0,1739	1,7756	0,995
30	0,2797	2,1790	0,998	0,1763	2,1270	0,993
40	0,2692	2,5305	0,999	0,1727	2,5579	0,995
50	0,2401	2,3567	0,998	0,1570	2,6451	0,988
60	0,2397	3,1561	0,990	0,1553	3,2843	0,921

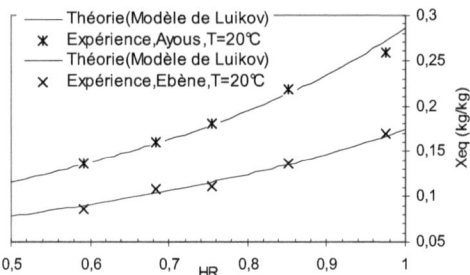

Figure 57 : Courbes permettant de déterminer l'humidité aux PSF à T=20°C

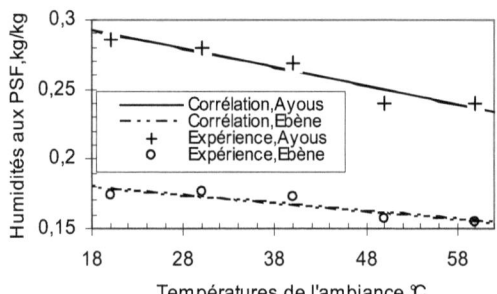

Figure 58 : Variation de l'humidité aux PSF de nos essences en fonction de la température

III.1.1.3. Modélisation des effets Sorret

Après développement, nous avons pour l'ayous et pour l'ébène respectivement les équations III.7 et III.8.

$$\alpha = \frac{-E_b}{B.R.T^2} \frac{1}{\ln(HR)} \qquad (III.7)$$

$$\alpha = \frac{HR.E_b}{R.T^2 A.B.(1-HR)} \left(\frac{-\ln(1-HR)}{A} \right)^{\frac{1-B}{B}} \qquad (III.8)$$

D'après le tableau XIV ci-dessous, on constate que, pour HR=0,8 l'effet est plus important sur l'ayous et diminue lorsque la température croît. L'énergie d'activation du bois est estimée à la relation II.200-b (Siau 1986, Mardini *et al.* 1996).

Les valeurs des coefficients du gradient de températures obtenues varient entre 0,01K^{-1} et 0,0039K^{-1}. Résultat satisfaisant car certains auteurs ont obtenu une variation entre 0,02K^{-1} et 0,006K^{-1}, l'application étant faite sur le bois de Pinus Radiata (Kulasiri et Woodhead 2005). D'autres auteurs ont utilisé la valeur de 0,025K^{-1} sans distinction du bois (Kocaefe *et al.* 2007). Ce coefficient dépend aussi du bois.

Tableau XIV : Estimations du coefficient de l'effet Sorret. Influences de la température et de l'essence.

Températures (K)	$\alpha(K^{-1})$	
	Ayous	Ebène
313,15	0,010	0,005
323,15	0,0087	0,0044
333,15	0,0079	0,00439

III.1.2. Les masses volumiques et retraits des essences étudiées
III.1.2.1. Les masses volumiques

La figure 59 présente les évolutions en fonction de l'humidité des masses volumiques des bois d'ayous et d'ébène à la température de 50°C, la source d'énergie étant électrique. La figure 60 présente les masses volumiques de nos bois en fonction de l'humidité lorsque la source de chaleur est d'origine solaire.

On constate que la source d'énergie n'influence pas les prévisions théoriques et que le bois d'ébène est plus dense que le bois d'ayous. Les deux corrélations ci-dessous permettent d'estimer les masses volumiques des bois d'ayous (équation III.9) et d'ébène (équation III.10).

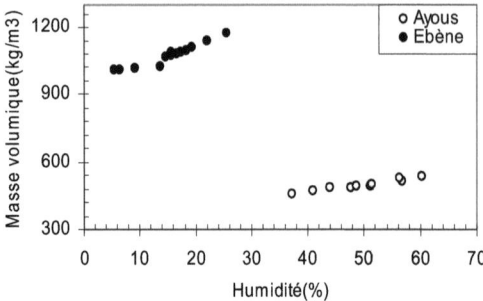

Figure 59 : Masses volumiques des bois d'ayous et d'ébène à T=50°C.

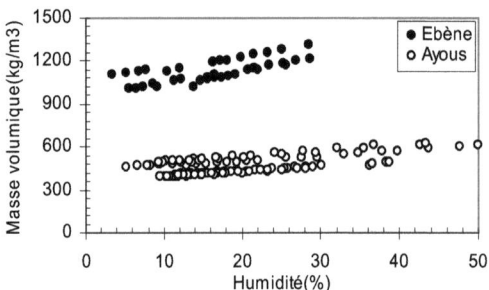

Figure 60 : Masses volumiques des bois d'ayous et d'ébène, séchage solaire.

$\rho_{ayous} = 3{,}1796H + 366{,}2842$ et r=0,983 pour l'ayous ; (III.9)

$\rho_{ébène} = 8{,}4748H + 994{,}1252$ et r=0,743 pour l'ébène. (III.10)

H est l'humidité du bois en pourcent et ρ la masse volumique en kg.m^{-3}.

La température influence plus la masse volumique de l'ébène, au regard de la valeur faible du coefficient de corrélation obtenue sur l'estimation de sa masse volumique. Ce résultat est satisfaisant, le coefficient d'expansion thermique augmentant avec la densité du bois (Simpson et TenWolde 1999). Les équations (III.9) et (III.10) ne sont pas appropriées lorsque la température du bois varie au cours du séchage. Il devient alors important d'inclure l'effet de la température sur l'évolution de la masse volumique. Nous utilisons alors la relation ci-dessous :

$\rho_h(T) = a + bT + cH + dHT$ (III.11)

Nous obtenons les valeurs des paramètres a, b, c et d (tableau XV) à partir de l'utilisation de la méthode des moindres carrés afin de réduire l'écart entre les points théoriques et expérimentaux. On constate que cette corrélation explique les valeurs expérimentales, les incertitudes relatives moyennes étant de 2,4689%

et de 0,8423% respectivement pour l'ébène et l'ayous. Les figures 61 et 62 permettent d'illustrer les influences de la température, de l'humidité et de la fidélité de la corrélation III.11. Les masses volumiques à 12% d'humidité sont comprises entre 404,4394kg/m^3 et 504,9363kg/m^3 pour l'ayous. La fiche du CIRAD (Gérard et al. 1998) les annonce comprises entre 320kg/m^3 et 440kg/m^3 pour les températures voisines de 20°C. Cette non-conformité est due à la non prise en compte de l'influence des températures supérieures à 20°C. Les masses volumiques à 12% d'humidité de l'ébène sont comprises entre 1040,8279kg/m^3 et 1050,0439kg/m^3. Le bois d'ayous est très léger alors que le bois d'ébène est très lourd.

Tableau XV : Estimations des paramètres a, b, c et d des essences étudiées.

Essences	a(kg/m^3)	b(kg/(°C m^3))	c(kg/(%m^3))	d(kg/(°C%m^3))
Ayous (70≤T≤90°C)	343,1883	1,2120	1,7610	0,0292
Ebène (40≤T≤60°C)	775,5415	3,8445	7,7562	0,0384

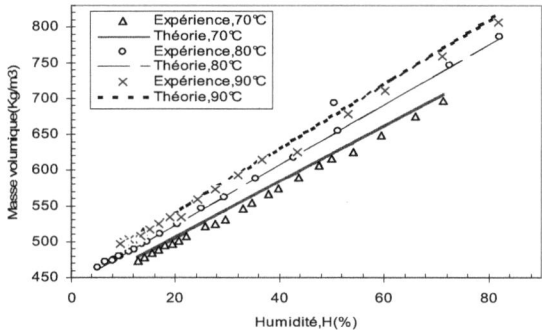

Figure 61 : Masses volumiques de l'ayous en fonction de la température et de l'humidité

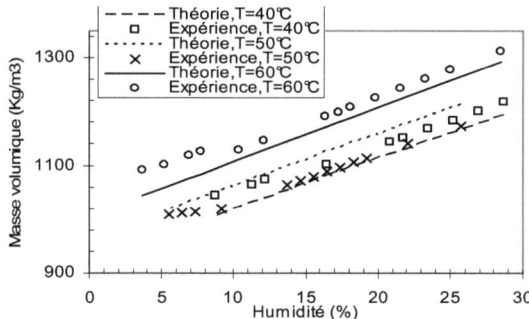

Figure 62 : Masses volumiques de l'ébène en fonction de la température et de l'humidité

III.1.2.2 Les retraits

Les retraits de nos essences sont obtenus à 40°C. Ils sont consignés dans le tableau XVI. On constate que les retraits du bois d'ébène sont globalement supérieurs à ceux du bois d'ayous. Les valeurs estimées différent peu de celles obtenues dans la littérature (Gérard *et al.* 1998). La provenance des échantillons, la précision des appareils et la méthode de détermination peuvent expliquer la différence constatée. L'ayous est plus stable que l'ébène au cours de l'opération de séchage.

Tableau XVI : Estimation des différents retraits de nos bois à 40°C

Essences	H(%)	R_a(%)	R_r(%)	R_t(%)	R_v(%)
Ayous	13,39±0,59	0,410±0,012	2,71±0,03	4,45±0,04	7,71±0,17
Ebène	12,00 ±0,53	0,40±0,08	5,86±0,39	9,58±0,13	14,37±0,01

III.1.3.3 La diffusivité thermique

Les corrélations I.24, I.26, I.28 et III.11 permettent d'obtenir la diffusivité thermique de nos essences. Les diffusivités thermiques estimées sont tracées ci-dessous en fonction de l'humidité où nous avons tenu compte de l'influence des bois d'étude (figure 63) et de la température (figure 64). Nous constatons que la diffusivité thermique de l'ayous est supérieure à celle de l'ébène et décroît lorsque la température croît (Figures 64 et 65). Résultat satisfaisant car Bajil Ouartassi (2009) a obtenu une décroissance linéaire de la diffusivité thermique du bois de hêtre lorsque croît la température. La variation que nous avons déduit est presque linéaire (figure 65). Plus le bois est poreux, plus sa diffusivité thermique est grande car, la diffusivité thermique de l'air est supérieure de celle de l'eau (Ngohe-Ekam *et al.* 2006). La diffusivité thermique de nos bois décroît lorsque l'humidité croît de l'état anhydre à l'humidité au PSF (figure 63 et figure 64). Au-delà de l'humidité au PSF, la diffusivité thermique de nos essences augmente lorsque croît l'humidité. Ceci serait dû aux effets opposés de l'eau, avant et après le Point de saturation des fibres, sur la conductivité thermique et sur la chaleur volumique du bois. Hernandez (1991) a obtenu une décroissance linéaire rapide entre 0 et 12,7% d'humidité dans le cas du bois de chêne à 20°C et une augmentation avec l'humidité au-delà de 12,7% d'humidité avec une diffusivité thermique à l'état anhydre de $1,94 \times 10^{-7} m^2/s$. Ngohe-Ekam (1992) a obtenu une décroissance continue et linéaire de la diffusivité thermique du bois lorsque croît l'humidité avec une influence importante du niveau de débitage de la planche dans le tronc. La variation de la diffusivité thermique de nos essences avec l'humidité obtenue est donc conforme à l'étude faite par J.M.Hernandez. A T=20°C, nous obtenons les diffusivités thermiques de $2,143 \times 10^{-7} m^2/s$ et $1,845 \times 10^{-7} m^2/s$ respectivement pour le bois d'ayous et pour le bois d'ébène, tous deux à l'état anhydre. La diffusivité thermique du bois de chêne à l'état anhydre est faible que celle de l'ayous anhydre et forte que celle de l'ébène anhydre. Résultat satisfaisant, la densité du bois de chêne étant supérieure à celle de l'ayous et inférieure à celle de l'ébène.

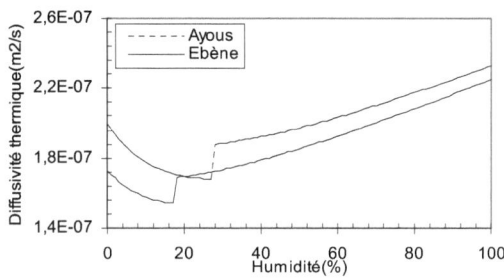

Figure 63 : Influences du bois et de l'humidité sur la diffusivité thermique de nos essences, T=40°C.

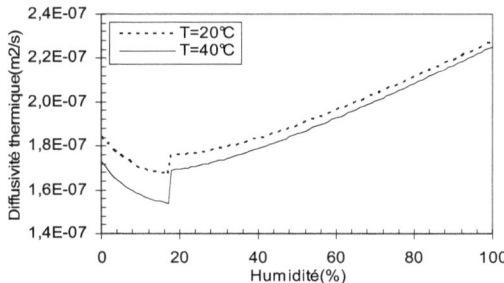

Figure 64 : Influences de la température et de l'humidité sur la diffusivité thermique de l'ébène.

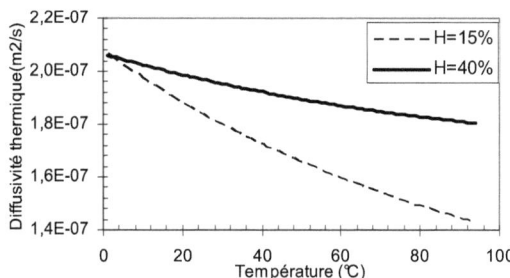

Figure 65 : Variation de la diffusivité thermique de l'ayous avec la température

III.1.3. Cinétique de séchage et coefficient de diffusion
III.1.3.1. Cinétique de séchage

Les cinétiques expérimentales à l'échelle de la planche du séchage thermique sont présentées dans les figures 66 et 67. Nous constatons que l'inhomogénéité de la distribution de l'humidité se fait plus ressentir lorsque le nombre des échantillons est important, la cinétique de séchage de l'ébène se rapprochant de celle attendue théoriquement. Lorsque la température croît, la teneur en eau de chaque essence diminue pour une même durée de séchage, ce qui est conforme à la littérature existante. Pour un même écart de température, la variation de l'humidité du bois d'ayous est globalement plus importante que celle du bois d'ébène.

Les tableaux XVII et XVIII présentent les paramètres du modèle QSM obtenus respectivement sur l'ébène et sur l'ayous. Le paramètre n croît avec la température alors que σ décroît quand croît la température et ceci quelque soit la valeur des teneurs en eau initiales des essences. Il est évident que la teneur en eau initiale influence les différents paramètres du modèle.

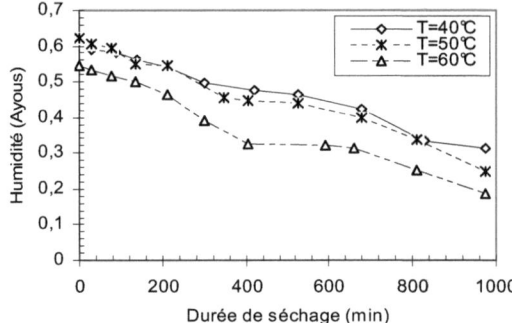

Figure 66 : Cinétique expérimentale de séchage de l'ayous en fonction de la température.

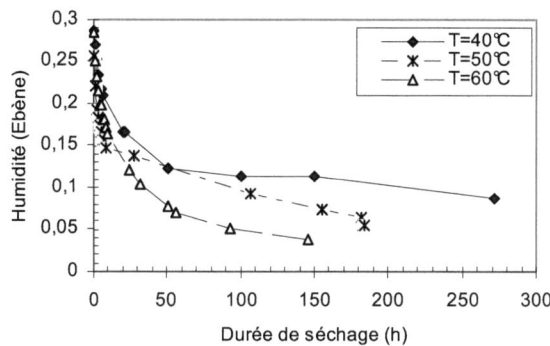

Figure 67 : Cinétique expérimentale de séchage de l'ébène en fonction de la température.

Tableau XVII : Valeurs des paramètres σ et n en fonction de l'ambiance (ébène).

T(°C)	HR(%)	X_{eq}(kg/kg)	X_0(kg/kg)	n	σ(h)	r
40	35	0,05732	0,2869	0,7143	18,6996	0,9874
50	33	0,04353	0,2569	0,7257	8,1052	0,9673
60	30	0,03572	0,2845	1,1574	8,0338	0,9414

Tableau XVIII : Valeurs des paramètres σ et n en fonction de l'ambiance (ayous).

T(°C)	HR(%)	X_{eq}(kg/kg)	X_0(kg/kg)	n	σ(min)	r
40	35	0,0782	0,6144	0,9632	1112,706	0,9617
50	33	0,0675	0,6236	1,1462	784,038	0,9807
60	30	0,0561	0,5456	1,3428	591,180	0,9872

Les figures 68 et 69 estiment les évolutions de ces paramètres en fonction de la teneur en eau initiale de chaque bois pris à T=60°C. On peut trouver une relation linéaire entre ces paramètres et la teneur en eau initiale. Le paramètre σ décroît dans le cas du bois d'ébène et croît dans le cas du bois d'ayous et ceci, lorsque croît l'humidité initiale des bois. Quelque soit les bois, le paramètre n décroît lorsque croît la teneur en eau initiale.

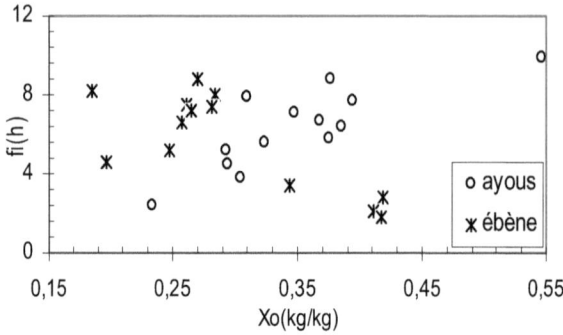

Figure 68 : Variation de σ en fonction de la teneur en eau initiale à T=60°C

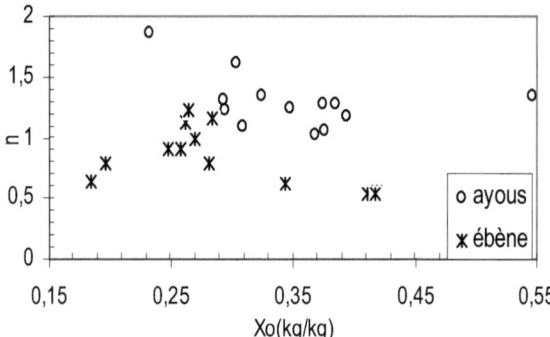

Figure 69 : Variation de n en fonction de la teneur en eau initiale à T=60°C

Les différentes valeurs des coefficients de corrélation traduisent la validation du modèle QSM. Les figures 70 à 72 et les figures 73 à 75 appliquées respectivement à l'ayous et à l'ébène montrent que le modèle QSM explique bien une évolution moyenne de la cinétique de séchage de nos essences.

Le sens de variation du paramètre σ est conforme à la littérature (Kudra et Efremov 2002) et peut être estimé par les corrélations III.12 et III.13 respectivement pour l'ayous et pour l'ébène.

$\sigma(T)=-26,0764T+2133,1240$ et $r=-0,9889$ (en minute) (III.12)

$\sigma(T)=52,61423 \times 10^{-3}T^2-5,7947T+166,3053$ (en heure) (III.13)

T est la température de l'air en °C.

La variation de σ en fonction de la température est linéaire dans le cas de l'ayous. La variation de n en fonction de la température n'est pas constante comme le prévoit la littérature. Ceci serait dû à l'inhomogénéité des essences. On peut estimer les différentes valeurs de n par les corrélations III.14 et III.15

respectivement pour l'ayous et pour l'ébène. n varie linéairement en fonction de la température dans le cas de l'ayous.

n(T)=0,01898T+0,20173 et r=0,9998 (III.14)

n(T)=2,1014x10^{-3}T^2-1,8798x10^{-1}T+4,8715 (III.15)

T est la température de l'air en °C.

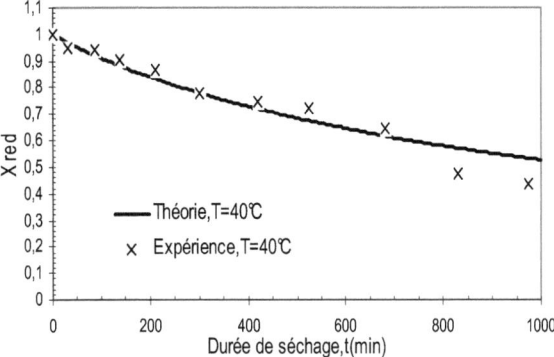

Figure 70 : Variation de la teneur en eau réduite de l'ayous dans le temps, T=40°C.

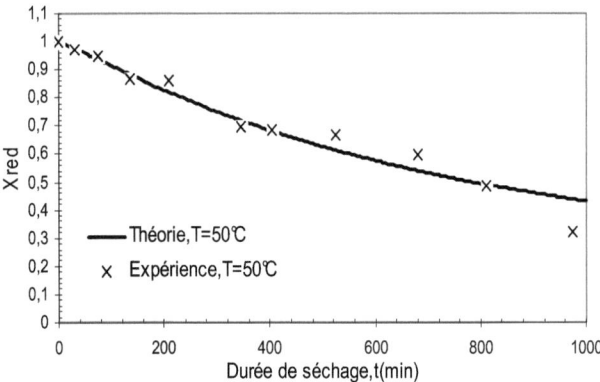

Figure 71 : Variation de la teneur en eau réduite de l'ayous dans le temps, T=50°C.

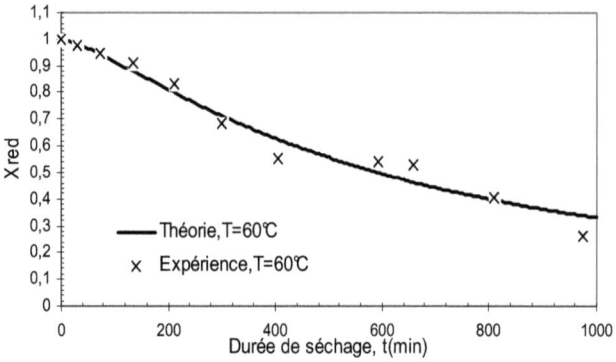

Figure 72 : Variation de la teneur en eau réduite de l'ayous dans le temps, T=60°C.

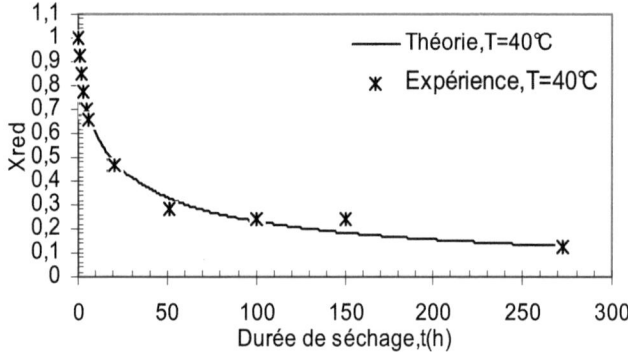

Figure 73 : Variation de la teneur en eau réduite de l'ébène dans le temps, T=40°C.

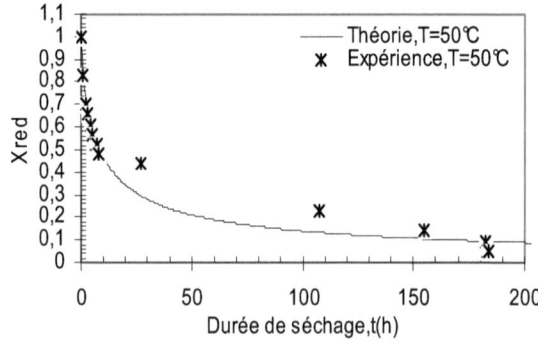

Figure 74 : Variation de la teneur en eau réduite de l'ébène dans le temps, T=50°C.

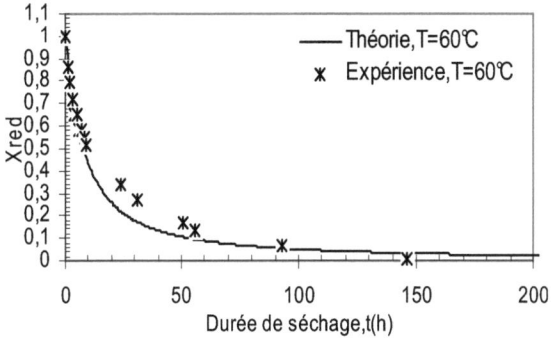

Figure 75 : Variation de la teneur en eau réduite de l'ébène dans le temps, T=60°C.

La figure 76 montre que dans les mêmes conditions de l'ambiance, l'ayous renferme plus d'eau que l'ébène à l'équilibre, bien que les humidités initiales des essences soient différentes.

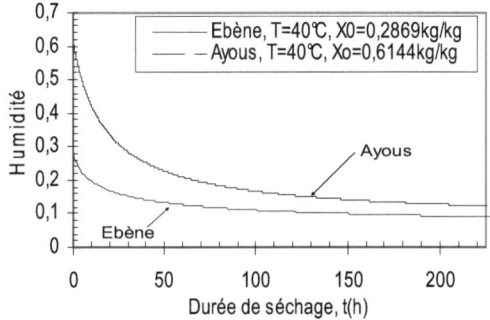

Figure 76 : Cinétique de séchage comparée de l'ayous et de l'ébène, T=40°C

III.1.3.2. Coefficient de diffusion de l'eau dans le bois

Les figures 77 et 78 illustrent les évolutions de la teneur en eau réduite en fonction de la racine carrée de la durée de séchage respectivement dans les cas de l'ayous et de l'ébène. Nous nous sommes intéressés à l'intervalle $0,5 \leq X_{red} \leq 0,8$ pour déterminer les pentes afin d'estimer le coefficient de diffusion. Les résultats comparatifs des coefficients de diffusion moyens sont reportés dans la figure 79 et montrent que l'ayous est largement plus diffusif que l'ébène et que ce coefficient croît avec la température. Le coefficient de diffusion de l'eau dans le bois varie durant le séchage. Il est alors important d'estimer sa valeur à chaque instant afin d'adapter nos résultats au processus de séchage. Les équations III.16 et III.17 ci-dessous permettent d'estimer le coefficient de diffusion de l'eau en fonction de la teneur en eau et de la durée de séchage et sont issues de l'équation II.10-c et du modèle QSM.

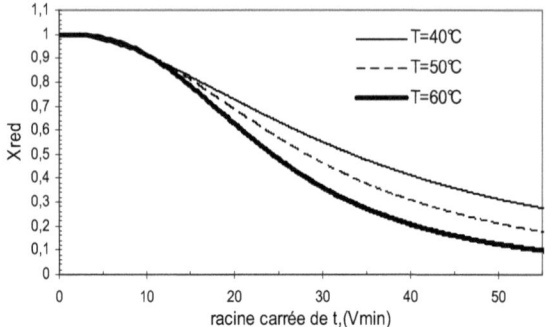

Figure 77 : Evolution de X_{red} en fonction de la racine carrée de la durée de séchage à T=40, 50 et 60°C (cas de l'ayous)

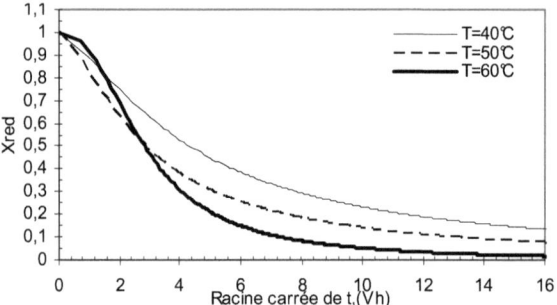

Figure 78 : Evolution de X_{red} en fonction de la racine carrée de la durée de séchage à T=40, 50 et 60°C (cas de l'ébène)

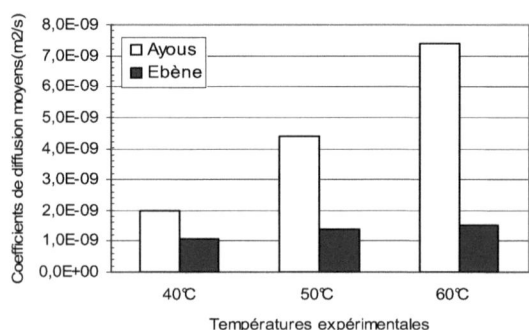

Figure 79 : Valeurs comparées des coefficients de diffusion de l'eau dans l'ayous et l'ébène en fonction de la température.

$$D(X) = \frac{e^2 \pi}{16\sigma}\left(\frac{X_o - X}{X_o - X_{eq}}\right)^{2-\frac{1}{n}}\left(\frac{X - X_{eq}}{X_o - X_{eq}}\right)^{\frac{1}{n}} \tag{III.16}$$

$$D(t) = \frac{e^2 \pi}{16\, t} \frac{1}{\left(1 + \left(\frac{\sigma}{t}\right)^n\right)^2} \tag{III.17}$$

Quelques études expérimentales sont diffusées dans la littérature afin de justifier la variation du coefficient de diffusion de l'eau dans le bois avec le temps et la teneur en eau. On peut citer le travail de J.Y.Liu et W.T.Simpson effectué sur le bois de Quercus rubra (Liu et Simpson 1999).

Les corrélations qui estiment le coefficient de diffusion en fonction de l'humidité du bois ou du temps sont moins diffusées dans la littérature. Youngman *et al.* (1999) ont proposé la relation III.18, où le carré du coefficient de corrélation est estimé à 0,499.

$$D(10^{-9}) = 1{,}89 + 0{,}127 T - 0{,}00213 \rho \tag{III.18}$$

T et ρ désignent respectivement la température sèche et la masse volumique de l'essence. D est le coefficient de diffusion de l'eau liée en m^2/s. Il ressort que le coefficient de diffusion de l'eau croît avec la température et décroît avec la masse volumique. Ils ont négligé l'influence de l'épaisseur en effectuant des essais sur un grand nombre d'échantillons d'épaisseurs variables. Notons que le coefficient de diffusion de l'eau dans le bois varie fortement en fonction de l'épaisseur. C'est sans doute la raison pour laquelle le coefficient de corrélation trouvé par ces auteurs est faible.

J.F.Siau a résolu un problème de séchage unidimensionnel avec trois variables d'états (température, pression et humidité). La méthode du volume de contrôle avait été appliquée pour résoudre les équations différentielles partielles et non linéaires obtenues. Au terme de ce travail, il a abouti à l'équation III.19 ci-dessous (Perré 1993, Younsi *et al.*2010):

$$D = \exp\left(-9{,}9 + 9{,}8.X_b - \frac{4300}{T}\right) \tag{III.19}$$

Avec T la température en kelvin et X_b la teneur en eau liée du bois en décimale. Cette équation ne laisse pas paraître la variation du coefficient de diffusion avec la durée de séchage et le type de bois.

Crank (Anderberg et Wadsö) a proposé la relation III.20 ci-dessous :

$$D = \frac{L^2 \pi}{16t}\left(\frac{\Delta m}{m_\infty}\right)^2 \qquad (\text{III.20})$$

Où L(m) est l'épaisseur de l'échantillon, $\Delta m(g)$ et $m_\infty(g)$ désignant respectivement les masses à l'instant t(s) et à l'équilibre. C'est avec satisfaction qu'on constate un fort rapprochement entre les équations III.17 et III.20. Le coefficient de diffusion de l'eau décroît avec le temps.

La figure 80 montre que, au début du séchage (avant une durée de 5,5h de séchage à 50°C et 2h pour un séchage à 40 et 60°C), le coefficient de diffusion de l'eau dans l'ayous est faible que celui dans l'ébène. Ce qui est contraire aux prévisions de la littérature et aux résultats présentés dans la figure 79. Ce résultat est sans doute lié à la non uniformité de l'humidité des bois à l'instant initial et le non respect des conditions aux limites, car ce n'est qu'après un certain temps que la surface du bois atteint le PSF. Au début du séchage, l'eau libre est extraite en majorité, le coefficient de diffusion n'étant donc pas exclusivement celui de l'eau liée. Il est donc nécessaire d'utiliser les valeurs du coefficient de diffusion obtenues expérimentalement (figure 79) avant les instants de séchage ci-dessus mentionnés en fonction de l'espèce. Ensuite, ce coefficient est plus important dans l'ayous, bois le moins dense, que dans l'ébène, bois le plus dense. Ce comportement est respecté lorsqu'on se trouve dans le domaine hygroscopique et est aussi vérifié par l'équation III.18.

Lorsque la température croît ou lorsque le séchage se poursuit, les coefficients de diffusion de nos bois se rapprochent, ce qui explique la faible variation du coefficient de diffusion de l'eau liée dans le bois, ceci avec le temps et avec la température (Mukam et Wanko 2004). C'est la raison pour laquelle, dans la simulation numérique du séchage du bois dans le domaine hygroscopique, plusieurs auteurs estiment ce coefficient à des valeurs moyennes (Agoua *et al.* 2001, Batista *et al.* 2006, Trujillo *et al.* 2004).

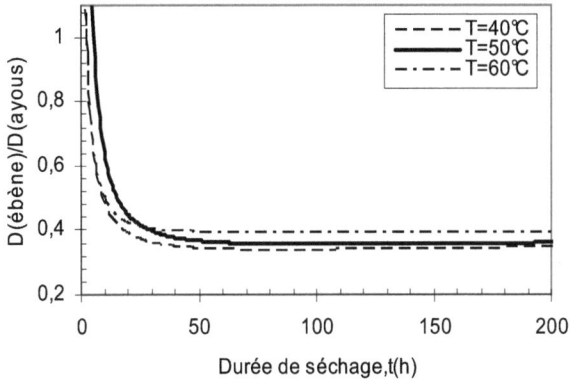

Figure 80 : Variations comparées des coefficients de diffusion de l'eau dans nos essences d'étude dans le temps et avec la température pour une même épaisseur de diffusion.

La figure 81 présente l'évolution du coefficient de diffusion de l'eau dans le bois d'ébène en fonction de l'humidité à des températures variables. On constate que l'humidité initiale du bois influence fortement ce coefficient au début du séchage, la disposition des courbes étant différente de celle attendue théoriquement. La croissance de ce coefficient cesse plus vite lorsque la température de séchage est faible, figure 82. Ceci s'explique par le fait que l'humidité du bois au PSF augmente lorsque la température de l'ambiance diminue. On constate ensuite une décroissance du coefficient de diffusion de l'eau dans le bois, ce dernier étant plus important lorsque la température croît, Figures 81 et 82. Cette dernière évolution est obtenue expérimentalement par Nadeau et Puiggali (1995) et numériquement par Liu et Simpson (1999), figure 83.

La figure 82 présente l'évolution du coefficient de diffusion de l'eau dans le bois d'ébène en fonction de la durée de séchage et de la température. C'est avec satisfaction de constater que le profil obtenu est partagé par quelques auteurs (Nadeau et Puiggali 1995). Ces derniers ont travaillé sur 20 planches de pin maritime de 1m de long, 0,1m de large et de 27mm d'épaisseur. Le bois ayant une température initiale de 21°C et l'air de séchage une température de 41°C pour une humidité relative de 60%. A 40°C, la mise en température de l'ébène dure environ 5,5h avec absence de la phase isenthalpe. Les valeurs du coefficient de diffusion obtenues sont faibles, comparées à celles du pin maritime, la densité du pin maritime étant très inférieure à la densité de l'ébène.

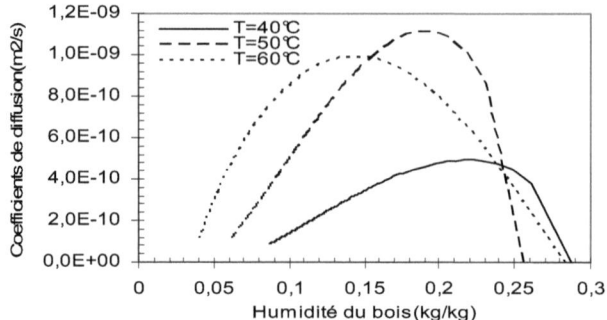

Figure 81 : Coefficients de diffusion de l'eau dans le bois d'ébène en fonction de l'humidité. Influences de la température de l'air et de l'humidité initiale du bois

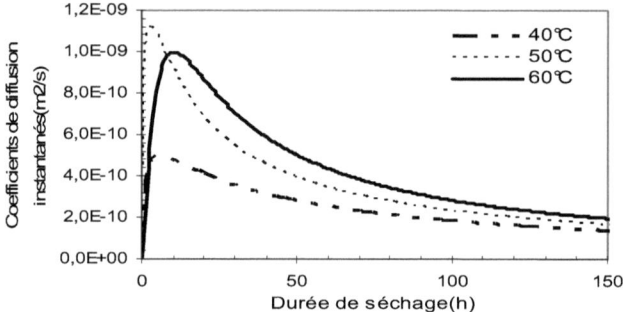

Figure 82 : Coefficients de diffusion de l'eau dans le bois d'ébène en fonction de la durée de séchage. Influences de la température de l'air et de l'humidité initiale du bois.

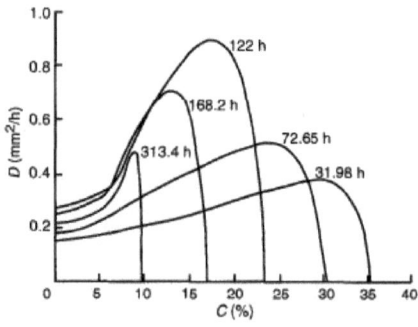

Figure 83 : Variation du coefficient de diffusion de l'eau liée avec la durée de séchage et la teneur en eau d'un bois de Quercus rubra (Liu et Simpson 1999).

L'humidité initiale influence fortement la distribution du coefficient de diffusion et la vitesse de séchage du bois en début de séchage et ces deux derniers tendent à s'annuler lorsque le bois atteint l'équilibre, figures 81, 84, 85 et 87.

La figure 86 montre que, pour une même teneur en eau initiale et pour une même humidité relative de l'air de séchage, la non uniformité de la température de séchage influence plus la vitesse de séchage au début de l'opération de séchage et tend à s'uniformiser lorsque le séchage se poursuit. Les figures 87 et 88 montrent les influences respectivement de la teneur en eau initiale du bois et de l'humidité relative de l'air sur la vitesse de séchage du bois. On constate que celles-ci ont une influence sur le processus de séchage du bois, bien que l'influence de l'humidité relative de l'air soit légère que celle de la teneur en eau initiale.

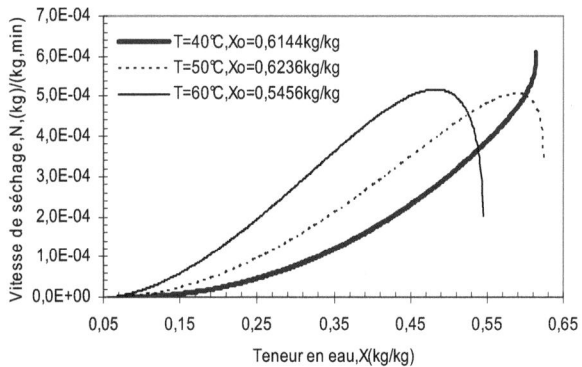

Figure 84 : Vitesse de séchage en fonction de la teneur en eau du bois. Influences de la température de l'air et de l'humidité initiale du bois (ayous)

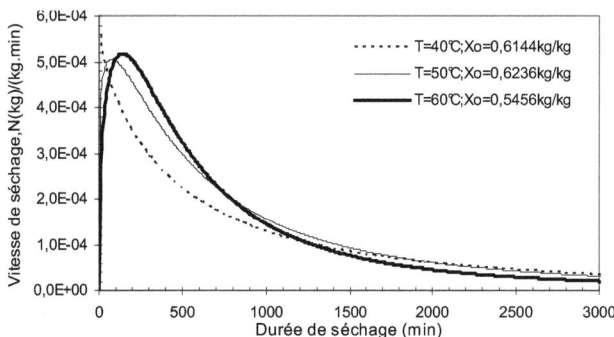

Figure 85 : Vitesse de séchage en fonction de la durée de séchage. Influences de la température de l'air et de l'humidité initiale du bois (ayous)

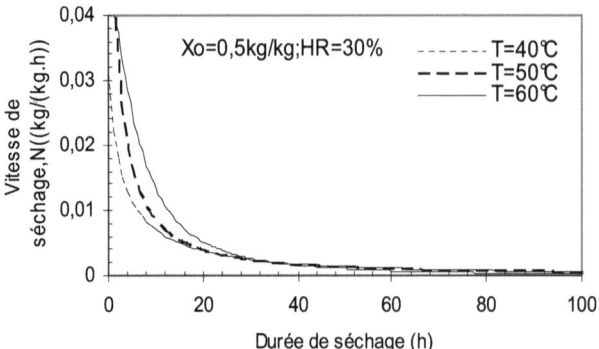

Figure 86 : Vitesse de séchage en fonction de la durée de séchage. Influence de la température de l'air (ébène)

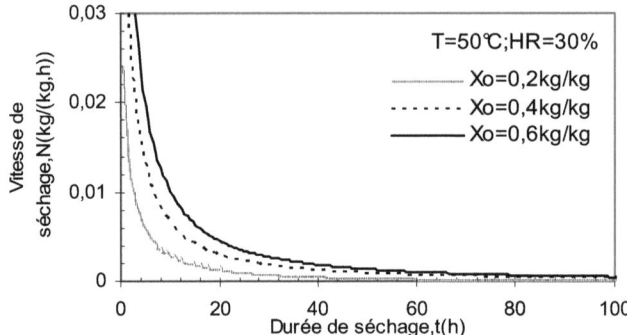

Figure 87 : Vitesse de séchage en fonction de la durée de séchage. Influence de l'humidité initiale du bois (ébène)

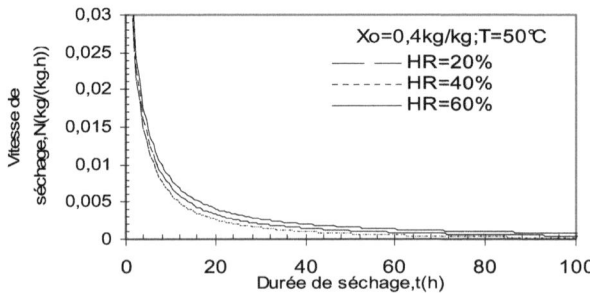

Figure 88 : Vitesse de séchage en fonction de la durée de séchage. Influence de l'humidité relative de l'air (ébène)

III.2. Présentation et analyse des résultats de la simulation numérique à l'échelle de la planche

Pour mieux modéliser le séchage à l'échelle du séchoir, la maîtrise du séchage à l'échelle inférieure est une nécessité, car elle nous permet de mettre en exergue les mécanismes élémentaires dont la conséquence est la réponse que nous avons en industrie. Dans ce paragraphe, nous présentons les résultats des simulations numériques et expérimentales du séchage thermique et solaire à l'échelle de la planche.

III.2.1. Cas du séchage conventionnel

Nous allons distinguer deux types de conduite : la conduite où les caractéristiques de l'air restent constantes tout le long du séchage et la conduite où ces caractéristiques sont modifiées. Cette dernière conduite est celle qui est très utilisée en entreprise pour les raisons que nous verrons ci-après.

III.2.1.1. Cas des conditions constantes de l'air

Les figures 89 à 91 et 92 à 94 présentent les cinétiques de séchage respectivement de l'ébène et de l'ayous aux températures de 40, 50 et 60°C. On constate une concordance satisfaisante entre les mesures expérimentales et les résultats numériques. Les écarts moyens entre les résultats expérimentaux et numériques sont de ±1,15%, ±1,39% et ±1,13% respectivement à 40°C, 50°C et 60°C pour l'ébène, et ±1,7%, ±1,44% et ±1,61% respectivement à 40°C, 50°C et 60°C dans le cas de l'ayous, ce qui permet de valider notre modèle. Les coefficients de transfert de la matière obtenus correspondent à une vitesse de circulation de l'air faible (Hernandez 1991), caractéristique de notre étuve. Nous avons utilisé les résultats du coefficient de diffusion déterminés expérimentalement, où les valeurs moyennes sont utilisées dans le domaine non hygroscopique et la corrélation III.16 dans le domaine hygroscopique. La température augmente en général durant les deux premières heures de séchage pour varier au voisinage de la température de l'air de séchage. Observation satisfaisante car, l'effet Sorret est annulé dès le début du séchage facilitant ainsi le processus de désorption (Monkam 2006). Cette augmentation est si rapide qu'elle est difficilement observable sur nos courbes.

L'étude expérimentale faite sur les coefficients d'échange de chaleur et de masse par Nabhani *et al.*(2003) montre que ces coefficients augmentent avec la température et la teneur en eau et sont constants lorsque la teneur en eau est forte (au delà de 100%). Nous avons supposé le coefficient de transfert de la chaleur constant, car dans l'intervalle de température d'étude, la variation de ce coefficient est faible et égal en moyenne à la valeur choisie (h_t=11,2W/(m^{2}K)) (Bonoma et Migue 2005, Monkam 2006, Nabhani *et al.* 2003). Les coefficients d'échange de masse de nos essences augmentent avec la température. Pour les mêmes températures, ceux de l'ayous sont plus importants.

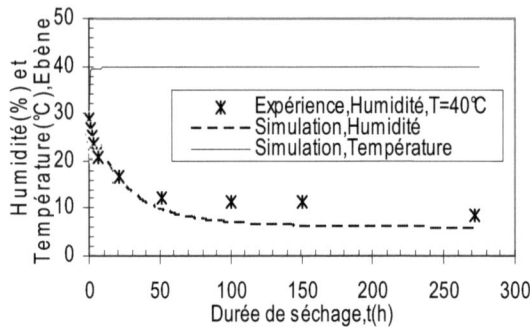

Figure 89 : Cinétique de séchage de l'ébène. Température de l'air=40°C ; $X_{éq}$=0,05732kg/kg ; X_o=0,2869kg/kg ; h_m=5,6x10^{-8}m/s ; h_c=11,2W/(m^{2}K); épaisseur=18mm ; HR=35% ; α =0,0055K^{-1}

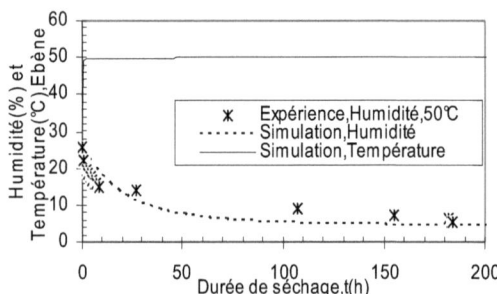

Figure 90 : Cinétique de séchage de l'ébène. Température de l'air=50°C ; $X_{éq}$=0,04353kg/kg ; X_o=0,2568kg/kg ; h_m=6x10^{-8} m/s; h_c=11,2W/(m^{2}K); épaisseur=18mm ; HR=33% ; α =0,005 K^{-1}

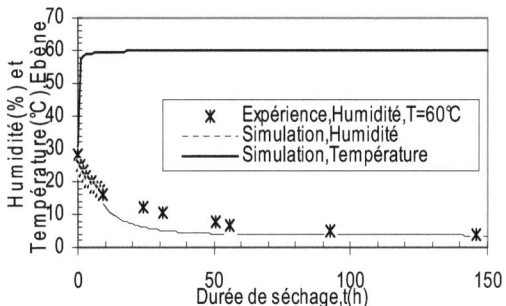

Figure 91 : Cinétique de séchage de l'ébène. Température de l'air=60°C ; X_{eq}=0,03572kg/kg ; X_o=0,2845kg/kg ; h_m=2,5x10^{-7}m/s ; h_c=11,2W/(m^{2}K), épaisseur=18mm ; HR=30% ; α =0,0045K^{-1}

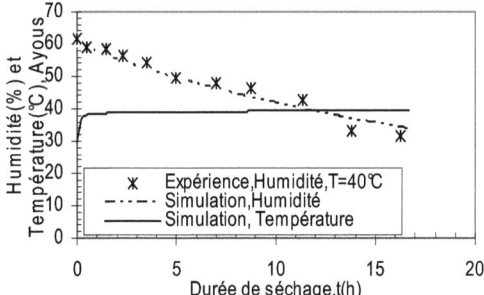

Figure 92 : Cinétique de séchage de l'ayous. Température de l'air=40°C ; $X_{éq}$=0,0782kg/kg ; X_o=0,6144kg/kg; h_m=2,6x10^{-7}m/s ; h_c=11,2W/(m^{2}K), épaisseur=39mm ; HR=35% ; α =0,0055K^{-1}

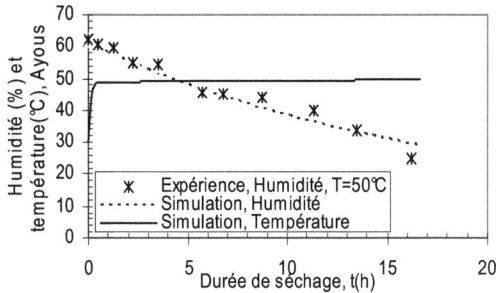

Figure 93 : Cinétique de séchage de l'ayous. Température de l'air=50°C ; $X_{éq}$=0,0675kg/kg ; X_o=0,6236kg/kg ; h_m=2,7x10^{-7}m/s ; h_c=11,2W/(m^{2}K),; épaisseur=39mm ; HR=33% ; α =0,005K^{-1}

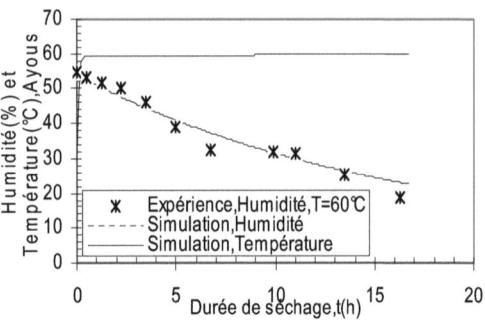

Figure 94 : Cinétique de séchage de l'ayous. Température de l'air=60°C ; $X_{éq}$=0,0531kg/kg ; X_o=0,5456kg/kg ; h_m=2,75x10^{-7}m/s ; h_c=11,2W/(m^{2}K), épaisseur=39mm ; HR=30% ; α =0,0045K^{-1}

Quelques études présentes dans la littérature (Passos et Mujumdar 2005) montrent une légère influence du corps à sécher sur le coefficient de transfert. Preuve qu'il devrait exister une différence sur ces coefficients lorsque les essences à sécher sont distinctes bien qu'étant maintenues les mêmes caractéristiques de l'air de séchage. L'évaporation surfacique de l'eau est donc plus marquée sur le bois d'ayous. Les coefficients des gradients de température baissent lorsque croît la température. L'augmentation du gradient de température baisse donc l'extraction de l'eau du bois. Résultat satisfaisant car, la littérature (Kulasiri et Woodhead 2005) montre que, à partir du modèle de Luikov, l'augmentation du gradient de température favorise l'augmentation de la durée de mise en température du bois et une humidification du bois est alors observée permettant d'accroître la durée de séchage. Cette même étude, appliquée au Pinus radiata montre que le coefficient du gradient de température varie de 6,0x10^{-3}°C^{-1} à 2,0x10^{-2}°C^{-1} lorsque le coefficient de diffusion varie de 2,78x10^{-10}m^2/s à 1,72x10^{-9}m^2/s pour les mêmes températures. Notre étude montre que les coefficients du gradient de températures de nos essences lors de l'opération de séchage qui a donné les résultats expérimentaux varient de 4,5x10^{-3}K^{-1} à 5,5x10^{-3}K^{-1}. Il faut dire que, d'après les expressions littérales de ce coefficient données dans la littérature (Horacek 2003, Kulasiri et Woodhead 2005), ce dernier est fonction de la température de séchage, de la pente de l'isotherme de sorption et de l'énergie d'activation du bois et est toujours inférieur à 1K^{-1}. A l'échelle de la pile, l'expression du coefficient du gradient de température sera fonction des paramètres ci-dessus cités.

Les figures 95 et 96 présentent les influences de la température sur le séchage respectif de l'ébène et de l'ayous. On constate que l'augmentation de la température de séchage permet d'obtenir des niveaux bas d'humidité, quelle que soit l'humidité initiale des échantillons.

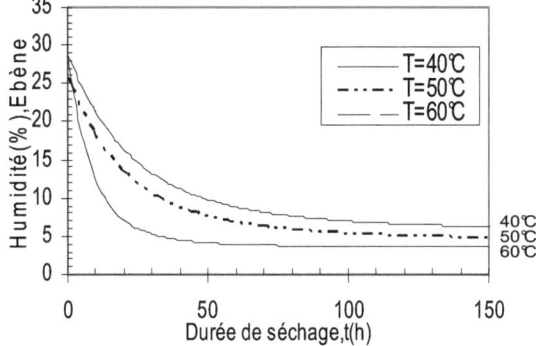

Figure 95 : Effet de la température sur le séchage de l'ébène.

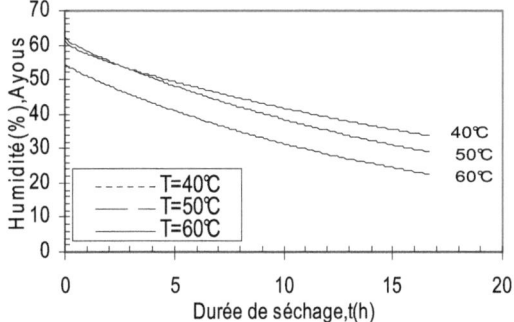

Figure 96 : Effet de la température sur le séchage d'ayous.

Les figures 97 et 98 présentent les distributions de l'humidité en fonction de la durée de séchage et de la distance entre les couches et le plan médian respectivement dans l'ayous et dans l'ébène. On constate que durant les mêmes instants de séchage, l'ayous sèche vite en surface qu'en profondeur par rapport à l'ébène.

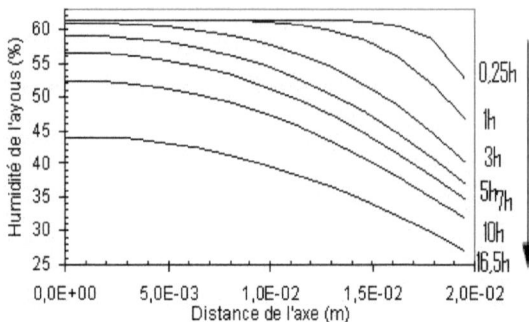

Figure 97 : Distribution de l'humidité dans l'ayous en fonction de la distance entre les couches et le plan médian et la durée de séchage à T=40°C. Epaisseur=39mm

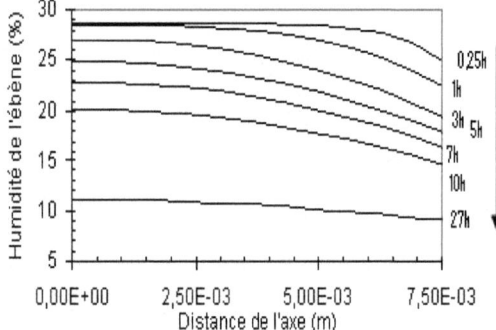

Figure 98 : Distribution de l'humidité dans l'ébène en fonction de la distance entre les couches et le plan médian et la durée de séchage à T=40°C. Epaisseur=18mm

La figure 99 présente les évolutions comparées de l'humidité dans les bois pour une même humidité initiale de 35%, une température de séchage de 40°C et une épaisseur de 12mm. Nous constatons que l'eau libre est vite extraite du bois d'ayous que du bois d'ébène. Lorsqu'on tend vers le point de saturation de fibres, l'écart entre les évolutions de l'humidité des bois, qui au début du processus de séchage augmente, diminue progressivement. Ce qui montre que, lorsque le bois d'ayous tend à s'équilibrer avec l'ambiance, le bois d'ébène continue à sécher. Vers la fin du séchage, la courbe de séchage de l'ayous se trouve au dessus de celle de l'ébène. A l'équilibre, l'ayous contient plus d'eau que l'ébène, information déjà présentée dans les isothermes de désorption.

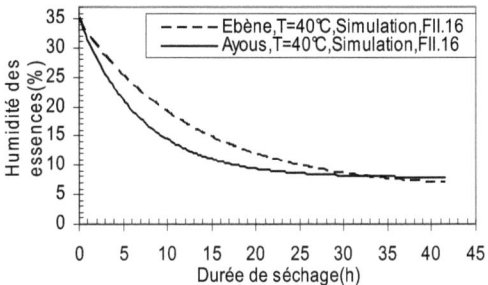

Figure 99 : Cinétique de séchage comparées de l'ayous et de l'ébène, X_o=0,35kg/kg ; T= 40°C ; épaisseur=12mm.

Les figures 100 et 101 illustrent les vitesses de séchage comparées de l'ayous et de l'ébène respectivement en fonction de l'humidité des bois et de la durée de séchage, la température de l'air de séchage étant de 40°C, l'humidité initiale des bois de 35% et l'épaisseur de 12mm. On constate que la vitesse d'extraction de l'eau libre est plus importante dans l'ayous que dans l'ébène, le contraire est vérifié dans le cas des vitesses d'extraction de l'eau liée. Le bois d'ayous sèche plus vite que le bois d'ébène, car la vitesse de séchage de l'ayous s'annule avant celle de l'ébène. On remarque que la phase de séchage à vitesse constante est absente, preuve que la vitesse d'extraction de l'eau de l'intérieur du bois à la surface n'est pas égale à celle d'évaporation de l'eau en surface. Comportement prévisible, ayant négligé la proportion d'eau libre devant celle d'eau liée dans nos hypothèses.

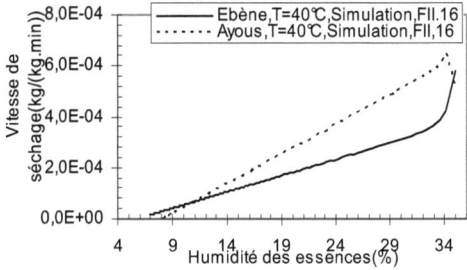

Figure 100 : Vitesses de séchage comparées de l'ayous et de l'ébène en fonction de l'humidité des bois. Epaisseur=12mm, X_o=0,35kg/kg ; température=40°C

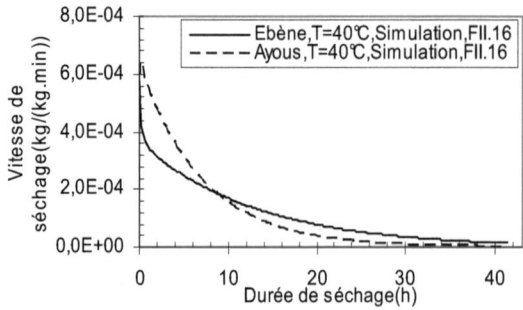

Figure 101 : Vitesses de séchage comparées de l'ayous et de l'ébène en fonction de la durée de séchage des bois. Epaisseur=12mm, X_0=0,35kg/kg ; température=40°C

Les figures 102 et 103 présentent les évolutions des cinétiques de séchage respectivement de l'ayous et de l'ébène lorsque le gradient de température est supérieur au gradient d'humidité ($\alpha > 1K^{-1}$). Ce cas de figure dans la pratique facilite l'atteinte du domaine hygroscopique des couches superficielles avant que la chaleur n'atteigne le centre du bois, entraînant alors au phénomène de gauchissement. C'est avec satisfaction que nous constatons que notre modèle manifeste ce comportement négatif par une instabilité. La figure 103 montre que cette instabilité est accentuée en surface que dans l'ensemble du bois.

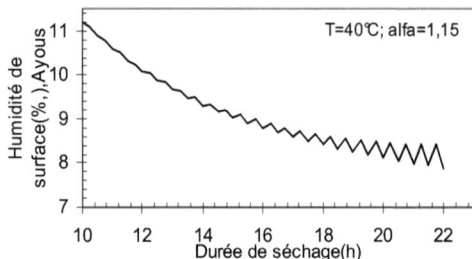

Figure 102 : Cinétique de séchage de l'ayous pour un gradient de température supérieur à celui d'humidité. Epaisseur=12mm, X_0=0,35kg/kg ; température=40°C

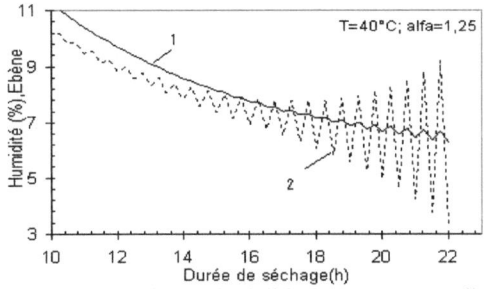

Figure 103 : Cinétique de séchage de l'ébène pour un gradient de température supérieur à celui d'humidité. Epaisseur=12mm, X_o=0,35kg/kg ; température=40°C ; (1) moyen ; (2) surface

III.2.1.2. Cas des conditions variables de l'air

Les tables de séchage sont établies afin de réduire la durée de séchage tout en assurant la qualité du produit. Dans ce qui suit, nous simulons le séchage de nos essences en suivant les tables proposées dans la littérature. Nous nous sommes servis, des tables proposées par le Centre Technique du Bois et de l'Ameublement (CTBA) (Aléon *et al.* 1990) et rappelées ci-dessous (tableaux XIX et XX). Le CTBA n'ayant pas proposé de table pour l'ébène, nous avons utilisé la table de séchage de l'azobé, les deux essences étant très lourds.

Nous avons ajusté les équilibres hygroscopiques et les gradients de séchage de nos essences afin de tenir compte de la spécificité de nos planches. Les coefficients de diffusion de l'eau dans le bois obtenus expérimentalement et reportés dans le tableau 10 ont été utilisés dans les tranches de température correspondantes.

Tableau XIX : Table de séchage adaptée de l'ayous. ()-Valeurs de la Table de séchage ajustées- Valeurs de la table de séchage proposées par Aléon *et al.* (1990)

Humidité du bois H(%)	Températures		Humidité relative de l'air HR (%)	Equilibre hygroscopique du bois EH(%)	Gradient de séchage G
	Sèche (°C)	Humide (°C)			
Vert	70	66,5	85	15-(13,9)	
35	70	66	83	14-(13,3)	2,63
32	70	65	80	13-(12,5)	2,56
30	70	62,5	70	10-(10,3)	3-(2,91)
28	75	66	65	9-(9)	3,1-(3,11)
25	75	64	60	8-(8,3)	3,1-(3,01)
20	75	59	47	6-(6,53)	3,3-(3,06)
15	80	58	35	4,3-(4,7)	3,5-(3,19)

Tableau XX : Table de séchage adaptée de l'ébène. ()-Valeurs de la Table de séchage ajustées- Valeurs de la table de séchage proposées par Aléon *et al.* (1990)

Humidité du bois H(%)	Températures		Humidité relative de l'air HR (%)	Equilibre hygroscopique du bois EH(%)	Gradient de séchage G
	Sèche (°C)	Humide (°C)			
Vert	30	27,5	82	17-(11,6)	
35	30	27	80	16-(11,3)	3,1
30	40	36,5	80	15-(10,4)	2-(2,88)
28	45	41	77	14-(9,2)	2-(3,04)
25	50	44	70	11,5-(7,5)	2,2-(3,33)
22	55	48	67	11-(6,6)	2,2-(3,33)
20	60	50	57	8,5-(5,7)	2,4-(3,51)
18	60	47,5	50	7,5-(5,1)	2,4-(3,53)
15	65	49	42	6-(5)	2,5-(3)

L'utilisation d'une table de séchage conditionne fortement le séchage et nous avons tenu rappeler sa lecture :

Soit à sécher une planche de bois d'ayous prise à 40% d'humidité, soit à l'état vert. Nous devons alors maintenir l'ambiance séchant à 85% d'humidité relative, condition obtenue lorsque le thermomètre sec indique 70°C et le thermomètre humide 66,5°C. Le bois va ainsi se mettre à sécher. Dès que le bois atteint une humidité de 35%, on fixe l'humidité relative de l'air à 83%, soit la température sèche à 70°C et la température humide à 66°C. On suit ainsi la table jusqu'à l'obtention de l'humidité désirée. Il peut arriver de constater l'apparition des fentes sur nos planches, malgré le suivi de la table. Il est alors conseillé d'augmenter légèrement la valeur de l'humidité relative de l'air par rapport à celle prévue par la table.

Les figures 104 et 105 ci-dessous présentent les cinétiques de séchage respectives de l'ébène et de l'ayous pour une teneur en eau initiale de 35% et une épaisseur de 12mm. Nous constatons que les durées d'extraction de l'eau libre sont réduites d'environ 5h, comparées au séchage doux (T=40°C) à conditions constantes.

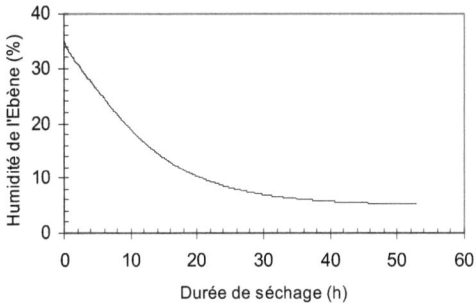

Figure 104 : Cinétique de séchage de l'ébène, X_o=0,35kg/kg ; Table de séchage de l'ébène ; épaisseur=12mm.

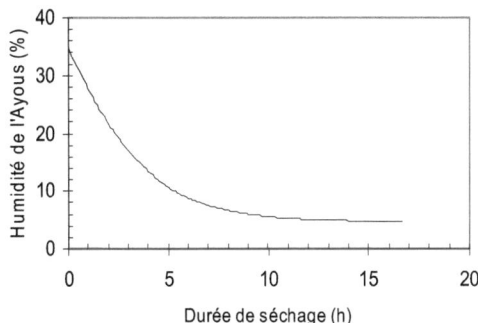

Figure 105 : Cinétique de séchage de l'ayous, X_o=0,35kg/kg ; Table de séchage de l'ayous ; épaisseur=12mm.

Les figures 106 et 107 présentent les vitesses de séchage de nos essences. On constate une évolution pas régulière de la vitesse causée par la non constante de l'ambiance qui est très marquée en début de séchage. Chaque pic correspond à une variation rapide de la température de l'air de séchage. Cette évolution est rencontrée en entreprise et obtenue lors de plusieurs simulations numériques (Perré 1993). La durée de séchage de l'ébène est sensiblement identique à celle obtenue en environnement constant et doux, sauf qu'ici, la qualité du produit est obtenue. La durée de séchage de l'ayous a réduit considérablement, étant passé d'environ 40h en environnement constant à 15h en environnement variable. La figure 108 montre que la vitesse de séchage de l'ayous est toujours supérieure à celle de l'ébène pour les mêmes humidités. En suivant les tables de séchage, les vitesses de séchage de nos essences sont plus importantes que celles obtenues en environnement constant et doux.

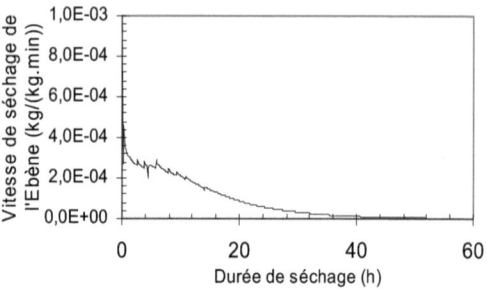

Figure 106 : Vitesse de séchage de l'ébène, $X_o=0,35$ kg/kg ; Table de séchage de l'ébène ; épaisseur=12mm.

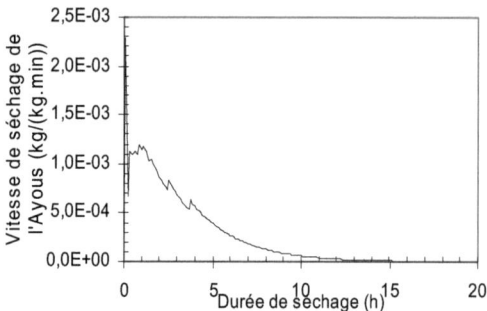

Figure 107 : Vitesse de séchage de l'ayous, $X_o=0,35$ kg/kg ; Table de séchage de l'ayous ; épaisseur=12mm.

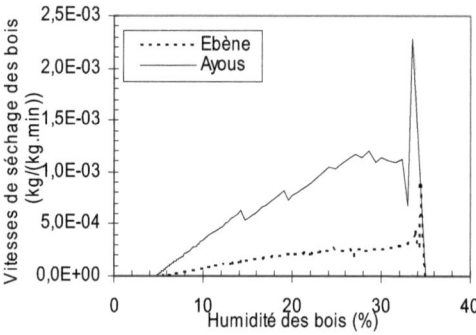

Figure 108 : Vitesse de séchage comparées de l'ébène et de l'ayous, $X_o=0,35$ kg/kg ; Suivi des tables de séchage; épaisseur=12mm.

Les figures 109 et 110 présentent les évolutions des températures respectives du bois d'ébène et du bois d'ayous durant le séchage. Cette évolution en ''escalier'', lorsque les conditions de l'air sont variables au cours du séchage est aussi signalée dans la littérature (Monkam 2006, Perré 1999). La légère baisse de la température de l'ébène illustre le fait qu'en début de séchage, les caractéristiques du bois d'ébène et de l'ambiance sont presque identiques. Nous constatons que le bois d'ébène est plus sensible à une variation de température de l'ambiance que l'ayous. Ceci a déjà été noté au paragraphe III.1 dans l'étude de l'influence de la température sur la masse volumique de nos bois.

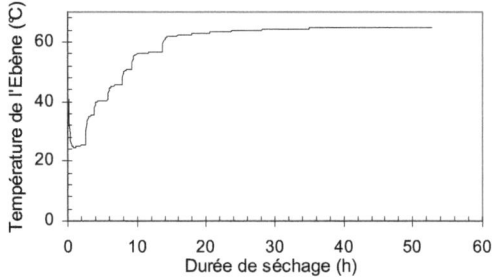

Figure 109 : Evolution de la température de l'ébène. $X_o=0,35$ kg/kg ; Suivi de la table de séchage de l'ébène; épaisseur=12mm.

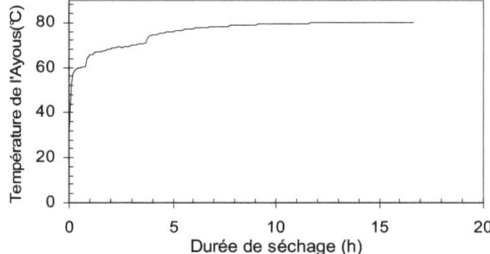

Figure 110 : Evolution de la température de l'ayous. $X_o=0,35$ kg/kg ; Suivi de la table de séchage de l'ayous; épaisseur=12mm.

Les figures 111 et 112 ci-dessous présentent les évolutions des gradients de séchage respectivement de l'ébène et de l'ayous. Ceci permet de valider le suivi des différentes tables de séchage et l'effet de l'air sur chaque essence. On constate que, à chaque humidité de la table de séchage notre simulation donne des résultats satisfaisants. Nous constatons qu'entre les humidités des tables, nos gradients de séchage évoluent en ''dents de scie''. La figure 113 présente les évolutions comparées des gradients de séchage. On constate que malgré les conditions faibles des caractéristiques de l'air de séchage de l'ébène, l'effet de l'air sur cette dernière essence est globalement plus important que sur l'ayous. Cet effet est plus marqué lorsque l'ébène n'est pas dans le domaine hygroscopique. Ceci nous amène de conclure que l'ébène, comparé à l'ayous, est très difficile à sécher lorsque la qualité du produit final est recherchée.

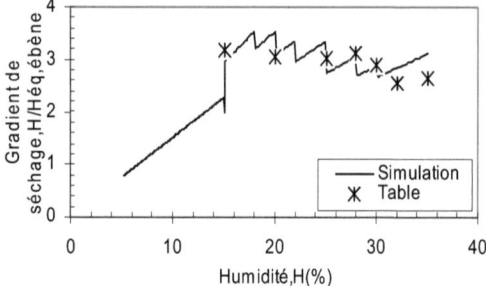

Figure 111 : Evolution du gradient de séchage de l'ébène. Validation du suivi de la table de séchage.

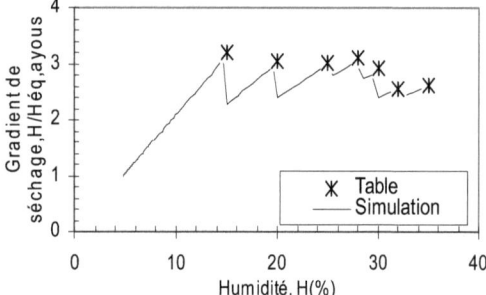

Figure 112 : Evolution du gradient de séchage de l'ayous. Validation du suivi de la table de séchage.

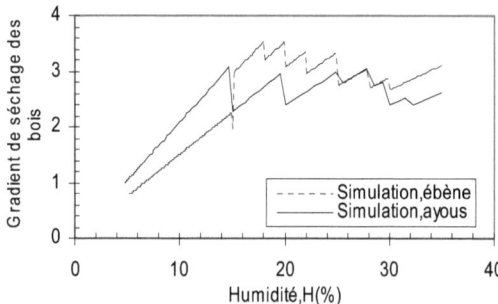

Figure 113 : Evolution comparée des gradients de séchage de nos bois. Effet de l'air de séchage.

La littérature existante montre que les essences délicates à sécher doivent avoir un gradient de séchage inférieur à deux (Durand 1985). Cette affirmation est obtenue en supposant que, dans les mêmes conditions de l'ambiance, toutes les essences ont la même valeur de l'humidité au PSF (Durand 1985). Le cas contraire a été démontré précédemment, d'où la nécessité de définir des nouvelles tables de séchage.

III.2.2. Cas du séchage solaire

Dans le séchage solaire, les grandeurs portées au tableau XVIII sont toujours utilisées, sauf que la relation III.16 est préférée à la relation III.17, les durées de séchage n'étant pas forcement les mêmes selon que le séchoir soit de type thermique ou solaire.

Les figures 114 et 115 présentent respectivement les évolutions de l'humidité des bois d'ayous et d'ébène lors de l'opération de séchage solaire. Les relations II.74 et II.75 sont utilisées respectivement dans la simulation de l'ayous et de l'ébène. On constate une même évolution entre les valeurs théoriques et expérimentales. Il est à noter les durées de séchage qui sont de 300h et de 600h respectivement pour faire passer les humidités de nos bois de 37%bs à 12%bs pour l'ayous et de 27%bs à 17%bs pour l'ébène. Ces durées importantes comparées au séchage artificiel ne permettent même pas d'atteindre la teneur en eau d'équilibre des bois. On observe un écart entre les deux groupes de valeurs ci-dessus cités donnant ainsi une incertitude moyenne de $\pm 3,89\%$ et $\pm 6,03\%$ respectivement pour les humidités de l'ayous et de l'ébène. Plusieurs raisons peuvent expliquer ce désaccord :

On peut citer la difficulté de définir avec exactitude les conditions initiales de nos essences de bois et des composantes du séchoir, la mauvaise estimation de l'ensoleillement du site car celui-ci varie tout au long de la journée et aussi la mauvaise estimation des paramètres du modèle quasi stationnaire modifié qui varie avec la teneur en eau des bois. Lors des manipulations, le séchoir est ouvert durant les prises des mesures impliquant un échange de chaleur entre les airs interne et externe du séchoir. Cet échange non pris en compte dans la simulation numérique peut affecter négativement le suivi du séchage. Dans l'ensemble, au regard des incertitudes moyennes trouvées et des évolutions satisfaisantes entre la théorie et l'expérience, notre modélisation peut être utilisée pour analyser le comportement des éléments du séchoir afin de rechercher un fonctionnement optimal du séchoir à travers une étude de sensibilité de plusieurs paramètres.

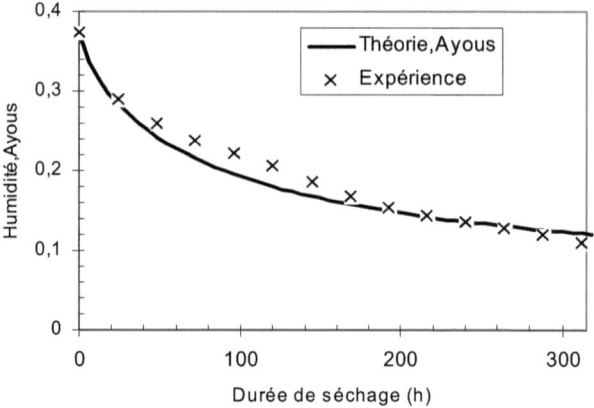

Figure 114 : Evolutions comparées des humidités théoriques et numériques (kg/kg) du bois d'ayous. Séchage solaire en avril à Yaoundé.

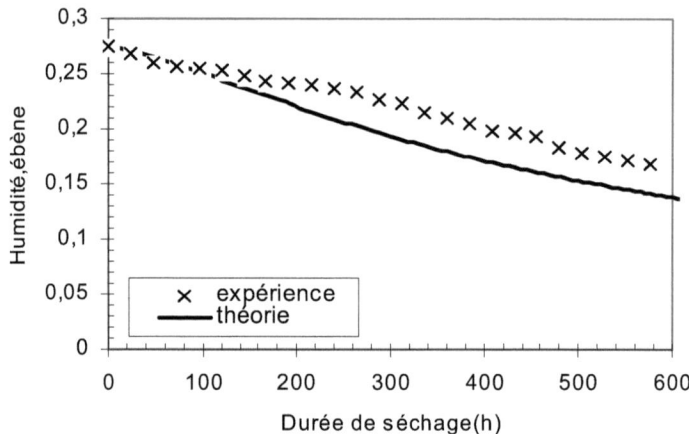

Figure 115 : Evolutions comparées des humidités théoriques et numériques (kg/kg) du bois d'ébène. Séchage solaire en mars à Yaoundé.

Les figures 116 et 117 présentent les évolutions des vitesses de séchage respectivement de l'ébène et de l'ayous en fonction de la durée de séchage. On constate la non présence de la phase de séchage à vitesse constante. Les surfaces des bois entrent aussitôt partiellement dans le domaine hygroscopique, le séchage s'effectue en priorité avec une vitesse de séchage décroissante.

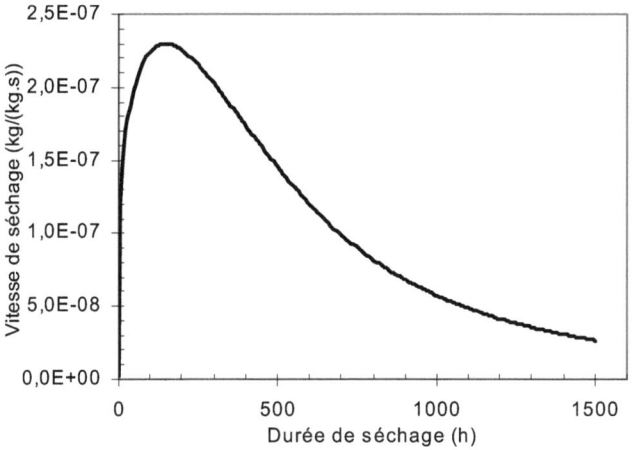

Figure 116 : Vitesse de séchage solaire de l'ébène en fonction de la durée de séchage

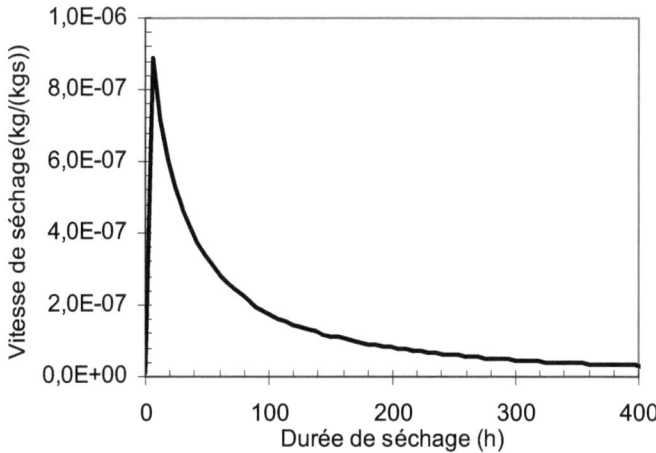

Figure 117 : Vitesse de séchage solaire de l'ayous en fonction de la durée de séchage

La figure 118 présente l'évolution de la vitesse de séchage du bois d'ébène en fonction de l'humidité. On constate une évolution semblable à celle du séchage convectif des matériaux poreux. L'humidité tend alors vers la valeur d'équilibre du bois en fin de séchage. La figure 119 présente la variation de l'humidité relative de l'air du séchoir au cours du séchage solaire de nos bois. L'humidité relative de l'air de séchage est importante lors du séchage de l'ébène et augmente avec la durée de séchage dans les deux cas, car l'air se charge d'humidité qui provient du bois. Cette humidité relative tend vers celle d'équilibre du séchoir qui est plus importante dans le cas du séchage du bois d'ébène.

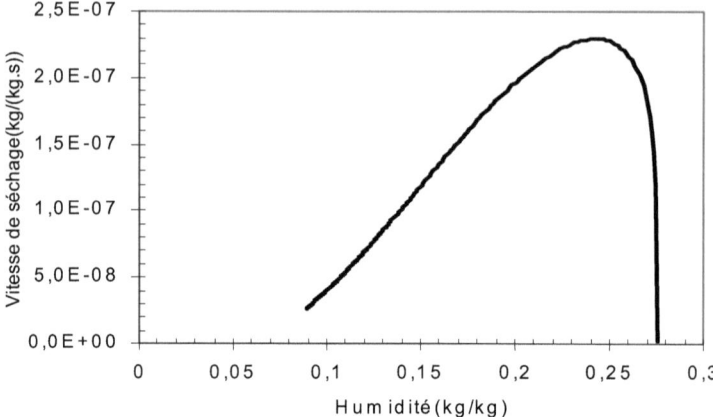

Figure 118 : Vitesse de séchage solaire de l'ébène en fonction de son humidité

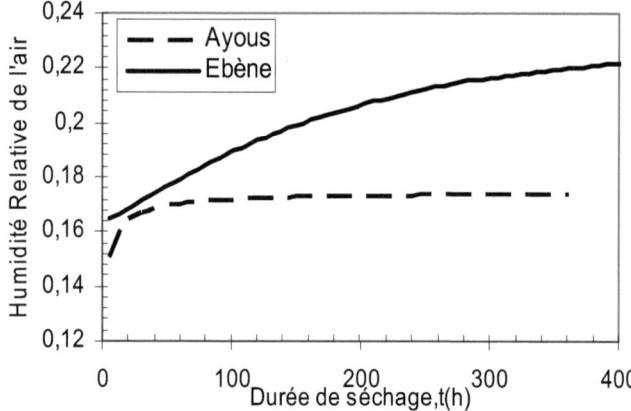

Figure 119 : Evolution temporelle de l'humidité relative de l'air du séchoir lors du séchage solaire de nos bois.

La figure 120 montre l'évolution de la température du bois d'ayous lors du séchage solaire en fonction de la durée de séchage. On observe une évolution semblable à celle obtenue lors du séchage en étuve, la température augmentant de la température initiale du bois prise égale à la température du sol à la valeur de 34°C. La température du bois croît de 24,3°C à 32°C durant les 10 premières heures de séchage. Le bois sèche alors brusquement en début du processus exposant les planches de bois aux déformations. La figure 121 présente les évolutions des températures de la paroi, de la tôle et de l'air de séchage encastré dans le séchoir. La température moyenne de l'air croît plus rapidement que la température de la tôle et du bois. L'air se sature donc plus vite en vapeur d'eau au voisinage de la tôle et du bois (Kuitche *et al.* 2006). La température initiale de la paroi est égale à la température du sol, celles initiales de l'air et de la tôle sont prises égales à la température extérieure moyenne de la vile de Yaoundé durant le mois de l'expérience. On constate une évolution brusque durant les 10 premières heures de séchage. La température de l'air est la plus importante durant les 70 premières heures du séchage favorisant ainsi l'extraction rapide de l'eau du bois. L'affaiblissement de la température de l'air après les 10 premières heures de séchage coïncide avec l'augmentation de la température du bois car l'air se charge d'humidité évaporée du bois (Boubeghal *et al.* 2007). Les températures du bois, de l'air et de la tôle tendent alors vers une même valeur (34°C) montrant ainsi une stabilité thermique des éléments internes du séchoir après 150h de séchage. La température de la paroi du séchoir est la plus faible, car échangeant régulièrement la chaleur avec l'air extérieur qui se comporte comme une source froide. Les figures 122 et 123 présentent les évolutions respectives de l'humidité de l'ayous et de la température de l'air lorsque l'épaisseur de la tôle varie de 0,5mm à 20mm. On constate une non influence de l'épaisseur de la tôle sur les évolutions de l'humidité et de la température de l'air de séchage. La figure 124 montre que la température de l'air n'est pas influencée par l'épaisseur de la paroi du séchoir lorsque celle-ci varie de 0,35mm à 20mm. Les résultats des figures 122 à 124 présentent donc l'absence des contraintes sur les épaisseurs de la paroi du séchoir et de la tôle (corps noir) lors de la construction dudit séchoir pour obtenir les résultats présentés.

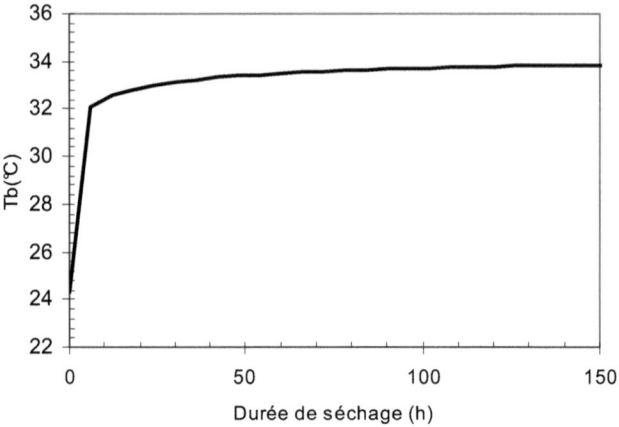

Figure 120 : Evolution de la température du bois en fonction de la durée de séchage. Bois d'ayous.

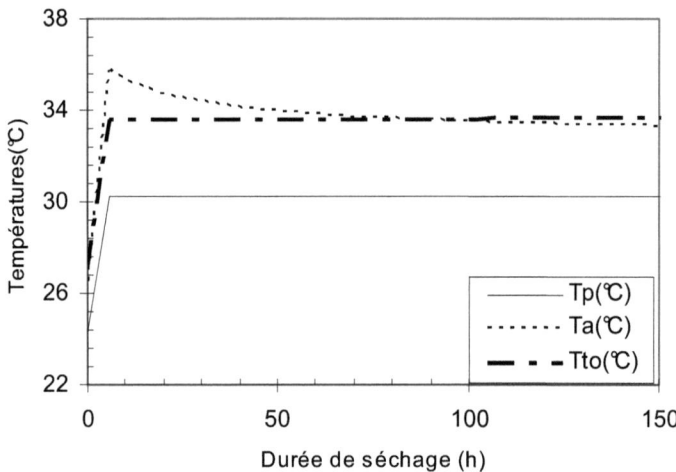

Figure 121 : Evolutions des températures de la paroi (Tp), de l'air (Ta) et de la tôle (To) lors du séchage de l'ayous.

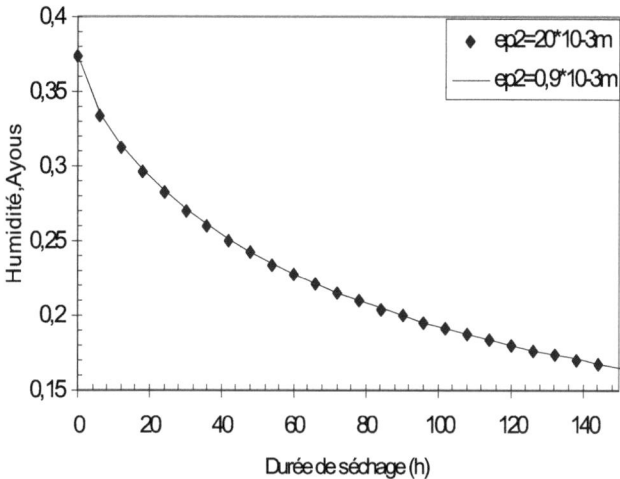

Figure 122 : Influences de la durée de séchage et de l'épaisseur de la tôle sur l'évolution de l'humidité de l'ayous.

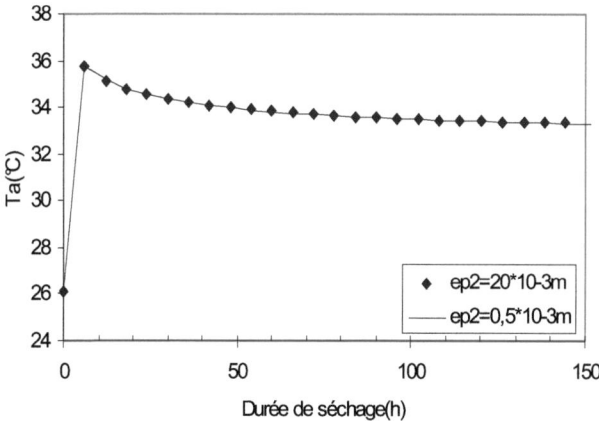

Figure 123 : Influences de la durée de séchage et de l'épaisseur de la tôle sur l'évolution de la température de l'air du séchoir.

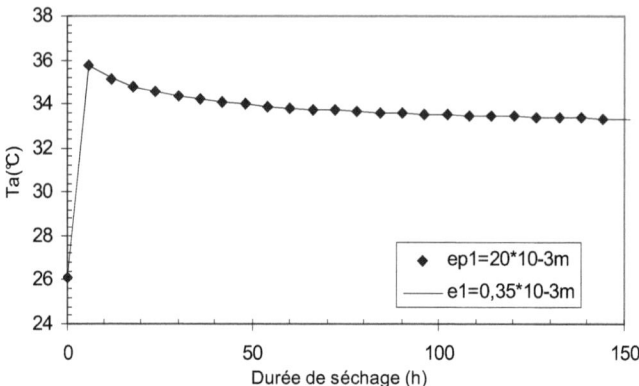

Figure 124 : Influences de l'épaisseur de la paroi du séchoir et de la durée de séchage sur l'évolution de la température de l'air de séchage.

Le renouvellement de l'air n'est pas possible dans notre séchoir, ce qui implique les risques de saturation de l'air en humidité. On court alors le risque d'une humidification du bois ou du blocage de l'humidité du bois à une valeur non désirée. Nous avons alors étudié l'influence du renouvellement (déshumidification) d'air sur l'évolution de l'humidité du bois. La figure 125 présente les évolutions de l'humidité du bois lorsque le séchage est fait avec ou sans renouvellement d'air. Lorsque l'humidité de l'air atteint la valeur indiquée, l'air du séchoir est évacué et remplacé par l'air extérieur. On constate que, lorsque le processus est effectué un peu plus tôt, la durée de séchage est réduite. Cette réduction de la durée de séchage est plus visible sur la figure 126 représentant la partie encerclée de la courbe de la figure 125. Ainsi lorsque le renouvellement d'air est effectué chaque fois que l'humidité relative de l'air atteint 50%, la teneur en eau bs du bois d'ayous est évaluée à 10%bs après 460h de séchage. Cette teneur en eau est obtenue après 500h de séchage lorsque le renouvellement de l'air n'est pas assuré, d'où un gain de 40h. En effet, le renouvellement de l'air de séchage diminue sa saturation et augmente l'intensité d'extraction de l'eau du bois. Le renouvellement de l'air de séchage ou son recyclage peut donc être une solution pour diminuer la durée de séchage du bois en milieu tropical, mais la qualité du bois final doit influencer la valeur de l'humidité limite de l'air et la fréquence de son recyclage ou de son renouvellement.

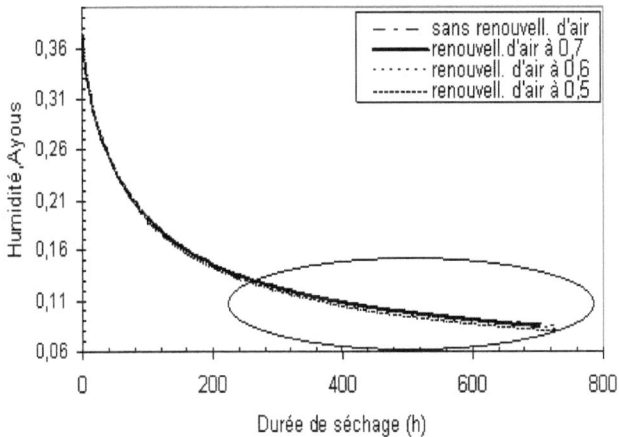

Figure 125 : Influence du renouvellement d'air sur la durée de séchage de l'ayous.

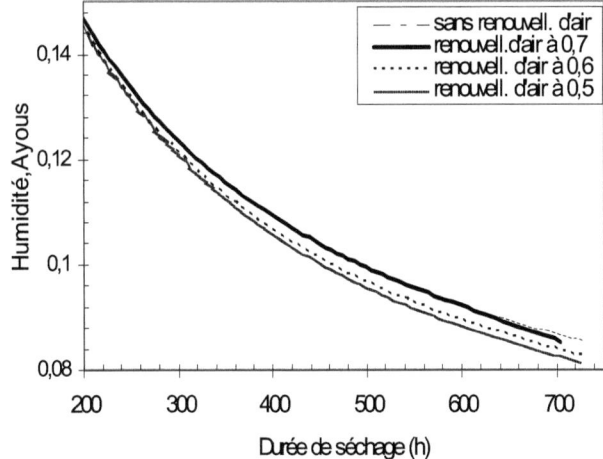

Figure 126 : Agrandissement de la partie encerclée de la figure 125. Mise en évidence du gain de temps suite au renouvellement d'air, sans variation de sa température

La figure 127 montre une bonne approximation de l'évolution de la teneur en eau base sèche du bois d'ébène par notre modèle lorsque la température initiale de l'air de séchage est prise égale à 24,4°C, donc proche de la température au sol de la ville de Yaoundé (24°C) (Djongyang *et al.* 2009, Kemajou et Mba 2011, Retscreem International 2009) du mois de mars dont a eu lieu l'expérience. Les valeurs de la simulation numérique sont obtenues avec une incertitude relative moyenne de ±0,812%. Ce résultat montre l'influence importante des conditions initiales sur toute l'évolution du séchage solaire. Il est donc primordial de mieux définir ces conditions pour mieux prédire tous les résultats du séchage solaire.

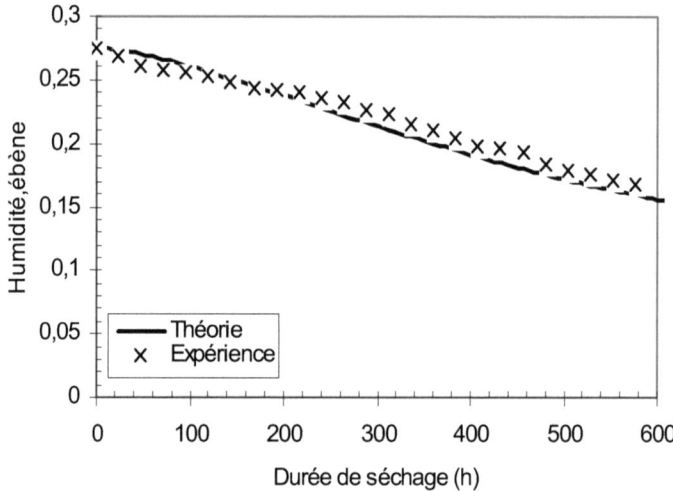

Figure 127 : Evolutions comparées des humidités théoriques et numériques du bois d'ébène, T_a=24,4°C.

III.3. Présentation et analyse des résultats de la simulation numérique a l'échelle de la pile

Dans ce paragraphe, nous présentons les résultats liés à la modélisation, à la discrétisation des équations de transfert et à la simulation numérique du séchage des piles de bois. Les corrélations obtenues sur les bois d'étude et complétées par celles trouvées dans la littérature sont introduites dans le code numérique, y compris le programme de séchage industriel de chaque essence afin que les résultats soient spécifiques à chaque bois. Après discussion et validation des résultats obtenus, nous passons à une étude de sensibilité afin de ressortir les paramètres qui influencent la conduite du séchage de nos essences de bois et de préconiser réduire leur durée de séchage. La fin de séchage dans notre code numérique est obtenue lorsque l'humidité moyenne du bois en cours de séchage est égale à la teneur en eau d'équilibre donnée par les isothermes de désorption.

En pratique, la fin du séchage est fonction de l'usage ultérieur des planches séchées.

Signalons qu'une telle étude est déjà amorcée dans la littérature (Monkam 2006). Notre contribution se trouve dans l'établissement d'un nouveau modèle, dans l'orientation du sens de discrétisation de la planche, dans l'utilisation de la méthode des volumes finis et du pas spatial géométrique, dans la confrontation des résultats obtenus suite à l'usage des tables de séchage données par les spécialistes et les programmes de séchage en entreprise, et enfin dans l'étude du comportement de l'eau dans l'épaisseur de la planche qui constitue un élément de la pile de bois.

III.3.1. Fixation des paramètres liés à la discrétisation et à la durée caractéristique de séchage.

III.3.1.1 Schéma de discrétisation et maillage.

Nous avons procédé à des tests de notre code numérique afin de faire un choix sur la valeur du paramètre m_{ratio}, du nombre de nœuds tant sur la direction x (N+1) que sur celle y (M+1) et du schéma de discrétisation. Nous avons constaté des variations satisfaisantes pour les valeurs recensées dans le tableau XXI ci-dessous.

Tableau XXI : Paramètres de discrétisation insérés dans le code numérique

Paramètres	Valeurs
m_{ratio}	0,2
M	20
N	20
f	1

Nous obtenons une discrétisation selon le schéma implicite avec un maillage irrégulier. La forme implicite favorise une stabilité inconditionnelle du calcul numérique (Kouhila *et al.* 2003). Les humidités numériquement prédites croissent avec les valeurs de M et N car, les tranches à sécher augmentent. Les coefficients thermophysiques utilisés dans toute la suite sont recensés dans le tableau XVIII.

III.3.1.2 Durée caractéristique de séchage

Ce paramètre influence l'évolution de l'humidité des piles de bois. Sa valeur est fonction du suivi expérimental du séchage. Nous nous sommes servis des valeurs obtenues en laboratoire pour tester l'évolution théorique de l'humidité des piles. Nous avons ainsi obtenu la courbe sans ajustement de la figure 128, le suivi étant celui de la table de séchage de l'ayous, tableau XIX. Les spécialistes suggèrent qu'il faut déterminer les paramètres du modèle cinétique utilisé sur une marge des conditions expérimentales assez large car ces paramètres dépendent des conditions de l'air de séchage (Jannot 2006). Pour rapprocher la courbe théorique à celle expérimentale, il importe alors de modifier certains paramètres du modèle (Fadhel *et al.* 2008). Les conditions de laboratoire (séchage par étuve) n'étant pas celles de l'entreprise (humidification intermittente), nous avons estimé en inverse la valeur du paramètre σ. Nous obtenons l'équation III.21 qui servira uniquement pour estimer la vitesse de séchage, où σ est le paramètre estimé en laboratoire et ρ_b la masse volumique du bois séché. Le paramètre n reste inchangé, afin de tenir compte du modèle QSM.

$$\sigma_1 = \rho_b . \sigma \tag{III.21}$$

Yves Jannot trouve d'ailleurs que c'est un handicape d'utiliser un modèle semi empirique de séchage pour décrire toute la courbe cinétique d'un produit qui présente plusieurs phases (Jannot 2006). Les paramètres de notre modèle sont instantanément variables. Après environ 8 jours de séchage en entreprise, nous obtenons une humidité des piles voisine de 15% après ajustement. Cette valeur est atteinte après 2 jours lorsque l'ajustement n'est pas effectué, ce qui est irréaliste lorsqu'il s'agit du séchage des piles de bois tropicaux.

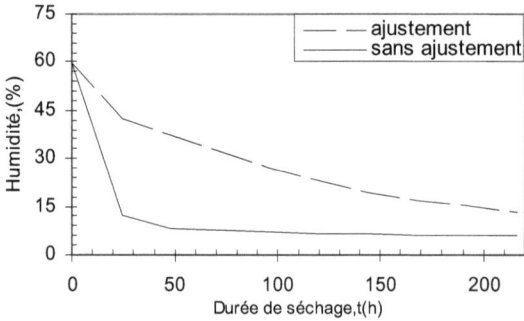

Figure 128 : Séchage de l'ayous. Suivi de la table de séchage. Effet de l'ajustement ou non de la durée caractéristique de séchage.

Il est alors judicieux de valider notre modélisation avant de l'appliquer. Nous nous sommes alors servis des mesures expérimentales industrielles effectuées sur les piles de bois d'Iroko (Monkam 2006) de l'entreprise IBC, pour comparer les résultats de notre code par rapport à ceux obtenus par le code de Monkam Louis (2006). Notre validation s'est étendue sur les mesures que nous avons effectuées à l'entreprise SEEF.SA à Douala sur les piles de bois d'Ayous.

III.3.2. Validation du modèle établi.

Nous avons intégré dans notre code les propriétés thermophysiques obtenues sur le bois d'Iroko (Monkam 2006) pour valider notre code et le comparer à celui de Monkam Louis (2006).

Le programme de séchage (voir annexe B1) est intégré dans notre code numérique dans la section ''boucle de suivi de la table de séchage''. La confrontation entre les résultats expérimentaux et ceux de notre code numérique est faite dans les figures 129 à 133.

La figure 129 présente les évolutions temporelles des humidités expérimentales et théoriques de la pile de bois d'Iroko. Une évolution concordante est observée. L'incertitude absolue moyenne obtenue est de 0,865%. Ce résultat est satisfaisant, comparé à celui obtenu par Monkam Louis (2006) qui était estimé à 7%. La courbe ne suit pas les trois phases de séchage annoncées à la figure 17 à cause, entre autres, de la prise en considération des étapes de préchauffage en début de séchage, d'équilibrage et de conditionnement en fin de séchage, et aussi de la variation des caractéristiques de l'air durant le séchage.

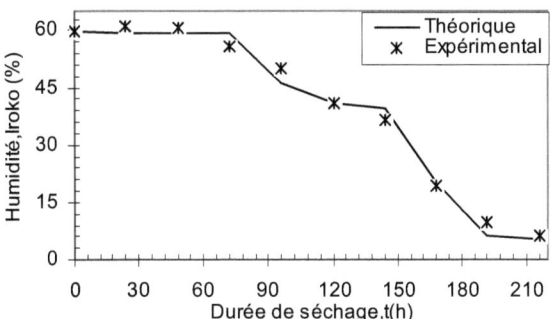

Figure 129 : Validation du modèle. Séchage d'une pile de bois d'Iroko. Variation temporelle de l'humidité en entreprise. (T_{ge}=50°C, T_{so}=30°C, H_o=59,63%, HR_o=15%, T_{go}=30°C, ep=13mm, V_g=1,5m/s, ε=0,28)

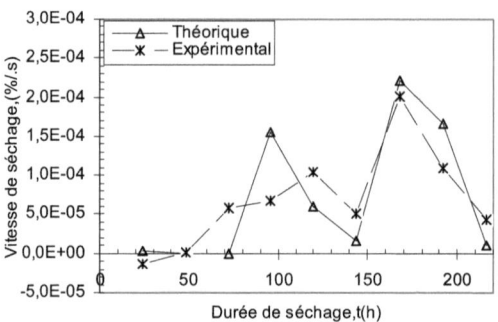

Figure 130 : Validation du modèle. Séchage d'une pile de bois d'Iroko. Variation temporelle de la vitesse de séchage en entreprise. (T_{ge}=50°C, T_{so}=30°C, H_o=59,63%, HR_o=15%, T_{go}=30°C, ep=13mm, V_g=1,5m/s, ε =0,28)

La figure 130 estime les vitesses de séchage expérimentales et théoriques des piles de bois d'Iroko. Nous constatons une évolution similaire après 72h de séchage. Avant 50h de séchage, la vitesse de séchage expérimentale est négative, indiquant ainsi une prise d'eau de la pile. Notre modélisation traduit cette situation par une vitesse nulle. Cette phase est la montée de température du bois, phase 0. Le séchage est ensuite accéléré, la vitesse de séchage est croissante jusqu'à 170h de séchage, le bois entrant alors dans le domaine hygroscopique. Nous constatons ensuite une décroissance de la vitesse de séchage jusqu'à la fin de l'opération.

Les figures 131, 132 et 133 présentent respectivement les évolutions temporelles expérimentales et théoriques de l'humidité, de la vitesse de séchage et de la température des piles de bois d'ayous. Nous constatons que les variations des humidités expérimentales et théoriques des piles de bois d'ayous concordent. Cependant, la variation à vitesse constante qui est présente dans le cas du séchage expérimental ne ressort pas dans notre variation théorique, bien que les évolutions à vitesse variable sont présentes dans les deux cas de figure. La figure 133 présente les évolutions des températures théoriques et expérimentales des piles de bois d'ayous. Les évolutions sont similaires, bien qu'un écart entre les valeurs existe presque à chaque instant. Ceci serait dû aux pertes thermiques inhérentes au séchoir qui n'ont pas été prises en compte dans notre modélisation (Martin *et al.* 1995). La chute de température de la fin de séchage indique le début de la phase de l'équilibrage. Cette chute est progressive afin d'éviter de créer un choc thermique dans les planches qui provoquerait l'effondrement des parois. On amène alors les planches à une température voisine de celle de l'extérieur du séchoir.

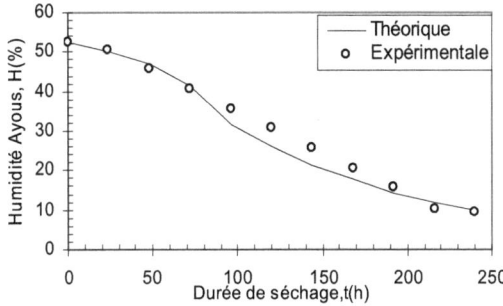

Figure 131 : Séchage de l'ayous. Evolutions théorique et expérimentale de l'humidité des piles à partir du suivi du programme de séchage industriel. (T_{ge}=50°C, T_{so}=30°C, H_o=53%, HR_o=14%, T_{go}=30°C, ep=25mm, V_g=1,5m/s, ε=0,47)

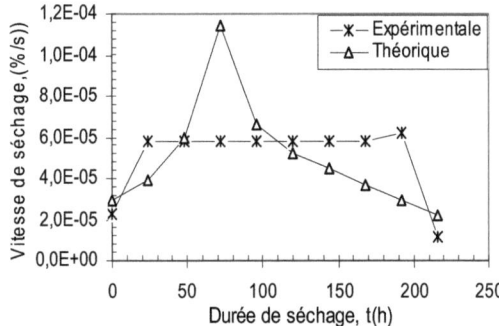

Figure 132 : Séchage de l'ayous. Evolutions théorique et expérimentale de la vitesse de séchage des piles à partir du suivi du programme de séchage industriel. (T_{ge}=50°C, T_{so}=30°C, H_o=53%, HR_o=14%, T_{go}=30°C, ep=25mm, V_g=1,5m/s, ε=0,47)

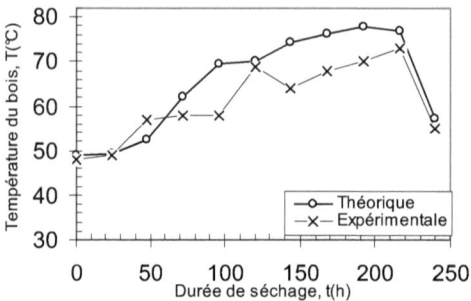

Figure 133 : Séchage de l'ayous. Evolutions théorique et expérimentale de la température des piles à partir du suivi du programme de séchage industriel. (T_{ge}=50°C, T_{so}=30°C, H_o=53%, HR_o=14%, T_{go}=30°C, ep=25mm, V_g=1,5m/s, ε=0,47)

Les écarts entre les résultats expérimentaux et ceux obtenus par la simulation peuvent être dus à l'usage de quelques propriétés thermo physiques des bois tirées de la littérature et non spécifiques à nos essences. La position des appareils de mesure et les mesures en discontinuité peuvent aussi expliquer ces écarts (Messai *et al.* 2007).

Il est clair de constater que, le bois d'Iroko est délicat à sécher par rapport au bois d'ayous. En effet, la durée de mise en température du bois d'Iroko (3 jours) est supérieure à celle de l'ayous (1 jour) et plusieurs étapes sont utilisées au cours du séchage de l'Iroko (plusieurs concavités sur la courbe de l'évolution temporelle de l'humidité) alors qu'après la mise en température du bois d'ayous, une évolution presque constante (vitesse constante) est observée.

Notre modélisation ainsi validée, nous sommes passés à une étude de sensibilité de l'empilage du bois, de la teneur en eau initiale de la pile, de l'épaisseur des planches de bois et des caractéristiques de l'air de séchage sur l'évolution de la vitesse de séchage et de l'humidité des piles de bois. Le programme de séchage en entreprise est appliqué seulement sur le bois d'ayous (Voir annexe C), le bois d'ébène étant très sensible aux conditions sévères de l'air utilisées pour sécher les bois légers.

III.3.3. Evolutions des piles de bois et des caractéristiques de l'air durant le séchage industriel.

III.3.3.1. Confrontation entre table de séchage et programmes de séchage.

La figure 134 ci-dessous montre les évolutions temporelles de l'humidité adimensionnée des piles d'ayous en suivant le programme de l'entreprise et la table de séchage. Les humidités finales obtenues sont égales. Ce qui valide les valeurs de coefficients thermophysiques déterminés et l'ajustement apporté dans nos tables de séchage. Nous constatons aussi que les conditions de la table sont plus sévères que celles de l'entreprise.

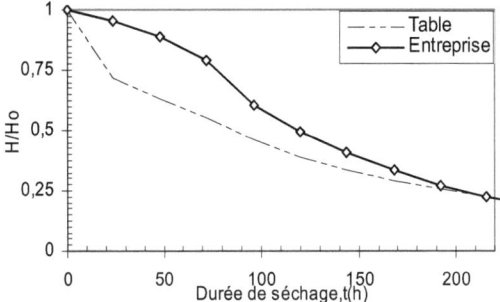

Figure 134 : Séchage de l'ayous. Évolutions comparatives de la simulation numérique de l'humidité adimensionnée des piles de bois selon les programmes de l'entreprise et de la table de séchage.

La figure 135 présente les évolutions temporelles des températures de l'air selon les suivis de la table de séchage et du programme de séchage en entreprise des piles de bois d'ayous. Nous constatons que la table impose des températures légèrement importantes au début du séchage. Ces températures se rapprochent au cours du séchage pour s'égaler après 150h de séchage.

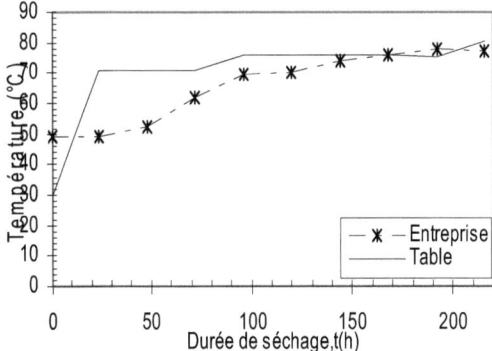

Figure 135 : Séchage de l'ayous. Évolutions comparatives de la simulation numérique de la température des piles de bois selon les programmes de l'entreprise et de la table de séchage.

La figure 136 montre les évolutions des humidités relatives de l'air qui sont plus faibles en entreprise, donnant ainsi la possibilité à l'air de se charger de plus d'eau. Cette même figure présente une bonne approximation théorique par notre modèle pour prédire les humidités relatives de l'air dans le séchoir de l'entreprise.

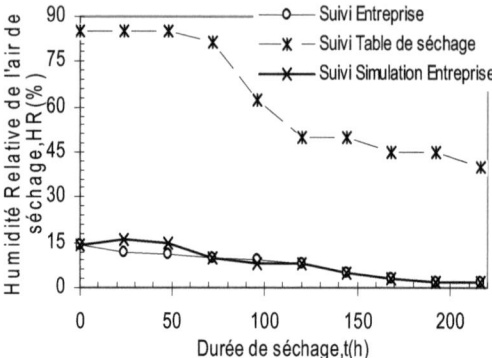

Figure 136 : Séchage de l'ayous. Evolutions comparatives de l'humidité relative de l'air de séchage selon les suivis de l'entreprise, de la table de séchage et de notre modèle.

Nous constatons que les spécialistes proposent des tables de séchage des bois tropicaux basées sur la teneur en humidité alors que le programme suivi en entreprise est basé sur le temps. Ces mêmes spécialistes suggèrent que ce dernier type de programme de séchage est utilisé seulement quand les caractéristiques physiques des planches restent presque constantes dans le temps (Cloutier 1993). Ce qui n'est pas le cas d'après notre étude de caractérisation.

III.3.3.2. Distribution de l'humidité dans les planches de chaque pile.

Nous considérons que les ventilateurs du séchoir sont disposés tels que les caractéristiques de l'air dans le séchoir soient homogènes. Ce qui permet d'avoir un séchage symétrique.

Les figures 137 et 138 présentent la distribution de l'humidité dans la demi épaisseur des planches d'ayous en fonction du temps, les suivis étant respectivement celui de l'entreprise et de la table de séchage. Nous constatons que la surface de bois atteint très vite l'humidité d'équilibre. En industrie pour éviter que la surface atteigne l'humidité d'équilibre lors de la phase 0, on humidifie le fluide caloporteur. Juste les fibres surfaciques sèchent et se limitent à 25% d'humidité base sèche, figure 137. En suivant la table de séchage, une bonne partie du bois atteint l'humidité d'équilibre dès 24h de séchage, au risque d'entraîner une destruction du bois, figure 138. A chaque instant, la teneur en eau au centre de chaque planche est importante lorsque la conduite est celle de l'entreprise.

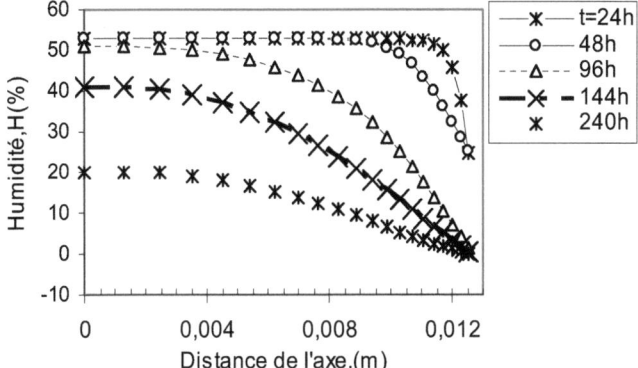

Figure 137 : Séchage de l'Ayous. Suivi du programme de l'entreprise. Distribution de l'humidité dans la demi épaisseur à différents instants.

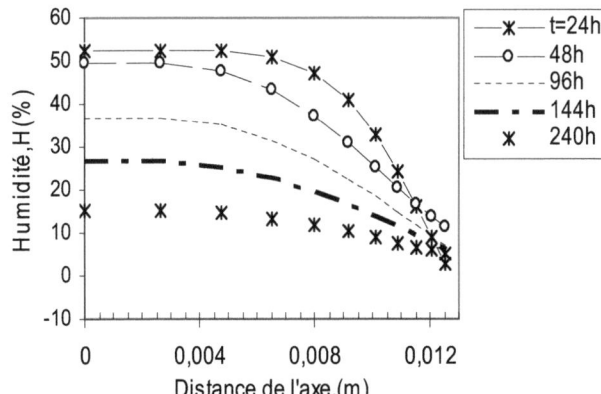

Figure 138 : Séchage de l'Ayous. Suivi de la table de séchage. Distribution de l'humidité dans la demi épaisseur à différents instants.

Pour simuler le séchage de l'ébène, nous avons utilisé la table de séchage proposée par le CIRAD (Tropix 6.0 2008) pour le type crassiflora, où ne figurent pas les humidités d'équilibre, aucune modification est alors nécessaire, tableau XXII. Il existe dans la littérature d'autres tables de séchage des bois d'ébène (Normand et al 1960), notre choix est justifié par le besoin de se rapprocher de la spécificité de l'espèce camerounaise et des travaux récents. Cette table est indiquée pour des planches ayant des épaisseurs inférieures à

38mm. Pour des épaisseurs comprises entre 38 et 75mm, il est conseillé d'augmenter l'humidité relative de l'air de 5% à chaque étape, et pour des épaisseurs supérieures à 75mm, l'augmentation est de 10% (Tropix 6.0 2008).

Tableau XXII : Table de séchage de l'ébène (Tropix 6.0 2008).

Humidité (%) du bois	Température (°C) sèche	Température (°C) humide	Humidité relative (%) de l'air
30	42	41	94
25	42	39	82
<20	48	43	74

Les figures 139 et 140 montrent que la table proposée par le CTBA permet d'avoir un séchage très sévère, comparé à celle proposée par le CIRAD. Cette sévérité peut engendrer la destruction des planches.

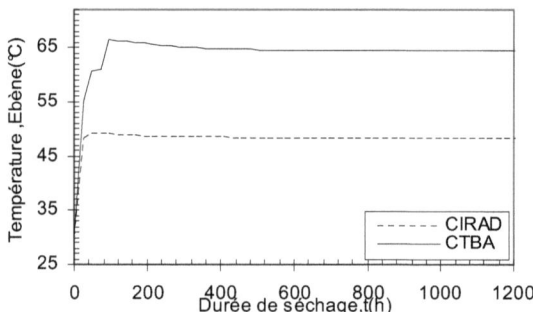

Figure 139 : Evolution comparée de la température lors du séchage du bois d'ébène en suivant la table améliorée du CTBA et celle du CIRAD, e=25mm, H_o=31%.

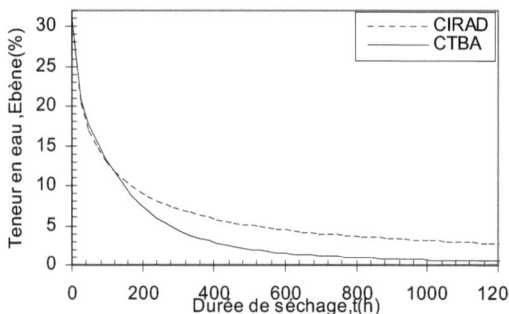

Figure 140 : Evolution comparée de la teneur en eau lors du séchage du bois d'ébène en suivant la table améliorée du CTBA et celle du CIRAD, e=25mm, H_o=31%.

L'usage de la table du CIRAD donne la variation de la figure 141 où les observations qualitatives portées sur le bois d'ayous restent valables, l'humidité d'équilibre étant ici de 1%.

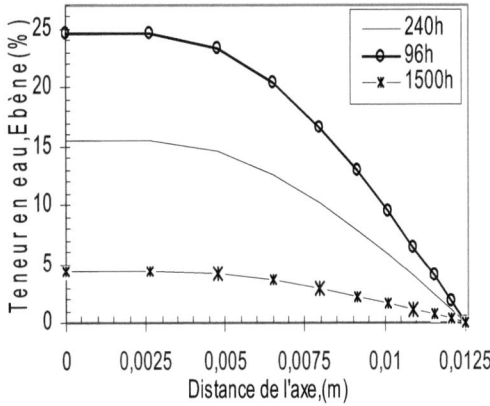

Figure 141 : Séchage de l'Ebène. Suivi de la table de séchage. Distribution de l'humidité dans la demi épaisseur des planches aux instants 96h, 144h et à la fin du séchage. (T_{ge}=30°C, T_{so}=30°C, H_o=31%, T_{go}=30°C, ep=25mm, V_g=1,5m/s, ε=0,28)

Les figures 142 et 143 présentent les évolutions des humidités en surface, au centre et au quart de l'épaisseur des planches. Pour la pile de bois d'ébène (figure 142), l'humidité de surface tend très vite vers la valeur d'équilibre. Dès 400h de séchage, la surface atteint l'équilibre. Après 1200h de séchage, on a toujours une différence importante entre les teneurs en eau en surface et au centre du bois. La surface du bois d'ayous atteint l'équilibre après 200h de séchage, pourtant l'équilibre entre l'air du séchoir et les piles de bois d'ayous est atteint après 1200h, figure 143. Ce qui peut faire naître des fissures sur la surface du bois en fin de séchage si une humidification n'est pas assurée. Les courbes montrent que durant tout le séchage, l'humidité des bois diminue du plan médian des planches vers leur surface, ce qui impose un conditionnement en fin de séchage pour rendre homogène l'humidité dans toute l'épaisseur.

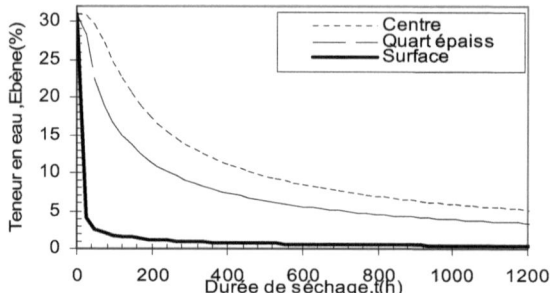

Figure 142 : Séchage de l'ébène. Evolutions théoriques temporelles de l'humidité en fonction des positions (surface, centre et quart de l'épaisseur) dans l'épaisseur des planches, de l'instant initial à la fin du séchage. Suivi de la table de séchage. ($T_{go}=T_o=30°C$, $V_g=1,5m/s$, $\varepsilon=0,28$, $H_o=31\%$, e=25mm)

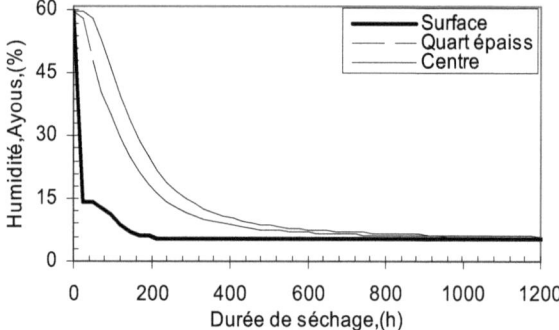

Figure 143 : Séchage de l'Ayous. Evolutions théoriques temporelles de l'humidité en fonction des positions (surface, centre et quart de l'épaisseur) dans l'épaisseur des planches, de l'instant initial à la fin du séchage. Suivi de la table de séchage. ($T_{go}=T_o=30°C$, $V_g=1,5m/s$, $\varepsilon=0,28$, $H_o=59,63\%$)

En entreprise, l'arrêt du séchage est effectué lorsque la teneur en eau moyenne des piles est proche de celle de l'ambiance où les planches seront utilisées. A Douala par exemple, la température sèche moyenne et l'humidité moyenne de l'ambiance sont estimées respectivement à 30°C et à 83% (Monkam 2006). D'après nos isothermes de désorption, les teneurs en eau d'équilibre dans ces conditions climatiques sont de 0,165 et 0,12 respectivement pour le bois d'ayous et pour le bois d'ébène. Les planches atteignent ces teneurs en eau après 180h (7,5jours) de séchage (suivi d'entreprise, figure 131) pour les piles de bois d'ayous, et 1000h (41,7jours) de séchage (suivi de la table du CTBA, figure 140) pour les piles de bois d'ébène.

III.3.3.3. Distribution de la température dans les planches de chaque pile.

La figure 144 montre la répartition de la température dans l'épaisseur des planches de bois d'ayous en fonction du temps. Nous constatons que, dès 24h de séchage, la température est homogène dans l'épaisseur des planches. Ceci permet d'annuler très tôt l'effet sorret favorisant ainsi le phénomène de désorption.

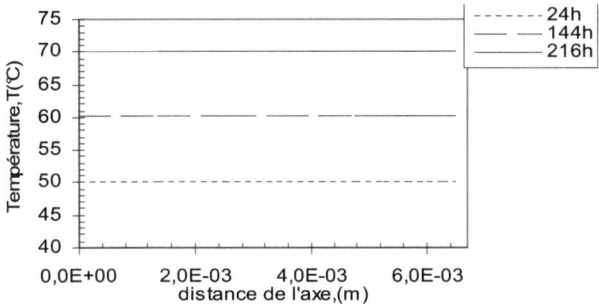

Figure 144 : Séchage de l'ayous. Suivi de la table de séchage. Distribution de la température dans la demi épaisseur de la planche aux instants 24h, 144h et 216h.

La figure 145 présente l'évolution de la température des piles de bois d'ébène durant le séchage. Nous observons une évolution conforme à la table.

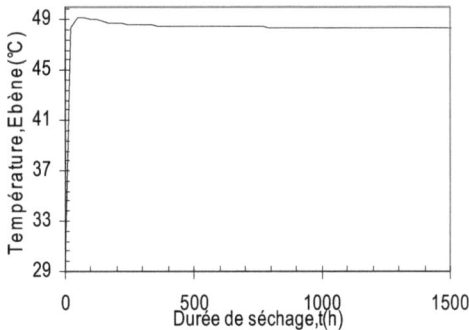

Figure 145 : Séchage de l'Ebène. Evolution théorique temporelle de la température de la pile. Suivi de la table de séchage. ($T_{go}=T_o=30°C$, $V_g=1,5m/s$, $\varepsilon=0,28$, $H_o=31\%$, e=25mm)

III.3.3.4. Distribution de l'humidité de l'air le long de la pile

Les planches de bois sont disposées telles que la longueur de la pile soit de 2,15m. La figure 146 présente la variation de l'humidité de l'air dans la pile en fonction du temps et de la position lors du suivi du programme de l'entreprise. Au début du séchage (phase 0), l'air fournit une partie de son humidité au bois pour empêcher l'extraction de l'eau du bois. Après 24h de séchage, l'humidité de l'air reste constante le long de la pile. Cette humidité augmente ensuite du bord d'attaque de l'air jusqu'à 0,15m pour, par la suite, demeurer uniforme à chaque instant le long de l'écoulement de l'air à chaque instant.

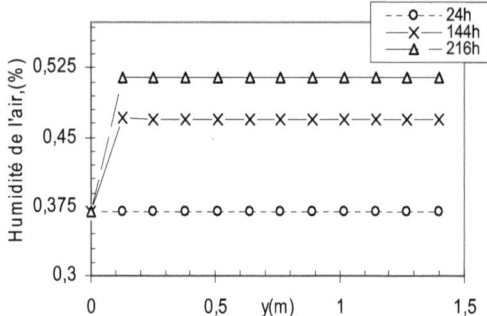

Figure 146 : Séchage de l'ayous. Suivi du programme de l'entreprise. Evolution temporelle de l'humidité de l'air de séchage en fonction de la position dans la pile. ($T_{go}=T_o=30°C$, $V_g=1,5m/s$, $\varepsilon=0,28$, $H_o=53\%$)

Lors du suivi en entreprise (figure 147), l'air se charge d'humidité durant le séchage. A la sortie de la pile, l'humidité de l'air est égale à celle à l'entrée : A la vitesse de 1,5m/s, nous amorçons la turbulence et l'humidité de l'air est presque homogène le long de la pile, figure 147. La figure 148 montre que l'humidité de l'air de séchage est inférieure à son état de saturation. Cette humidité est faible en entreprise à cause de son renouvellement régulier, figures 147 et 148.

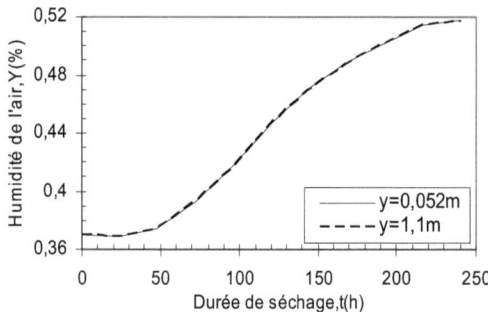

Figure 147 : Séchage de l'ayous. Suivi du programme de l'entreprise. Evolution temporelle de l'humidité de l'air de séchage en fonction de la position dans la pile. ($T_{go}=T_o=30°C$, $V_g=1,5m/s$, $\varepsilon=0,28$, $H_o=53\%$)

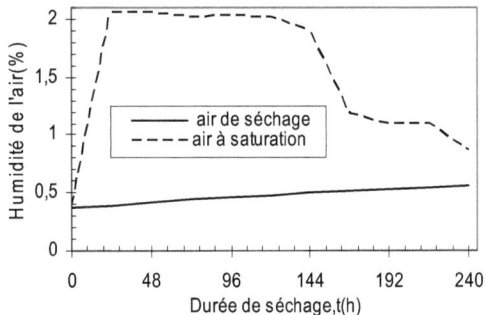

Figure 148 : Séchage de l'ayous. Suivi de la table de séchage. Evolution temporelle des humidités de l'air de séchage et à l'état de saturation. ($T_{go}=T_o=30°C$, $V_g=1,5m/s$, $\varepsilon=0,28$, $H_o=53\%$)

III.3.3.5. Distribution de la température de l'air le long de la pile

La figure 149 présente l'évolution théorique de la température sèche de l'air de séchage au cours du séchage de la pile de bois d'ayous, le suivi étant celui de la table. On constate qu'il faut moins d'une journée pour que la température de l'air soit homogène dans le séchoir et voisine de celle imposée à l'entrée du séchoir. La figure 150 indique que la température de l'air est toujours supérieure à celle de la pile, la différence étant toujours inférieure à 1°C. Résultat satisfaisant et suffisant pour obtenir des gradients de température faibles afin de diminuer l'effet sorret.

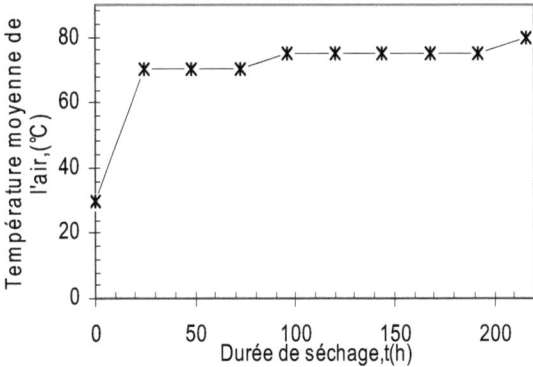

Figure 149 : Séchage de l'ayous. Suivi de la table de séchage. Evolution temporelle de la température de l'air de séchage. ($T_{go}=T_o=30°C$, $V_g=1,5m/s$, $\varepsilon=0,28$, $H_o=59,63\%$)

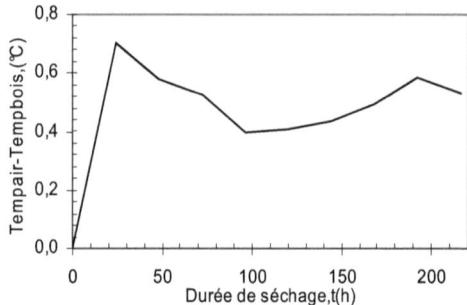

Figure 150 : Séchage de l'ayous. Suivi de la table de séchage. Evolution temporelle de l'écart des températures de l'air de séchage et de la pile de bois. ($T_{go}=T_o=30°C$, $V_g=1,5m/s$, $\varepsilon=0,28$, $H_o=59,63\%$)

La figure 151 présente la distribution de la température de l'air lors de la traversée de la pile. Nous constatons que, au-delà de 24h de séchage, la température est homogène le long des planches favorisant ainsi l'obtention d'une même humidité sur chaque noeud selon l'épaisseur des planches.

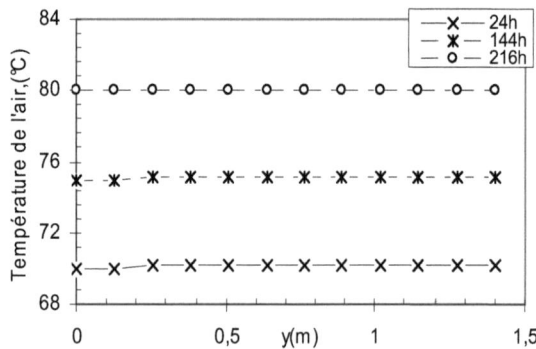

Figure 151 : Séchage de l'ayous. Suivi de la table de séchage. Evolution temporelle de la température de l'air de séchage en fonction de la position dans la pile. ($T_{go}=T_o=30°C$, $V_g=1,5m/s$, $\varepsilon=0,28$, $H_o=59,63\%$)

III.3.3.6. Evolutions de l'humidité et de la vitesse de séchage de la pile.

Les figures 152 et 153 présentent respectivement les évolutions de l'humidité et de la vitesse de séchage de nos bois, suivant les tables de séchage des bois. Nous constatons que les vitesses de séchage s'annulent après 1750h pour la pile d'ayous et 4200h pour la pile de bois d'ébène, figure 154. Ces temps désignent les durées de séchage des piles de bois respectives, selon les conditions de séchage précisées sous les courbes. La figure 154 montre que l'évolution de l'humidité de la pile de bois d'ayous devient constante dès la date indiquée ci-dessus signalant la fin de la désorption de l'eau. Ce comportement est aussi observé dans le cas de la pile de bois d'ébène. La figure 154 présente le comportement des vitesses de séchage durant la phase 2. Nous observons une annulation de la vitesse de séchage de l'ayous très tôt par rapport à l'annulation de la vitesse de séchage de l'ébène, pourtant, les teneurs en eau initiales sont évaluées à 53% pour l'ayous et 31% pour l'ébène. Ce qui prouve la forte consommation d'énergie lors du séchage du bois d'ébène.

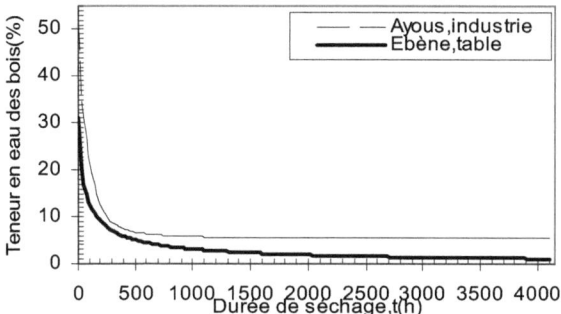

Figure 152 : Evolution temporelle de la teneur en eau de nos bois sur toute la durée de séchage des piles. ($T_{go}=T_o=30°C$, $V_g=1,5m/s$, $\varepsilon=0,28$, $H_o=53\%$(ayous) et 31% (ébène))

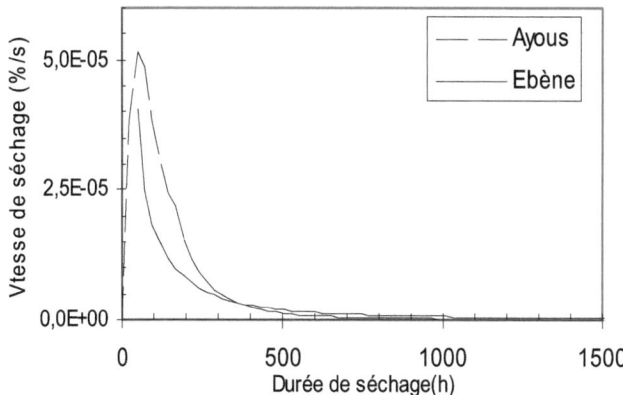

Figure 153 : Evolution temporelle de la vitesse de séchage de nos bois sur toute la durée de séchage des piles. ($T_{go}=T_o=30°C$, $V_g=1,5m/s$, $\varepsilon=0,28$, $H_o=53\%$(ayous) et 31% (ébène))

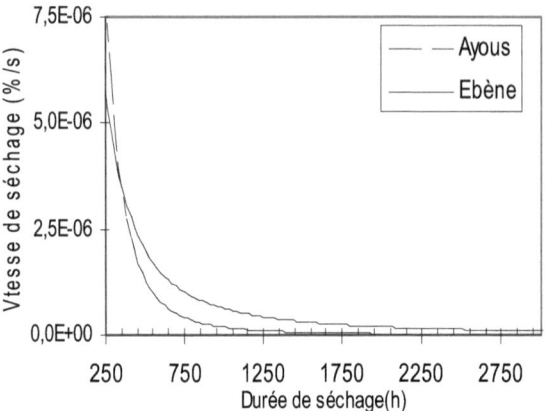

Figure 154 : Evolution temporelle de la vitesse de séchage de nos bois après 250h de séchage des piles. ($T_{go}=T_o=30°C$, $V_g=1,5m/s$, $\varepsilon=0,28$, $H_o=53\%$(ayous) et 31% (ébène))

III.3.4. Etude des influences de l'empilage et des caractéristiques de l'air de séchage

Les observations faites ci-dessous ne sont valables que dans la plage de variation, cette dernière étant celle utilisée en entreprise au Cameroun.

III.3.4.1. Cas de la vitesse de l'air de séchage

La figure 155 présente l'influence de la vitesse de l'air de séchage sur la vitesse de séchage des piles de bois d'ayous dans le temps en suivant le programme de l'entreprise. Dans l'ensemble, la vitesse de circulation de l'air n'a pas une influence significative sur les valeurs de la vitesse de séchage et de l'humidité du bois (figure 156), donc sur sa durée de séchage. Des études sur les milieux poreux donnent des résultats similaires (Belghit *et al.* 1999, Fadhel *et al.* 2008, Hernandez 1991, Jannot *et al.* 2004, Monkam 2006, Nadeau et Puiggali 1995). L'augmentation de la vitesse de circulation de l'air facilite le transfert rapide de la chaleur de l'air au bois et une déshumidification de la surface du bois. La vitesse de séchage augmente avec celle de circulation de l'air. Signalons que la vitesse de circulation n'influence pas assez la durée de séchage du bois (Belghit *et al.* 1999, Hernandez 1991, Jannot *et al.* 2004), car la cinétique de séchage est contrôlée par la migration interne de l'eau (Khouya et Draoui 2009, Nadeau 2008, Touati 2008). Il n'est pas indiqué d'utiliser les valeurs importantes de la vitesse de l'air car, on créerait ainsi une turbulence qui favoriserait un mauvais contrôle des paramètres de l'air. Toutefois, la valeur à utiliser ne doit pas être faible, car ceci entraînerait une inhomogénéité importante de l'humidité aussi bien dans le sens de la largeur de la pile de bois que dans l'épaisseur des planches. Les figures 147 et 157 montrent en effet que la diminution de la vitesse de l'air augmente la différence d'humidité de l'air entre les positions d'entrée et de sortie des piles.

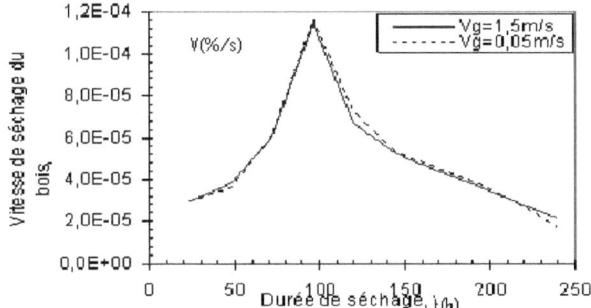

Figure 155 : Effet de la vitesse de circulation théorique de l'air sur la vitesse de séchage des planches de bois d'ayous. Suivi du programme de l'entreprise

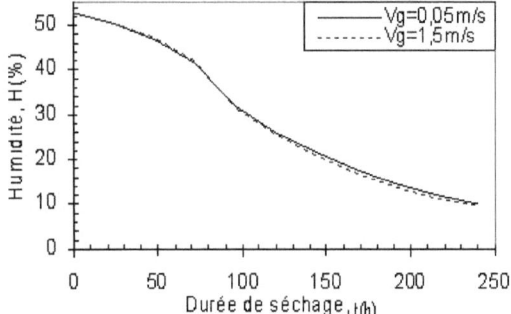

Figure 156 : Effet de la vitesse de circulation théorique de l'air sur l'humidité des planches de bois d'ayous. Suivi du programme de l'entreprise

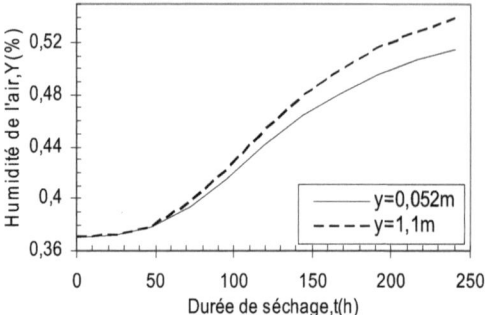

Figure 157 : Séchage de l'ayous. Suivi du programme de l'entreprise. Evolution temporelle de l'humidité de l'air de séchage en fonction de la position dans la pile. ($T_{go}=T_o=30°C$, $V_g=0,05m/s$, $\varepsilon=0,28$, $H_o=53\%$)

III.3.4.2. Cas de la porosité de la pile.

La figure 158 montre que la porosité n'a pas une influence significative sur la durée de séchage. La porosité influençant le flux d'air qui circule entre les planches de la pile, il est normal que cette grandeur influence la durée de séchage. La littérature montre que la durée de séchage augmente lorsque croît la porosité de la pile (Monkam 2006), c'est-à-dire lorsque augmente le volume de bois à sécher par rapport à celui de la pile. En entreprise, il faut s'assurer que les planches de bois aient les mêmes caractéristiques et introduire un volume d'air nécessaire pour ne pas diminuer la vitesse de séchage des piles.

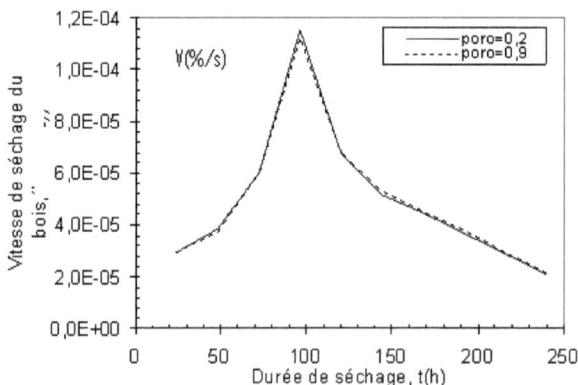

Figure 158 : Effet de la porosité de la pile sur la vitesse de séchage des planches de bois d'ayous. Suivi du programme de l'entreprise

III.3.4.3. Cas de l'humidité initiale de la pile.

La figure 159 ci-dessus présente l'influence de l'humidité initiale de la pile sur l'évolution temporelle de l'humidité moyenne de la pile de bois d'ayous. A un instant donné, l'humidité est importante dans la pile initialement plus chargée d'eau. La même figure montre que l'humidité initiale n'influence pas la valeur de l'humidité d'équilibre, les courbes se resserrant lorsque le séchage se poursuit. La durée de séchage va augmenter avec l'humidité initiale de la pile, car l'eau à évaporer est importante et la teneur en eau d'usage est en général supérieure à la teneur en eau d'équilibre.

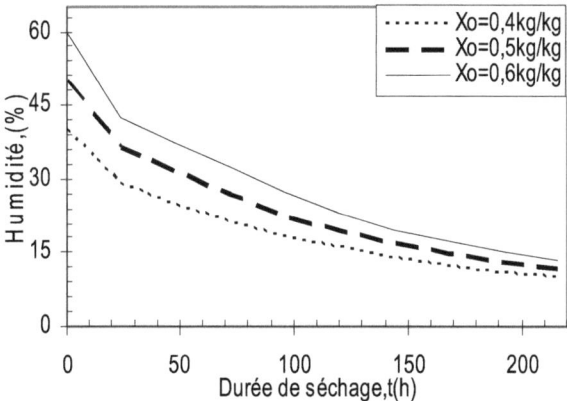

Figure 159: Suivi de la table de séchage. Evolution temporelle de l'humidité moyenne de la pile de bois d'ayous en fonction de l'humidité initiale de la pile.

III.3.4.4. Cas de l'épaisseur des planches.

Les figures 160 présente l'évolution temporelle de la température des piles de bois d'ayous en fonction de l'épaisseur des planches, le suivi étant celui de la table de séchage. Nous constatons que les températures atteintes à la fin de la phase 0 croissent avec l'épaisseur des planches. A la suite du séchage, les températures tendent vers celle de l'air de séchage. Deux états d'équilibre thermique entre les planches et l'air peuvent expliquer cette évolution :

- à la fin de la phase 0, il y a équilibre thermique entre la structure de bois et l'air. On peut alors écrire :

$$m_b C_{pb}(T_{f1} - T_{bi}) + m_a C_{pa}(T_{f1} - T_{ai}) = 0 \tag{III.22}$$

Ce qui donne :

$$T_{f1} = \frac{m_a C_{pa} T_{ai} + \rho_b S_b e_{pb} C_{pb} T_{bi}}{m_a C_{pa} + \rho_b S_b e_{pb} C_{pb}} \text{ , car } m_b = \rho_b S_b e_{pb} \qquad \text{(III.23)}$$

Avec ρ la masse volumique, e_p l'épaisseur des planches, S la surface latérale des planches, C_p la chaleur massique, m la masse, T la température. Les indices f_1, i, a, et b désignent respectivement l'équilibre de la phase 0, l'état initial, l'air et le bois. T_{bi} étant supérieure à l'unité, il est clair que T_{f1} va augmenter avec l'épaisseur des planches.

- après la fin de la phase 0, l'eau qui commence à sortir du bois va humidifier l'ambiance et diminuer la température d'équilibre du milieu.

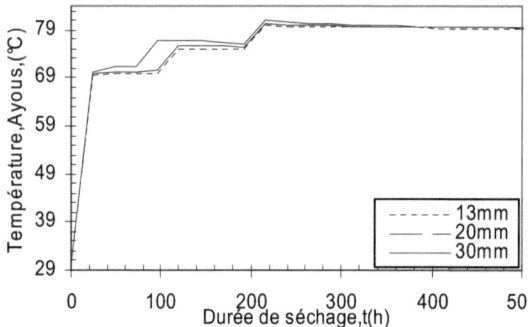

Figure 160 : Séchage de l'ayous, suivi de la table de séchage. Effet de l'épaisseur des planches sur l'évolution de la température de la pile.

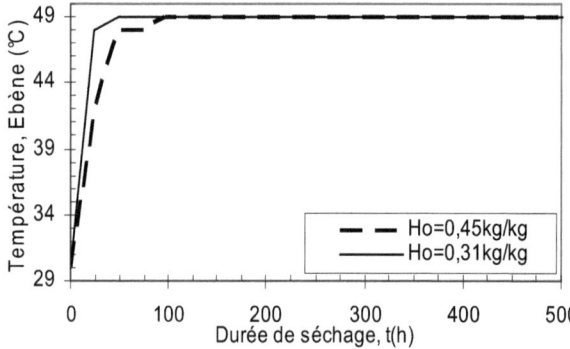

Figure 161 : Séchage de l'ébène, suivi de la table de séchage. Effet de la teneur en eau initiale des planches sur l'évolution de la température de la pile, e=20mm.

La figure 161 montre que la forme de l'évolution de la température de la pile de bois est fonction de la teneur en eau initiale des planches. Car lorsque la teneur en eau initiale est importante, plusieurs étapes de la table de séchage sont suivies.

La figure 162 présente l'évolution temporelle de l'humidité en fonction des épaisseurs des planches de bois d'ayous, le suivi étant celui de l'entreprise. Nous constatons que la variation de l'épaisseur a une influence significative sur la durée de séchage. Plus l'épaisseur augmente, les durées de préchauffage et de séchage deviennent importantes. Partant d'une humidité initiale des piles de bois d'ayous de 52%, on atteint 20% d'humidité après 140h de séchage pour une épaisseur de 25mm. Cette humidité est atteinte après 180h et 220h de séchage respectivement pour des épaisseurs de 30mm et 35mm.

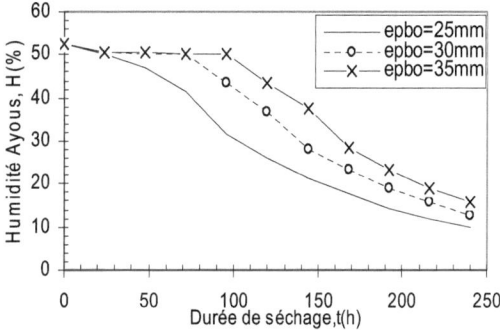

Figure 162 : Séchage de l'ayous, suivi de l'entreprise. Effet de l'épaisseur des planches sur l'évolution de l'humidité de la pile.

III.3.5. Equilibrage et conditionnement

Après l'opération de séchage, c'est-à-dire après l'atteinte de l'humidité moyenne souhaitée, il est important de détendre aussitôt les fibres du bois (conditionnement) et d'homogénéiser l'humidité dans l'épaisseur du bois (équilibrage) afin d'améliorer sa stabilité spatiale. L'humidité de la planche en fin de séchage étant croissante de sa surface vers son centre, il faut donc humidifier sa surface pour annuler les gradients d'humidité. Durant cette étape, on maintient constante la température sèche de fin de séchage et on augmente significativement la température humide (de 20 à 30°C en fonction des essences) et l'humidité relative de l'air de séchage (de 40 à 50% en fonction des essences) de fin de séchage (Cloutier 1993). Pour mieux juger la qualité des piles de bois séchés et améliorer davantage les tables de séchage des essences étudiées, il est important de définir le comportement viscoélastique du bois et d'intégrer dans les équations du modèle les influences des effets mécaniques sur les propriétés de sorption de l'eau (Chassagne *et al.* 2005, Hassini *et al.* 2007).

Dans ce chapitre, les isothermes de désorption de l'ayous et de l'ébène ont été déterminées expérimentalement avec la forte collaboration du Laboratoire d'Energétique des Phénomènes de Transfert (LEPT) de l'ENSAM de l'Université de Bordeaux I. Les corrélations estimant les humidités au point de saturation des fibres de nos essences d'étude sont déduites en fonction de la température. Les masses volumiques des bois d'étude, grandeurs permettant de mieux caractériser le bois sont aussi déterminées. Nous nous sommes attardés sur les influences de l'humidité du bois et de la température de l'air de séchage sur ces grandeurs en recherchant des corrélations liant les grandeurs thermophysiques à l'humidité du bois et à la température de l'air de séchage. Les résultats de nos expériences et de notre recherche bibliographique nous ont permis d'étudier les influences de la densité, de l'humidité et de la température sur la diffusivité thermique de nos essences. Il ressort qu'il est erroné de négliger leurs influences lors de tout processus de séchage.

Nous avons ensuite utilisé la fonction cinétique de T.Kudra et G.I.Efremov afin de comprendre l'évolution des échantillons de bois d'ayous et de bois d'ébène en cours de séchage à l'échelle de la planche. Cette étude permet de situer les bois par rapport à leur cinétique de séchage et de déduire les corrélations des vitesses de séchage très utiles dans la modélisation du séchage du bois. Une fonction traduisant l'évolution du coefficient de diffusion de l'eau dans les bois d'étude est déduite en fonction des conditions de séchage. Les résultats obtenus ont été validés en les comparant d'une part avec les valeurs expérimentales, et d'autre part en les confrontant aux résultats de la littérature existante en terme d'évolution. L'exploitation des corrélations obtenues nous a conduit à une étude de sensibilité.

Il ressort que les conditions initiales et aux limites ont une grande influence sur l'évolution ultérieure du séchage de nos essences, ce qui permet alors de sécher ensemble que des échantillons d'humidité initiale identique et de s'assurer d'une répartition homogène de la température et de l'humidité relative de l'air dans le séchoir. Le bois d'ébène est moins diffusif que le bois d'ayous et la fonction estimant le coefficient de diffusion de l'eau obtenu dans ces bois sont valables lorsque les surfaces des bois ont atteint le domaine hygroscopique.

La troisième partie de ce chapitre nous a permis de comprendre le fonctionnement des séchoirs thermiques et solaires généralement utilisés en entreprise. Nous avons aussi étudié le comportement de deux planches de bois, l'un d'ayous et l'autre d'ébène, en cours de séchage. Il ressort que les modèles obtenus répondent favorablement au séchage des échantillons de bois étudiés. Les coefficients de diffusion de l'eau déduits du Modèle quasi-stationnaire modifié traduisent un comportement satisfaisant de nos essences lors de leur séchage. Nous observons néanmoins un écart entre les valeurs simulées et expérimentales. Ceci est dû aux hypothèses simplificatrices adoptées et aux erreurs des mesures expérimentales.

Le séchage solaire de nos essences à l'échelle d'une planche est ensuite amorcé. Ce mode de séchage donne des possibilités d'économie de l'énergie. Les résultats de la simulation montrent que la modélisation faite peut servir pour prédire la teneur en eau du bois et les températures des différentes composantes du séchoir. Mais seulement, une bonne évaluation des conditions initiales de tous les éléments du séchoir et de l'air de séchage est importante et contribue à améliorer la prédiction de tous les résultats du séchage solaire. Une amélioration de la conduite dudit séchoir peut alors être déduite. La déshumidification de l'air de séchage permet de gagner un temps important et les épaisseurs de la tôle (corps noir) et de la paroi du séchoir n'ont pas une influence importante sur la température et l'humidité du bois.

Enfin, nous avons présenté les résultats de notre modélisation à l'échelle de la pile sur site industriel. Le modèle traduit bien la variation de l'humidité des piles de bois séchés en entreprise, ce qui assure sa validation. Nous avons ensuite étudié les sensibilités de la durée de séchage en fonction des caractéristiques de la pile et de l'air. Nous constatons que la vitesse de l'air et la porosité de la pile n'ont pas une influence significative sur la durée de séchage, ceci dans la gamme de variations étudiées. L'épaisseur des planches et l'humidité initiale de la pile influencent la durée de séchage. L'étude comparative entre le suivi du séchage en entreprise et celui des tables de séchage proposé par les spécialistes nous montre une grande divergence tant au niveau des températures que des humidités relatives de l'air à appliquer dans chaque phase du séchage. Les conditions de la table de séchage sont très rudes, comparées à celles des entreprises qui sont plus orientées dans le besoin de réduire la durée de séchage en se souciant de la qualité des bois séchés. Le séchage de plusieurs espèces de bois diminue forcement la vitesse de séchage de l'espèce le plus facile à sécher.

CONCLUSION GENERALE

Les isothermes de désorption des bois d'Ayous et d'Ebène, nos principaux bois d'étude, nous amènent de constater que l'humidité au point de saturation des fibres (PSF) du bois est fonction de sa densité. Les relations établies dans cette thèse permettant d'estimer les humidités aux PSF montrent que, à 20°C, elles valent environ 19% et 29% respectivement pour le bois d'ébène et pour le bois d'ayous. Cette propriété varie en fonction de la température pour une essence de bois donnée. Exposés aux mêmes caractéristiques de l'ambiant, le bois d'ébène est plus dense que le bois d'ayous, cette dernière étant très stable dimensionnellement parlant au cours du séchage, au regard des retraits trouvés. Les masses volumiques de nos bois sont fonction de la température. Cette influence, qui serait due à la variation du coefficient d'expansion thermique du bois avec la température, est généralement négligée dans les modélisations et simulations numériques.

Les corrélations établies dans ce travail qui estiment la masse volumique de nos bois sont utilisées et complétées par la capacité calorifique et la conductivité thermique tirées de la littérature pour déterminer la diffusivité thermique des bois. Les variations obtenues concordent avec celles obtenues par J.M.Hernandez et Bajil Ouartassi.

La caractérisation de la cinétique de séchage de nos bois, lissée grâce au modèle quasi-stationnaire modifié qui nécessite un nombre de points expérimentaux faible pour mieux approximer d'autres valeurs par extrapolation, nous a permis d'estimer les variations instantanées de la vitesse de séchage et du coefficient de diffusion de nos bois. Ce modèle permet aussi un bon filtrage afin de réduire le bruit expérimental. Les relations obtenues restent très liées au séchoir expérimental. Bien qu'offrant des valeurs intéressantes dans le domaine hygroscopique, les valeurs du coefficient de diffusion dans le domaine non hygroscopique nécessitent une forte révision, au regard des hypothèses adoptées.

La partie modélisation et simulation numérique est ensuite amorcée. Nous avons ainsi modélisé un séchoir solaire et un autre électrique à l'échelle du laboratoire. La confrontation des résultats expérimentaux et théoriques nous a permis de valider les modèles et d'étudier les sensibilités des paramètres contrôlables par le conducteur du séchage pour améliorer la durée de séchage. Dans un séchoir électrique, on gagne environ 20h de séchage du bois d'ayous en passant des conditions constantes de l'ambiance doté d'une température d'air de 40°C à l'usage d'une table de séchage. Cette durée de séchage n'est pas modifiée dans le cas du bois d'ébène. Quelque soit le bois, il est nécessaire d'homogénéiser l'humidité dans son épaisseur après le séchage, car elle est croissante de la surface vers le plan médian. La modélisation du séchoir solaire donne des résultats satisfaisants. Les valeurs théoriques varient significativement en fonctions des températures initiales. Ce type de séchage est très long, mais approprié pour le bois d'ébène, car les températures douces qu'on obtient ici permettent de sécher ce bois gratuitement et sans risques de destruction. Nous constatons ensuite que, une fois l'équilibre thermique atteint, la variation des épaisseurs des éléments du séchoir solaire n'a aucune influence sur les évolutions de la température du bois et de celle de l'air. Ce qui nous donne le choix des épaisseurs des différents éléments du séchoir dans la construction à l'échelle industrielle. La fréquence d'extraction de l'air humide du séchoir permet de gagner un temps important, plus ce recyclage est effectué un peu plus tôt, c'est à dire lorsque l'air est moins chargé d'eau, plus on gagne en temps de séchage, l'inconvénient est alors au niveau de son suivi. Ce séchoir nous permet d'atteindre 15% d'humidité après 15 jours de séchage du bois d'ayous et un mois de séchage du bois d'ébène, les humidités initiales étant respectivement de 37% et de 28%.

La simulation numérique du séchage de nos bois à l'échelle industrielle est ensuite abordée. Notre modélisation est appliquée à la suite de certaines hypothèses simplificatrices. La modélisation obtenue est validée en confrontant les résultats de notre code numérique aux mesures effectuées sur le bois d'Iroko tirées de la littérature, et sur les mesures que nous avons effectuées sur les piles de bois d'Ayous. Le programme de séchage ayant permis d'obtenir ces mesures et les coefficients thermophysiques des bois d'étude sont intégrés dans notre code. Au regard de la valeur de l'incertitude absolue moyenne trouvée, notre modélisation suivie de la discrétisation et de la simulation numérique effectuées s'avèrent adapter pour prédire le comportement de l'air et des piles de bois qui se trouvent dans le séchoir. Nous constatons que la vitesse de l'air de séchage et la porosité volumique de la pile de bois n'influencent pas significativement les valeurs de la vitesse de séchage et de l'humidité des piles de bois. L'humidité initiale des piles de bois marque significativement la vitesse de séchage au début de l'opération lorsque le bois est initialement dans le domaine hygroscopique. Au regard du temps important nécessaire pour sécher le bois d'ébène, de sa fragilité et des dépenses qui en découlent, il est intéressant d'utiliser un séchoir solaire.

Les limites que ce travail laisse ressortir peuvent ainsi offrir des nouvelles perspectives nécessaires pour améliorer la prévision de la qualité des bois tropicaux séchés sur les sites industriels au Cameroun. On peut ainsi citer :

*la multiplication des essais permettant de caractériser nos bois est une nécessité en tenant compte des espèces dans toute l'épaisseur du tronc et dans toute sa longueur. Les déterminations expérimentales de la perméabilité, de la fraction massique de vapeur d'eau dans l'air de séchage et de la pression capillaire seraient de nature à mieux estimer la vitesse d'extraction de l'eau libre du bois. Le modèle quasi stationnaire modifié étant semi empirique, il est important de déterminer ses paramètres dans une grande plage de conditions expérimentales. La construction des courbes caractéristiques de séchage de chaque espèce de bois peut aussi être envisagée pour remplacer le modèle quasi stationnaire modifié.

*il est intéressant, vu le nombre non moins important des essences bois, de modéliser leurs propriétés thermophysiques en fonction de l'humidité, de la température, et de leur densité entre autres. La définition physique des coefficients des équations obtenues permettrait de regrouper les corrélations retenues par groupe de bois après validation.

* une meilleure estimation des données initiales, en ce qui concerne le séchoir solaire, est une urgence, car celles-ci ont une influence non négligeable sur la suite du séchage solaire.

* il est établi que le bois n'est pas stable lors du séchage. L'étude des relations entre les propriétés mécaniques et la température et l'humidité du bois d'une part, et la prise en compte des équations de continuité des quantités de mouvement des différentes phases dans le bois d'autre part, permettraient de mieux situer les bois après le séchage par rapport à leur qualité. On pourra ainsi par voie de conséquence bien définir le caractère viscoélastique non linéaire du bois et intégrer dans notre modèle les lois de comportement.

* nous avons négligé les échanges de chaleur par rayonnement entre les différents éléments du séchoir industriel. L'étude de l'influence de ces échanges pourra situer les sécheurs.

*une discrétisation de notre problème en dimension deux ou trois serait plus réaliste. Il faudrait alors déterminer toutes nos grandeurs thermophysiques selon les directions privilégiées du bois.

* le type de débit des planches a une influence importante sur la qualité du bois séché et sur la durée de l'opération. Il est alors important de tenir compte de ce facteur.

Au regard de tout le travail exposé dans les différents chapitres, nous sommes persuadés que le lecteur néophyte aura évolué dans la compréhension de la structure du bois, de la disposition des planches de bois pour effectuer un bon séchage solaire, l'utilité de la détermination expérimentale des coefficients thermophysiques du bois, son comportement en cours de séchage. Le lecteur avisé pourra utiliser nos modèles pour estimer la durée de séchage de nos bois, ou la durée de séchage des autres bois après avoir estimé expérimentalement leurs coefficients thermophysiques. Dans l'ensemble, ce travail peut être utile pour amorcer la révision des tables de séchage des bois tropicaux car, celles utilisées en entreprise s'orientent plus dans l'optimisation de la durée de séchage que dans le besoin d'obtenir des bois séchés de qualité.

BIBLIOGRAPHIE

Abomo, Cameroon Tribune, 19 Août 2010, N°9663/58564

Aghfir M.,Kouhila M.,Jamali A.,Idlimam A.,Lamharrar A.,Rhazi M. 2005;''Isothermes d'adsorption-désorption des feuilles de romarin (rosmarinus officinalis)'' 12èmes Journées Internationales de thermique, Tanger, Maroc du 15 au 17 Novembre, pages 215-218

Agoua E., Zohoun S., Perré P., **2001;**'' Utilisation d'une double enceinte pour déterminer le coefficient de diffusion d'eau liée dans le bois en régime transitoire : recours à la simulation numérique pour valider la méthode d'identification'', International Journal of Heat and Mass Transfer, 44, 3731-3744

Ahouannou C., Jannot Y., Lips B., Lallemand A.,2000,''Caractérisation et modélisation du séchage de trois produits tropicaux : manioc, gingembre et gombo'' Sci.Aliments,20(4/5),413-432

Ahouannou C., Jannot Y., Nganhou J., Lips B., Lallemand A., 1999;''Caractérisation thermo-physique de produits agricoles en vue d'une modélisation des séchoirs'' In C.Kapseu α J.Kayem(éds), Actes du séminaire International sur le séchage et la valorisation du karité et de l'aiélé,1-3 décembre,Ngaoundéré, Cameroun, 179-194

Aissani L., Attaf N., Mezzache E., 2008; ''Etude de l'évolution de l'humidité et de la température lors du séchage d'un milieu poreux : le bois'' Revue des énergies renouvelables, CISM'08, Oum El Bouaghi 1-12

Al-Muhtaseb A.H., McMinn W.A.M., Magee T.R.A., 2004; ''Water sorption isotherms of starch powders. Part 2: Thermodynamic characteristics'' Journal of Food Engineering (62) 135-142

Aléon D.,Chanrion P.,Négré G.,Perez J.,Snieg O.; 1990,'' Séchage du bois : Guide pratique'' CTBA

Alexandru S., 2003; ''The wood drying within oscillating regimes'' 8th International IUFRO Wood Drying Conference, 311-314

Allegretti O., Ferrari S., 2004; ''Characterization of the drying behaviour of some temperate and tropical hardwoods'' CNR-IVALSA, Italy

Alvear M., Broche W., Salinas C., Ananias R.A., 2003; ''Drying kinetic of Chilean coigüe: Study of the global drying coefficient'' 8th International IUFRO Wood Drying Conference, 383-387

Amadou Haoua; 2007, ''Modélisation du séchage solaire sous serre des boues de stations d'épurations urbaines'' Thèse de Doctorat, Université Louis Pasteur, Strasbourg I, N°99026201

Amiri C.R., Esna-Ashari M., 2010;''Modeling isosteric heat of soya bean for desorption energy estimation using neural network approach'' Chilean Journal of Agriculture Research, vo.70,N°4

Anderberg A., Wadsö L., 2008; ''Method for simultaneous determination of sorption isotherms and diffusivity of cement based materials'' Cement and Concrete Research 38, 89-94

Ast Johann, 2009''Etude de l'évolution des caractéristiques physico-chimiques des plaquettes forestières en fonction des modalités de stockage et de séchage'' Thèse de Doctorat de l'Université Henri Poincaré de Nancy 1

Awadalla H.S.F., El-Dib A.F., Mohamad M.A., Reuss M., Hussein H.M.S.; 2004''Mathematical modelling and experimental verification of wood drying process'' Energ. Conv. and Manag. 45,197-207

Award M., Turner I., 2000;''Flux-limiting and non-linear solution technical for simulation of transport in porous media'' AMZIAM J.42(E) ppC157-C182

Ayangma F.,Nkeng G.E.,Bonoma D.B.,Nganhou J., 2008 ;''Evaluation du potentiel en énergie solaire au Cameroun : cas du Nord Cameroun''AJST,Vol.9, No2

Bajil Ouartassi, 2009 ; ''Etude numérique de la dynamique des transferts couples au sein d'un milieu poreux'' Thèse de Doctorat de l'Université Henri Poincaré, Nancy I.

Batista L.M., Da Rosa C.A., Pinto L.A.A., 2006 '' Diffusive model with variable effective diffusivity considering shrinkage in thin layer drying of chitosan'' (soumis)

Bekkioui N., Zoulalian A., Hakam A., Bentayeb F., Sesbou A., 2009;''Modelling of a solar wood dryer with glazed walls'' Maderas, Cencia y tecnologia, 11(3): 191-205,

Belghit A., Belahmidi M., Bennis A., Boutaleb B.C., Benet S., 1997; ''Etude numérique d'un séchoir fonctionnant en convection forcée'' Rev.Gén.Therm 36, 837-850

Belghit A., Kouhila M., Boutaleb B.C., 1999;''Experimental study of drying kinetics of sage in a drying tunnel working in forced convection'' Rev.Energ.Ren.Vol.2,17-26

Benhamou A., Kouhila M., Zeghmati B., Benyoucef B., 2010;''Modélisation des isothermes de sorption des feuilles de marjolaine''Rev.Energ.Ren.Vol.2, 233-247

Benkhefelah R., Mokretar S.E., Miri R., Belhame M., 2005''séchoirs solaires. Etude comparative de la cinétique de séchage des produits agro alimentaires dans des modèles de types direct et indirect''12èmes Journées Internationale de Thermique, Tanger, Maroc, 15-17 Novembre, P259-262

Benkoussas B., Larbi S., Gahmousse A., Loraud J.C., 2006;''Modélisation numérique de la pyrolyse d'une particule d'un lit végétal méditerranéen'' 8ème Séminaire International de la Physique Energétique, C.U BECHAR, Algérie-SIPE8,149-154

Belessiotis V., Delyannis E., 2010 ;'' Solar drying'' Solar Energy, doi : 10.1016/j.solener.2009.10.001 (article in press)

Bennamoun L., Belhamri A., 2003; '' Design and simulation of a solar dryer for agriculture products'' Journal of Food Engineering, 59, 259-266

Bennamoun L., Belhamri A., 2006; '' Numerical simulation of drying under variable external conditions: Application to solar drying of seedless grapes'' Journal of Food Engineering, 76, 179-187

Bentayeb F, Bekkioui N., Zeghmati B., 2008;''Modelling and simulation of a wood solar dryer in a maroccan climate''Renewable Energy 33, 501-506

Bizot H., Multon J.L., 1978'' Méthode de référence pour la mesure de l'activité de l'eau dans les produits alimentaires'' Ann.Technol. Agr. 27(2) ,441-449

Bjork H.,Rasmuson A., 1995;''Moisture equilibrium of wood and dark chips in superheated steam'' Fuel (74) n°12,1887-1890

Bond Brian, Hamner Peter;"Wood identification for hardwood and softwood species native to Tennessee" Cours, Departement de Forestrerie, Université de Tennessee

Bonoma Beguide; 1986 "Contribution à l'étude de la déshumidification d'un habitat en zone tropicale" Thèse de l'Université de Poitiers

Bonoma B., Migue F., 2005; "Digital simulation of the convective approach of the drying of Iroko and Sapelli" PCN 24, 30-34

Bonoma B., Monkam L., Kaptouom E., 2005;" Influence of the water content of Iroko and Doussié on their thermophysical properties" PCN, 25,1-7

Bonoma B., Monkam L., Kaptouom E., 2007;"Determination of some physical and thermal characteristics of moabi" AOIJ, volume 20, www.acadjournal.com

Bonoma B., Simo Tagne M., 2005" Une contribution à l'étude du séchage de l'ayous et de l'ébène" Phys.Chem.News 26, 52-56

Bonoma B., Simo Tagne M., Monkam L., 2010;" Influence of temperature and water content on the density and porosity of the tropical woods: ayous, baobab, sapelli, lotofa and padouk" Phys.Chem.News 51, 79-83.

Bouardi A.E., Ezbakhe H., Ajzoul T., 2002;"Dimensionnement et optimisation énergétique d'une installation de séchage solaire" FIER, Tetouan-Maroc

Boubeghal A., Benhammou M., Omari B.,Amara S., Amer L., Moungar H., Ouejdi S., 2007;"Etude numérique d'un séchoir solaire fonctionnant en convection naturelle", Revue des énergies renouvelables, ICRESD-07 Tlemcen, 315-320

Caceres Salazar G.E., 2006 ;"Modélisation du séchage d'un milieu poreux saturé déformable : prise en compte de la pression du liquide" Thèse de Doctorat de l'ENSAM, Centre de Bordeaux, 4 mai

Candanedo L.,Derome D., 2005 ;"Numerical simulation of water adsorption in softwood", Bulding Simulation, Ninth International IBPSA Conference, Montréal-Canada 123-130

Chassagne P.,Vidal-Sallé E., Jullien J.F., 2005;"Etude des phénomènes multi-physiques couplés : Application au bois sous les sollicitations thermo-hydro-mécaniques variables induites par l'opération de séchage'' 7ème colloque national en calcul des structures, Giens, 17-20 mai, 6pages

Chemkhi S., 2008 ; '' Séchage d'un milieu déformable non saturé : Modélisation du couplage hygromécanique'', Thèse de Doctorat de l'Université de Bordeaux I et de l'Ecole Nationale d'Ingénieurs de Monastir, 31 janvier, N° d'ordre 3563, 119 pages

Ciegis R.,Starikovicius V., 2001;''The finite difference scheme for 3D mathematical modelling of a wood drying process'' Computational methods in applied mathematics'' vol.1, N°2, pp125-137

Cloutier A., 1992;''Le séchage du bois de sciage, Partie 1 : Principes de base'' Septembre

Cloutier A., 1993;''Le séchage du bois de sciage. Partie 2 : aspects pratiques'' Janvier

Comolet R., 1982; ''Mécanique expérimentale des fluides'', tome 2, Masson, 453P

Desch H.E.,Dinwoodie J.M., 1996; "Timber: Structure, properties, conversion and use'' 7th ed. Macmillan Press Ltd., London, 306p.

Djongyang N.,Tchinda R.,Njomo D., 2009;''A study of coupled heat and mass transfer across a porous building component in intertropical conditions'' Energy Buildings ,doi :10.1016/j.enbuild.2008.11.009, article in press.

Durand P.Y., 1985; ''Contribution à l'étude de la détermination des tables de séchage à partir des caractères physiques du bois'' Revue Bois et Forêts des Tropiques, no 207, 1er trimestre, P.63-78

Etuk S.E. , Akpabio L.E. ,Akpabio K.E., 2005 ; ''Determination of thermal properties of cocos uncifera trunk for predicting temperate variation with its thickness'' The Arabian Journal for Science and Engineering, Volume 30, Number 1A, January 121-126

Fadhel A., Kooli S., Farhat A., Belghith A., 2008;'' Séchage du raisin en plein air, dans un séchoir et sous serre. Modèle mathématique et validation expérimentale'' Revue des Energies Renouvelables CICME'08 127-142

Forest Products Laboratory; 1957 '' Shrinking and swelling of wood in USE (Information reviwed and reaffirmed)'' N°736, August

Fornell A., Bimbenet J.J., Almin Y, 1980; "Experimental study and modelization for air drying vegetable products" Lebnsm.-Wiss.U.-Technol., 14, 96-100

Forson F.K., Nazha M.A.A., Rajakaruna H., 2007; "Modelling and experimental studies on a mixed-mode natural convection solar crop dryer" Solar Energy 81, 346-357

Garrahan P., 2004; " Le séchage du bois- Choisir le système de séchage qui répond le mieux à vos besoins" TP-04-03E, Avril, www.valeuraubois.ca

Geovana Michele Pontin, 2005; " Propriétés physico-mécaniques de trois bois au-dessous et au-dessus de la saturation des membranes" Mémoire de maîtrise en science, Université de Laval, Avril

Gérard J., Kouassi A.E., Daigremont C., Détienne P., Fouquet D., Vernay M., 1998; "Synthèse sur les caractéristiques technologiques de référence des principaux bois commerciaux africains" Série FORAFRI, Document 11, CF, CIRAD, CIFOR, 186p

Ghabi C., Benticha H., Sassi M., 2006; "Modélisation et simulation numérique de la pyrolyse du noyau d'olive" Afrique Science 02(2) 142-162

Gibson R.D., Cross M., Young R.W., 1979; "Pressure gradients generated during the drying of porous shapes" Int.J.Heat Mass Transfer,Vol.22,pp827-830

Gourdin A., Boumahrat M., 1983; "Méthodes numériques appliquées" Lavoisier -Tec α Doc 423P

Guoxing D., Lianbai G., Zhendeng Z., 2003; "Study on drying strategies for eucalyptus lumber with 25mm thickness" 8th International IUFRO Wood Drying Conference, 209-211

Hachemi A., Abed B., Asnoun A., 1998; "Theoretical and experimental study of solar drying" Renewable Energy, Vol.13, N°4, 439-451

Hassini L., Azzouz S., Belghith A., 2007 ; "Modélisation hydrothermique 2D d'un produit fortement déformable lors du séchage convectif" 13èmes Journées Internationales de Thermique, JITH 2007, Albi, France

Helel D., Boukadida N., 2007; "Transfert de chaleur et de masse dans un milieu poreux non saturé soumis à une convection forcée laminaire", JITH 2007, ALBI, France(2007), hal-00162866, version 1-29Aug, 1-5

Hernandez J.M., 1991 ; " Séchage du Chêne : Caractérisation, procédés convectif et sous vide" Thèse de Doctorat, Université de Bordeaux I

Horacek P., 2003; "Modelling of coupled moisture and heat transfer during wood drying" 8th International IUFRO Wood Drying Conference 372-378

Jannot Y., 2006;"Du séchage des produits agroalimentaires tropicaux à la caractérisation thermophysique des solides" Exposé pour l'obtention du HDR, 7 juillet

Jannot Y., 2003a; "Isothermes de sorption : modèles et détermination", www.thermique55.com/principal/sorption

Jannot Y., 2003b;"L'air humide",pp17 www.thermique55.com/principal/

Jannot Y., 2003c; "Thermique Solaire", 75pages

Jannot Y., Batsale J.C., Ahouannou C., Kanmogne A.,Talla A., 2002;"Measurement errors processing by covariance analysis for an improved estimation of drying characteristic curve parameters" Drying Technology (20), n°10, 1919-1939

Jannot Y., Coulibaly Y., 1997;"Radiative heat transfer in a solar air heater covered with a plastic film" Solar Energy, 60, n°1, 35-40

Jannot Y., Kanmogne A., Talla A., Monkam L., 2006;"Experimental determination and modelling of water desorption isotherms of tropical woods: afzelia, ebony, iroko, moabi and obeche" Holz als Roh-und Werkstoff 64, 121-124

Jannot Y., Talla A., Nganhou J., Puiggali J.R., 2004;" Modeling of banana convective drying by the drying characteristic curve (DCC) method" Drying Technology (22), n°8, 1949-1968

Johansson A., Fyhr C., Rasmuson A., 1997;"High temperature convective drying of wood chips with air and superheated steam" Int.J.Heat Mass Transfer (40) 12-pp2843-2858

Kanmogne Abraham, 1997 ; '' Etude du séchage du cacao au Cameroun'', Thèse de Doctorat-Ingenieur, Université de Yaoundé I, 18 Décembre

Karsenty A., Roda J.-M., Milol A.,Fochivé E., 2006;''Audit économique et financier du secteur forestier au Cameroun. Rapport final'' Département Forêts du CIRAD, Institut National de la Statistique du Cameroun, Septembre, 222pages

Kemajou A., Mba L., 2011; ''Matériaux de construction et confort thermique en zone chaude. Application au cas des régions climatiques camerounaises'' Revue des Energies Renouvelables, Vol 14, N°2, 239-248

Khalfi A., Blanchart P., 1999; ''Desorption of water during the drying of clay minerals. Enthalpy and entropy variation'' Ceramics International (25) 409-414

Khama R., Belhamri A., 2009 ;''Description mathématique du transfert de chaleur et de masse à travers un lit profond de séchage. Effet du rétrécissement sur la porosité du lit'' Revue des Energies Renouvelables (12) N°4, 597-605

Khiari B., Mihoubi D., Ben Mabrouk S., Sassi M., 2004;'' Experimental and numerical investigations on water behaviour in a solar tunnel drier'' Desalination 168, 117-124

Khouya A., Beabdeouhab J., Draoui A., 2007;''Simulation numérique des transferts thermiques dans un système de séchage solaire du bois''13èmes Journées Internationales de Thermiques,Albi,France,28-30 Août

Khouya A., Draoui A., 2009;''Détermination des courbes caractéristiques de séchage de trois espèces de bois'' Revue des énergies renouvelables, Vol(12), N°1, 87-98

Khouya A., Draoui A., Tlemçai N., 2005;''Contribution à l'étude comparative de trois configurations de capteurs solaires plans à air et à application au séchage du bois'' 12èmes Journées Internationales de Thermique, Tanger, Maroc,15-17 Novembre,P101-104

Kocaefe D., Younsi R., Poncsak S., Kocaefe Y., 2007;''Comparision of different models for the high-temperature heat-treatment of wood'' Int.J.Thermal Sciences, 46,707-716

Kouchade A.C., 2004 ;''Détermination en routine de la diffusivité massique dans le bois par la méthode inverse à partir de la mesure électrique en régime transitoire '' Thèse de Doctorat de l'ENGREF

Kouhila M., Belghit A., Bennis A., 2003; "Modélisation numérique des transferts thermiques et massiques lors du séchage convectif du liége" Rev.Energ.Ren. Vol.3, 105-115

Kouhila M., Fliyou M., Belghit A., Otmani M., Kechaou N., 2002; "Experimental study of solar drying kinetics of Moroccan Eucalyptus Globulus" FIER, Tétouan-Maroc 247-253

Kudra T., Efremov G.I.; 2002; "A quasi-stationary approach to drying kinetics of fluidized particulate materials" HP, 055-OP-J

Kuitche A., Kouam J., Edoun M., 2006; "Modélisation du profil de température dans un séchoir construit dans un environnement tropical" Journal of Food Engineering 76,605-610

Kulasiri D.,Woodhead I., 2005; "On modelling the drying of porous materials: analytical solutions to coupled partial differential equations governing heat and moisture transfer" Mathematical Problems in Engineering 2005:3 275-291 doi:10.1155/MPE.2005.275

La Lettre de l'ATIBT, 2002 ; Commerce mondial des bois tropicaux : entre demande asiatique et pression écologiste occidentale, n° 16, été

Lamharrar A., Ethmane Kane C.S., Idlimam A., Akkad S., Kouhila M., Mimet A., Ahachad M., 2007; "Détermination expérimentale des isothermes de sorption et de la chaleur isostérique des feuilles d'absinthe et de menthe pouliot" $13^{\text{èmes}}$ Journées Internationales de Thermique, Albi, France du 28 au 30 Août, pages1-5

Lienhard IV J.H., Lienhard V J.H., 2001;" A heat transfer textbook, third edition" phogiston press, cambridge massachusetts, Pp705

Lim L.C., Tasirin S.M., Wan Daud W.R., 2004; "Derivation of new drying model theoretical diffusion controlled drying period" Proceedings of the 14th International Drying Symposium (IDS2004), Sao Paulo, Brazil, 22-25 August, vol.A, 430-435

Liu J.Y.; Simpson W.T., 1999;" Inverse determination of diffusion coefficient for moisture diffusion in wood"ASME National Heat Transfer Conference, NHTC99-40

Lumbroso H., 1987 ; ''Problèmes résolus de thermodynamique. Physique de la matière'', McGraw-Hill, 3ième tirage

Mardini J.A.,Lavine A.S., Dhir V.K., 1996;''Heat and mass transfer in wooden dowels during a simulated fire : an experimental and analytical study'' Int.J.Heat Mass Transfer.Vol 39.No13, 2641-2651

Martin M., Perré P., Moser M., 1995 ;''La perte de température à travers la charge : intérêt pour le pilotage d'un séchoir à bois à haute température'' Int.J. Heat Mass Transfer. Vol 38,n°6, 1075-1088

Masson E., Puech J.L., 2000;''Les méthodes de séchage du bois. I-Influence du séchage en étuve sur les teneurs en éllagitanins et en composés volatils de merrains de chêne sessile'' 5ième colloque des sciences et techniques de la tonnellerie, Mars,15-19

Mayor L, Sereno A.M., 2004; ''Modelling shrinkage during convective drying of food materials: a review'' Journal of Food Engineering (61) 373-386

Merakeb Seddik, 2006 ; ''Modélisation des structures en bois en environnement variable'' Thèse de Doctorat, Université de Limoges, 26 Septembre

Messai S., Sghaier J., Lecomte D., Belghith A., 2007;''Etude expérimentale du séchage convectif à haute température d'un milieu granulaire'' 13èmes Journées Internationales de Thermique, JITH 2007, Albi, France

Meukam Pierre, 2004;''Valorisation des briques de terre stabilisées en vue de l'isolation thermique de bâtiments'' Thèse de Doctorat/Ph.D, Université Cergy-Pontoise et Université de Yaoundé I, 10 décembre

Mihoubi Daoued, 2004 ;''Déshydratation d'argiles par compression et séchage. Aspects de modélisation et de simulation''. Thèse de Doctorat de l'Université de Pau et des Pays de l'Adour, 21 octobre.

Monkam Louis, 2006; '' Contribution à l'étude du séchage des bois tropicaux au Cameroun : Cas du Doussié, du Moabi et de l'Iroko'' Thèse de Doctorat, Université de Yaoundé I,

Mouchot N., Wehrer A., Bucur V., Zoulalian A., 2000;'' Détermination indirecte des coefficients de diffusion de la vapeur d'eau dans les directions tangentielle et radiale du bois de hêtre'' Ann.For.Sci. 57 793-801

Mounajed G., Boussa H.; '' Synthèse des différents modèles et approches de couplage thermo-hygro-mécanique'' CSTB-MOCAD

Mourad M., Hemati M., Laguerie C., 1997;''Séchage intermittent de maïs en lit fluidisé à flottation : étude expérimentale et modélisation''Int.J.Heat Mass Transfer,vol.40,no5,pp1109-1119

Moutee Mohssine, 2006; '' Modélisation du comportement mécanique du bois au cours du séchage'' Thèse de Doctorat, Université de Laval

Mukam Fotsing J.A., Mbatene Takam, 2004; ''A prediction of the thermal conductivity of sapelli'' AOIJ, volume 11, www.acadjournal.com

Mukam Fotsing J.A., Wanko Tchagang C., 2004; '' Experiment determination of the diffusion coefficients of wood in isothermal conditions'', AOIJ, Volume 11,www.acadjournal.com

Nabhani M., Tremblay C., Fortin Y., 2003; '' Experimental determination of convective heat and mass transfer coefficients during wood drying'' 8th International IUFRO Wood Drying Conference, 225-230

Nadeau J.P., 2008;''Intégration énergétique: production/stockage/exploitation. Séchoirs solaires, systèmes éoliens. Systèmes énergétiques et conception'' URM CNRS 8508, ParisTech, 27/05/2008, 22 pages

Nadeau J.P., Puiggali J.R., 1995 ;'' Séchage, des processus physiques aux procédés industriels'' Paris, New York, Londres, Tec and Doc, 307pages

Naghavi Z., Moheb A., Ziaei-rad S., 2010;''Numerical simulation of rough rice drying in a deep-bed dryer using non-equilibrium model'' Energy Conversion and Management (51) 258-264

Nganhou Jean, 1986;''Etude des transferts de chaleur et de matière en convection forcée dans une opération de séchage en lit épais de produits agricoles tropicaux: Application aux fèves de cacao'' Thèse de Doctorat, Université de Poitiers, France

Nganhou Jean , 2000;''Séchage et qualité des produits agro alimentaires et du bois en zone tropicale'' Rapport du HDR, Université de Poitiers, France

Ngohe Ekam P.S., 1992, ''Etude expérimentale des propriétés thermo physiques des bois tropicaux '' Thèse de Doctorat, UCBL 1

Ngohe-Ekam P.S., Meukam P., Menguy G., Girard P., 2006;'' Thermo physical characterisa-tion of tropical wood used as building materials: With respect to the basal density'' Construction and Building Materials 20, 929-938

Njomo Donatien, 1986;''Contribution à l'étude d'un distillateur solaire à effet de serre. Modélisation des transferts radiatifs, thermiques et de matière couplés dans un distillateur à ruissellement utilisant un stockage d'énergie par chaleur latente'' Thèse de Doctorat de l'Université de Poitiers, Energétique, 3 juillet.

Njomo D., Dumarque P., 1989;''Contribution à l'étude du gisement solaire de la Rochelle, France'' La Météorologie, VIIième série (no27) avril, Pp 16-21

Nkouam G.B., 2007;''Conservation des fruits du karité et de l'aiélé : isothermes de sorption d'eau et extraction des matières grasses des fruits stockés''. Thèse de Doctorat/Ph.D, Université de Ngaoundéré et INPL

Normand D., Sallenave P., Rothe P.L., 1960;''les ébènes dans le monde'' Revue Bois et Forêts des Tropiques, n°72, Juillet-Août, 15-22

Norme française, 1985, Bois- Conditions générales d'essais- Essais physiques et mécaniques

Nsouandélé J.L., Bonoma B., Simo Tagne M., Njomo D., 2010;''Détermination du coefficient de diffusion de l'eau dans les bois tropicaux''PCN, Vol.54

Okole S.O., Cameroon Tribune, Jeudi 8 Janvier 2009, N°9262/5451

Pallet D., 1985''Modélisation et contrôle d'un séchoir solaire à bois'' Doctorat de l'Université de Toulouse 3

Pallet D, Fournier M., Themelin A., 1987 ;''Modélisation, identification et simulation d'un séchoir solaire à bois'' Revue Phys.Appl. vol(22),1399-1409

Pakowski Z.,Krupinska B.,Adamski R.; 2007,''Prediction of sorption equilibrium both in air and superheated steam drying of energetic variety of willow salix viminalis in a wide temperature range'' Fuel (86) 1749-1757

Passos M.L.; Mujumdar A.S., 2005; ''Mathematical models for improving spray drying processes for foods''Stewart Portharvest Review, 4:6.www.Stewartportharvest.com

Perré P., 1999; ''How to get a relevant material model for wood drying simulation?''Cost Action E15, Advances in drying of wood (1999-2003), 1st Workshop ''State of the art for kiln drying'' in Edingurgh 13/14th

Perré P:, 1993, ''Le séchage du bois'' ENGREF

Perré P., Turner I.W., 1999;''A 3D version of Transpore: a comprehensive heat and mass transfer computational model for simulating the drying of porous media'' Int.J.Heat Mass Transfer, 42, 4501-4521

Perry Ed., Kolokosso A.B.; 2009;''Etude de la filière bois au Cameroun. Identification des interventions porteuses d'emplois'' Rapport final, Ministère de l'Emploi et de la Formation professionnelle et Organisation Internationale du Travail

Phoungchandang S, Woods J.L., 2000;''Solar drying of bananas: Mathematical model, Laboratory simulation, and field data compared'' Journal of Food Science,65(6) ,990-996

Porras G.O., 2005'' Modélisation des phénomènes de transport en milieu diphasique : simulation 2D du séchage convectif'' Thèse de Doctorat de l'Université de Pau et des Pays de l'Adour

Raji S., Jannot Y., Lagière P., Puiggali J.R., 2009;''Thermophysical characterisation of a laminated solid-wood pine wall'' Construction and Building Materials 23, 3189-3195

Ramana Murthy M.V., 2009;''A review of new technologies, models and experimental investigations of solar driers'' Renewable and Sustainable Energy Reviews 13, 835-844

Rayan Slim, 2007;''Etude et conception d'un procédé de séchage combiné de boues de stations d'épuration par énergie solaire et pompe à chaleur'' Thèse de Doctorat de l'Ecole de Mines de Paris

Recknagel H., Sprengel E., Honman W., Schramer E.R., 1995;''Manuel pratique du génie climatique,1-données fondamentales''PYC livres,3ème édition, 757p

Remarche L., Belhamri A., 2008;''Modélisation du séchage par convection'' Revue des énergies renouvelables, CISM'08, Oum El Bouaghi, 285-297

Rémond Romain; 2004,'' Approche déterministe du séchage des avivés de résineux de fortes épaisseurs pour proposer des conduites industrielles adaptées'' Thèse de Doctorat de l'ENGREF

Retscreem International, 2009, Natural resources Canada, www.retscreem.net, mise en ligne du 26 mai 2009

Sales Ch.; 1979a, ''le séchage des bois tropicaux'' Revue Bois et Forêts des tropiques, n° 184, 61-71

Sales Ch., 1979b; ''le séchage des bois tropicaux'' Revue Bois et Forêts des tropiques, n° 185, 37-55

Sanchez L-.D. ; 2008, ''Modélisation et conception préliminaire d'un séchoir solaire pour bois de Pin avec stockage d'énergie'' Thèse de Doctorat, ENSAM

Sarmento A.L., 2004,'' Modélisation des phénomènes de transport en milieu déformable diphasique : prise en compte de la pression de la phase liquide'' Thèse de Doctorat de l'Université de Pau et de Pays de l'Adour

Scotland Neil; 2003, le courrier (le magazine de la coopération au développement ACP-UE), N°201

Sfeier A.A., Guarracino G., 1981;'' Ingenierie des systèmes solaires. Applications à l'habitat''. Technique et Documentation, 266 pages

Siau J.F., 1986;'' Flow in wood'' Springer, New York

Simo Tagne M., Beguide B. Njomo D., 2010a ;'' Modélisation et simulation numérique du séchage des bois d'ayous et d'ébène. Validation expérimentale'' Revue des Energies Renouvelables, Vol.13, N°1, 13-24

Simo Tagne M., Bonoma B., Machebu Siaka M., 2009;'' Experimental and theoretical study of drying kinetic, of diffusion coefficient and density of ayous'' Phys.Chem.News 49, 65-73

Simo Tagne M., Bonoma B., Nsouandélé J.L., Njomo D., Ndjidda B.; 2010b'' Experimental and theoretical study of drying kinetic, of diffusion coefficient and density of ebony'' Phys.Chem.News 56, 85-91.

Simpson W.T., 1999; ''Physical properties and moisture relations of wood'', Chapter 1 revised, from Forest Products Laboratory, Wood handbook, 463p

Simpson W.T., TenWolde A., 1999; ''Physical properties and moisture relations of wood'', Chapter 3, from Forest Products Laboratory, Wood handbook, 463p

Steinhagen H.P. ,1977; ''Thermal conductive properties of wood, green or dry, from -40°C to 100°C. A literature review'' Forest Products Laboratory, Forest service U.S Department of Agriculture.

Talla A., Puiggali J.R., Jomaa W., Jannot Y., 2003;''Shrinkage and density evolution during drying of tropical fruits: application to banana'' Journal of Food Engineering (64), 103-109

Talla A.,Jannot Y.,Kapseu C., Nganhou J., 2001;''Etude expérimentale et modélisation de la cinétique de séchage des fruits tropicaux : Application à la banane et à la mangue'' Sciences des Aliments,21,(5),499-518

Tchinda R., Kaptouom E., 2004;''Simulation numérique des performances d'un distillateur solaire fonctionnant en mode indirect'' AJST, vol.5, No1, pp79-91

Thaï H. V., 2006; ''Influence of pore size distribution on drying behavious of porous media by a continuous model'' Thèse de Docteur Ingénieur, Université de Magdeburg,

Themelin A., 1998;''Comportement en sorption de produits ligno-cellulosiques'' Bois et Forêts des Tropiques, N°256(2)

Touati B. 2008;''Etude théorique et expérimentale du séchage solaire des feuilles de menthe verte (mentha veridis)'', Thèse de Doctorat, Université de Tlemcen et I.N.S.A de Lyon

Trevino C.,Becerra G.,Mendez F., 1997;''The classical problem of convective heat transfer in laminar flow over a thin finite thickness plate with uniform temperature at the lower surface'' Int.J.Heat Mass Transfer,40,n°15,3577-3580

Trignan J. 1991, '' Probabilités statistiques et leurs applications'', Bréal

Tropix 6.0 ; Ebène d'Afrique, CIRAD-Forêt, fiche n°157, 02/09/2008, 2pages

Trujillo F.J., Wiangkaew C., Pham Q.T. 2004;'' Comparison of three methods of estimating the effective diffusivity of moisture in meat from drying data'' International Conference Engineering and Food, (ICEF9)

Turner I.W., Puiggali J.R., Jomaa W. 1998;"A numerical investigation of combined microwave and convective drying of a hygroscopic porous material: a study based on pine wood" Trans I ChemE, 6, Part A, 193-209

Ukrainczyk Neven; **2009** "Thermal diffusivity estimation using numerical inverse solution for 1D heat conduction" Int.J.Heat Mass Transfer 52, 5675-5681

Usta I. 2003;"Comparative study of wood density by specific amount of void volume (porosity)"Tuk J.Agric.For,27, Pp1-6

Verbelen Filip; **1999** "l'exploitation abusive des forêts équatoriales du Cameroun" Creenpeace Belgique

Vidal Bastias M., Cloutier A.; **2005** "Evaluation of wood sorption models for high temperatures" Maderas, Ciencias y tecnologia 7(3): 145-158

Whitaker S., **1986;** "Flow in porous median I: a theoretical derivation of Darcy's law", Transport in porous media 1, 3-25

Wu Q., 1999; " Application of Nelson's sorption isotherm to wood composites and overlays", Wood and Fiber Science, (31) 2, 187-191

Youngman M.J., Kulasini G.D., Woodhead I.M., Buchan G.D., **1999;** " Use of a combined constant rate and diffusion model to simulate kiln-drying of pinus radiata timber", Silva Fennica 33 (4) research articles 317-325

Younsi R., Kocaefe D., Poncsak S., Kocaefe Y., Gastonguay L., **2010;** "A high-temperature thermal treatment of wood using a multiscale computational model: Application to wood poles"Bioresource Technology 9p,doi:10.1016/j.biortech.2010.01.089 (article in press)

PUBLICATIONS ISSUES DE LA THESE

[1] **M.Simo Tagne, B.Bonoma, D.Njomo**. Modélisation et simulation numérique du séchage des bois d'ayous et d'ébène. Validation expérimentale. Revue des Energies Renouvelables, Vol.13, N°1 (2010) 13-24

[2] **B.Bonoma, M.Simo Tagne, L.Monkam**. Influence de la température et de l'humidité sur la masse volumique et sur la porosité des bois tropicaux : Ayous, Baobab, Sapelli, Lotofa et Padouk, Physical and Chemical News, 51(2010) 79-83

[3] **J.L.Nsouandélé , B. Bonoma, M. Simo Tagne, D. Njomo**. Détermination du coefficient de diffusion de l'eau dans les bois tropicaux, Physical and Chemical News, 54 (2010) 61-67

[4] **M.Simo Tagne, B.Bonoma,J.L.Nsouandele,D.Njomo, B.Ndjidda**. Étude théorique et expérimentale de la cinétique de séchage, du coefficient de diffusion et de la masse volumique de l'ébène, Physical and Chemical News, 56 (2010) 85-91

[5] **M.Simo Tagne, B.Bonoma, M.Machebu Siaka**. Étude théorique et expérimentale de la cinétique de séchage, du coefficient de diffusion et de la masse volumique de l'ayous, Physical and Chemical News, 49 (2009) 63-72.

[6] **B.Bonoma, M.Simo Tagne**. Une contribution à l'étude du séchage de l'ayous et de l'ébène, Physical and Chemical News, 26(2005) 52-56.

ANNEXES

Annexe A : Listing de quelques programmes sous fortran 77
A.1- Listing du programme du séchage convectif de l'ébène avec les conditions constantes de l'ambiance

```
      program text
c     adapt, par simo tagne merlin (,bŠne,variable)
      dimension ten(60),temp(60),a(60),b(60),c(60),d(60),w(60),xh(60)
      dimension ah(60),bh(60),ch(60),dh(60),xt(60),at(60),bt(60),ct(60)
      dimension dt(60),rt(60),alphah(60),betah(60),ten1(60),betat(60)
      dimension alphat(60),temp1(60),ws(60),me(60),G(60),b1(60),dih(60)
      dimension dith(60),ditt(60),diht(60),dihh(60),o(60),E(60)
      real me,n11,a21,a22,fi
      alfa=4.5e-2
      temps=0
      tmax=990000
      l=3600
      h=7.5e-04
c     teneur d,quilibre du bois
      tenair=0.03572
      ht=11.2
      tempair=333.15
      hte=2.5e-07
      tempbois=303.15
      tenbois=0.2845
      N=12
      ep=N*h*2
      mp1=N+1
      do 1 I=1,mp1
      ten(I)=tenbois
      temp(I)=tempbois
1     continue
      temp2=tempbois
      ten2=tenbois
      tenmoy=tenbois
      tempmoy=tempbois
      write(*,224)temps/3600,ten2*100,temp2-273.15
      do 99 J=l,tmax,l
      n11=2.1014e-03*(tempair-273.15)**2-0.18798*(tempair-273.15)+4.8715
      fi=52.61423e-03*(tempair-273.15)**2-5.7947*(tempair-273.15)+166.31
      a21=(3.14*ep**2.)/(16.*temps)
      hpsf=0.1896-5.648e-04*(tempair-273.15)
      a22=(1.+(fi/temps)**n11)**2.
      do 3 I=2,mp1
      if (tenmoy.ge.hpsf) then
```

```
      E(I)=0.0
      endif
      if (tenmoy.lt.hpsf) then
      E(I)=(1170.4e+03)*exp(-14*ten(I))
      endif
      me(I)=-0.0038*(temp(I)-273.15)**2.-0.0505*(temp(I)-273.15)+1002.6
      if (tenmoy.ge.hpsf) then
      b(I)=(103.1+3.867*temp(I)+4190*ten(I))/(1+ten(I))
      else
      b1(I)=(103.1+3.867*temp(I)+4190*ten(I))/(1+ten(I))
      b(I)=b1(I)+ten(I)*(-6.191+(2.36e-02)*temp(I)-ten(I)*1.33)*1000
      endif
      d(I)=(3335-2.91*temp(I))*1e+03
      ws(I)=775.5415+3.844*(temp(I)-273.15)
      w(I)=ws(I)+(0.0384e+02)*(temp(I)-273.15)*ten(I)+7.7562e+02*ten(I)
      G(I)=w(I)/me(I)
      a(I)=G(I)*(0.1941+0.4064*ten(I))+0.01864
      if (tenmoy.gt.hpsf)then
      c(I)=1.54e-9
      else
      c(I)=a21/a22
      endif
      dih(I)=c(I)
      dith(I)=ws(I)*(E(I)+d(I))*dih(I)
      ditt(I)=alfa*dith(I)
      diht(I)=alfa*dih(I)
      dihh(I)=dih(I)
 3    continue
      temps=temps+l
      do 4 I=2,mp1
      xh(I)=l*dihh(I)/(h*h)
      ah(I)=xh(I)
      bh(I)=-(1+2*xh(I))
      ch(I)=xh(I)
      dh(I)=-ten(I)+(diht(I)*l/(h*h))*(2*ten(I)-ten(I-1)-ten(I+1))
      xt(I)=l*(ditt(I)+a(I))/(ws(I)*b(I)*h*h)
      at(I)=xt(I)
      bt(I)=-(1+2*xt(I))
      ct(I)=xt(I)
      rt(I)=l*dith(I)/(ws(I)*b(I)*h*h)
      dt(I)=-temp(I)
 4    continue
      betah(2)=ah(2)+bh(2)
```

```
      alphah(2)=dh(2)/betah(2)
      do 5 I=3,N
      betah(I)=bh(I)-((ah(I)*ch(I-1))/betah(I-1))
      alphah(I)=(dh(I)-ah(I)*alphah(I-1))/betah(I)
 5    continue
      ten1(N+1)=alphah(N)+h*hte*tenair/c(N+1)
      ten(N+1)=ten1(N+1)/(1+ch(N)/betah(N)+h*hte/dihh(N+1))
      do 6 I=N,2,-1
      ten(I)=alphah(I)-ch(I)*ten(I+1)/betah(I)
 6    continue
      ten(1)=ten(2)
      ten1(1)=ten1(2)
      ste=0
      do 7 I=1,mp1
      ste=ste+ten(I)
 7    continue
      tenmoy=ste/mp1
      do 8 I=2,N
      dt(I)=dt(I)-rt(I)*(ten(I+1)-2*ten(I)+ten(I-1))
 8    continue
      betat(2)=at(2)+bt(2)
      alphat(2)=dt(2)/betat(2)
      do 9 I=3,N
      betat(I)=bt(I)-at(I)*ct(I-1)/betat(I-1)
      alphat(I)=(dt(I)-at(I)*alphat(I-1))/betat(I)
 9    continue
      o(N)=ten(N)-ten(N+1)
      temp1(N+1)=alphat(N)+(h*ht*tempair-me(N+1)*d(N+1)*dihh(N+1)*o(N))
     #/a(N+1)
      temp(N+1)=temp1(N+1)/(1+ct(N)/betat(N)+h*ht/a(N+1))
      do 10 I=N,2,-1
      temp(I)=alphat(I)-ct(I)*temp(I+1)/betat(I)
 10   continue
      temp(1)=temp(2)
      temp1(1)=temp1(2)
      st=0
      do 11 I=1,mp1
      st=st+temp(I)
 11   continue
      tempmoy=st/mp1
      write(*,224)temps/3600,tenmoy*100,tempmoy-273.15
 99   continue
 224  format(1X,'tps=',E14.7,1X,'ten=',E14.7,1X,'temp=',E14.7)
```

stop
end

A.2- Listing du programme du séchage convectif de l'Ayous avec conditions variables

```
      program text
c     adapt, par simo tagne merlin (ayous,variables air)
      dimension ten(60),temp(60),a(60),b(60),c(60),d(60),w(60),xh(60)
      dimension ah(60),bh(60),ch(60),dh(60),xt(60),at(60),bt(60),ct(60)
      dimension dt(60),rt(60),alphah(60),betah(60),ten1(60),betat(60)
      dimension alphat(60),temp1(60),ws(60),me(60),G(60),b1(60),dih(60)
      dimension dith(60),ditt(60),diht(60),dihh(60),o(60),E(60)
      real me,tenair,tenbois,hte,ht,tempair,tempbois,l,h,tmax,alfa
      data tenair,tenbois/0.14,0.35/
      data hte,ht,alfa/6.5e-07,11.2,0.005/
      data tempair,tempbois/343.15,303.15/
      data l,h,tmax/400.,5e-04,60000./
      temps=0
c     teneur d,quilibre du bois=tenair=teneq
      N=12
c     ep=N*h*2=,paisseur ,chantillon en mŠtre
      mp1=N+1
      do 1 I=1,mp1
      ten(I)=tenbois
      temp(I)=tempbois
c     c(I)=4.5e-09
1     continue
      temp2=tempbois
      ten2=tenbois
      tenmoy=tenbois
      tempmoy=tempbois
      write(*,224)temps/3600,ten2*100,temp2-273.15
      do 99 J=l,tmax,l
      hpsf=0.3161-1.327e-3*(tempmoy-273.15)
      if (tenmoy.gt.0.35) then
      tempair=70+273.15
      tenair=0.14
      endif
      if ((tenmoy.le.0.35).and.(tenmoy.gt.0.32)) then
      tempair=70+273.15
      tenair=0.133
      endif
      if ((tenmoy.le.0.32).and.(tenmoy.gt.0.3)) then
```

```
tempair=70+273.15
tenair=0.125
endif
if ((tenmoy.le.0.3).and.(tenmoy.gt.0.28)) then
tempair=75+273.15
tenair=0.103
alfa=2.5e-03
endif
if ((tenmoy.le.0.28).and.(tenmoy.gt.0.25)) then
tempair=75+273.15
tenair=0.0903
alfa=2.5e-03
endif
if ((tenmoy.le.0.25).and.(tenmoy.gt.0.2)) then
tempair=75+273.15
tenair=0.0827
alfa=2.5e-03
endif
if ((tenmoy.le.0.2).and.(tenmoy.gt.0.15)) then
tempair=75+273.15
tenair=0.065
alfa=2.5e-03
endif
if (tenmoy.le.0.15) then
tempair=80+273.15
tenair=0.047
alfa=5e-04
endif
do 3 I=2,mp1
if(tenmoy.ge.hpsf) then
E(I)=0.0
endif
if(tenmoy.lt.hpsf) then
E(I)=(1170.4e+03)*exp(-14.*ten(I))
endif
me(I)=-0.0038*(temp(I)-273.15)**2.-0.0505*(temp(I)-273.15)+1002.6
if (tenmoy.ge.hpsf) then
b(I)=(103.1+3.867*temp(I)+4190*ten(I))/(1+ten(I))
else
b1(I)=(103.1+3.867*temp(I)+4190.*ten(I))/(1.+ten(I))
b(I)=b1(I)+ten(I)*(-6.191+(2.36e-02)*temp(I)-ten(I)*1.33)*1000.
endif
d(I)=(3335.-2.91*temp(I))*1.e+03
```

```
      ws(I)=342.6652+1.21195*(temp(I)-273.15)
      w(I)=ws(I)+(0.0291e+02)*(temp(I)-273.15)*ten(I)+1.8782e+02*ten(I)
      G(I)=w(I)/me(I)
      a(I)=G(I)*(0.1941+0.4064*ten(I))+0.01864
      if (tempmoy.lt.313.15)then
      c(I)=2.0e-9
      endif
      if ((tempmoy.lt.323.15).and.(tempmoy.ge.313.15)) then
      c(I)=4.5e-9
      endif
      if ((tempmoy.lt.333.15).and.(tempmoy.ge.323.15)) then
      c(I)=8.0e-9
      endif
      if (tempmoy.ge.333.15) then
      c(I)=15.0e-9
      endif
      dih(I)=c(I)
      dith(I)=ws(I)*(E(I)+d(I))*dih(I)
      ditt(I)=alfa*dith(I)
      diht(I)=alfa*dih(I)
      dihh(I)=dih(I)
3     continue
      temps=temps+l
      do 4 I=2,mp1
      xh(I)=l*dihh(I)/(h*h)
      ah(I)=xh(I)
      bh(I)=-(1+2*xh(I))
      ch(I)=xh(I)
      dh(I)=-ten(I)+(diht(I)*l/(h*h))*(2*ten(I)-ten(I-1)-ten(I+1))
      xt(I)=l*(ditt(I)+a(I))/(ws(I)*b(I)*h*h)
      at(I)=xt(I)
      bt(I)=-(1+2*xt(I))
      ct(I)=xt(I)
      rt(I)=l*dith(I)/(ws(I)*b(I)*h*h)
      dt(I)=-temp(I)
4     continue
      betah(2)=ah(2)+bh(2)
      alphah(2)=dh(2)/betah(2)
      do 5 I=3,N
      betah(I)=bh(I)-((ah(I)*ch(I-1))/betah(I-1))
      alphah(I)=(dh(I)-ah(I)*alphah(I-1))/betah(I)
5     continue
      ten1(N+1)=alphah(N)+h*hte*tenair/c(N+1)
```

```
      ten(N+1)=ten1(N+1)/(1+ch(N)/betah(N)+h*hte/dihh(N+1))
      do 6 I=N,2,-1
      ten(I)=alphah(I)-ch(I)*ten(I+1)/betah(I)
6     continue
      ten(1)=ten(2)
      ten1(1)=ten1(2)
      ste=0
      do 7 I=1,mp1
      ste=ste+ten(I)
7     continue
      tenmoy=ste/mp1
      do 8 I=2,N
      dt(I)=dt(I)-rt(I)*(ten(I+1)-2*ten(I)+ten(I-1))
8     continue
      betat(2)=at(2)+bt(2)
      alphat(2)=dt(2)/betat(2)
      do 9 I=3,N
      betat(I)=bt(I)-at(I)*ct(I-1)/betat(I-1)
      alphat(I)=(dt(I)-at(I)*alphat(I-1))/betat(I)
9     continue
      o(N)=ten(N)-ten(N+1)
      temp1(N+1)=alphat(N)+(h*ht*tempair-me(N+1)*d(N+1)*dihh(N+1)*o(N))
      #/a(N+1)
      temp(N+1)=temp1(N+1)/(1+ct(N)/betat(N)+h*ht/a(N+1))
      do 10 I=N,2,-1
      temp(I)=alphat(I)-ct(I)*temp(I+1)/betat(I)
10    continue
      temp(1)=temp(2)
      temp1(1)=temp1(2)
      st=0
      do 11 I=1,mp1
      st=st+temp(I)
11    continue
      tempmoy=st/mp1
      write(*,224)temps/3600,tenmoy*100,tempmoy-273.15
99    continue
224   format(1X,'temps=',E14.7,1X,'ten=',E14.7,1X,'temp=',E14.7)
      stop
      end
```

A.3- Listing du programme du séchage solaire de l'Ayous

```
      program sechageSolaire
      dimension Ta(90000),Tp(90000),Tto(90000),ws(90000),Gr2(90000)
```

```
      dimension Teta1(90000),Pr1(90000),vidy1(90000),vidy2(90000)
      dimension cair1(90000),hci(90000),cair2(90000),Teta2(90000)
      dimension cair3(90000),Teta3(90000),Pr3(90000),hct1(90000)
      dimension vidy3(90000),Gr4(90000),Grr(90000),teneq(90000),E(90000)
      dimension teta4(90000),cair4(90000),vidy4(90000),HR(90000)
      dimension b11(90000),b(90000),ten(90000),bb(90000),aa(90000)
      dimension Q4(90000),Q5(90000),Q7(90000),zi(90000),fi(90000)
      dimension Q1(90000),Q2(90000),Q3(90000),Tb(90000),Pr2(90000)
      dimension hcto(90000),Pr4(90000),hp(90000),Ps(90000),Ya(90000)
      dimension Gr1(90000),w(90000),Gr3(90000),Vi(90000),temps(90000)
      dimension hpsf(90000),clv(90000),me(90000),lamda(90000),Q6(90000)
      dimension Q8(90000)
      real M,me,lamda,L
      data wp,D,wpl/0.735,0.5,0.5/
      data ep1,Sp,ro/0.35e-03,1.6117,1100./
      data cp1,gam,alf1/1300.,5.67e-08,0.05/
      data epsv,Vv,tr1/0.05,1.3,0.05/
      data alf2,ep2,Sto/0.9,0.5e-3,1.5/
      data roto,cp2,wto/7864.,460.,0.5/
      data Nj,L/75000,35/
      data teni,Sb,Vb/0.374,0.18341,0.00602/
      data pat,poro,M/1.013e+03,0.75,4/
      data eb,Ftop,Fbto/3.28e-02,1.,1./
      parameter(pi=3.141592654)
      Vo=0.0239
      Vs=0.162
      hve=5.67+3.86*Vv
      Fpto=Sto/Sp
      Ftob=Sb/Sto
      do 2 k=0,Nj
      Tto(k)=27.2+273.15
      Ta(k)=35.4+273.15
      Tb(k)=24.3+273.15
      Tp(k)=24.3+273.15
      ten(k)=teni
      Ya(k)=0.418
      temps(k)=0.
2     continue
c     ambiance
      G=0.2499*M**3.-9.3052*M**2.+2.1112*M+234.35
      Tab=27.9+273.15
      Tc=0.0552*Tab**1.5
      do 1 I=0,Nj
```

```
      temps(I+1)=temps(I)+L
      teta4(I)=(Ta(I)+Tb(I))/2.-273.15
      Ps(I)=(611e-05)*exp((7.257e-2)*teta4(I)-(2.937e-4)*
     #teta4(I)**2+(9.81e-07)*teta4(I)**3-(1.901e-10)*teta4(I)**4)
c     vitesse Vi et teneur déquilibre
      if (ten(I).eq.teni) then
      Vi(I)=(1.-poro)*1e-4
      endif
      if (ten(I).lt.teni) then
      clv(I)=(3335-2.91*Ta(I))*1e+3
      hpsf(I)=0.3161-1.327e-3*(Tb(I)-273.15)
      aa(I)=16.35834-0.03738*Tb(I)
      bb(I)=0.09764*Tb(I)-11.53384
      HR(I)=(Ya(I)/(0.6221+Ya(I)))*(Pat/(Ps(I)*1e+05))
      teneq(I)=-(1./bb(I))*log((-log(HR(I)))/aa(I))
      zi(I)=0.20173+0.01898*(Tb(I)-273.15)
      fi(I)=(2133.124-26.0764*(Tb(I)-273.15))*60.
      Vi(I)=(1.-poro)*zi(I)*((ten(I)-teneq(I))**2.)/(fi(I)*
     #(teni-teneq(I)))*((teni-ten(I))/(ten(I)-teneq(I)))**(1.-
     #1./zi(I))
      endif
      if(ten(I).ge.hpsf(I)) then
      E(I)=0.0
      endif
      if(ten(I).lt.hpsf(I)) then
      E(I)=(1170.4e+03)*exp(-14.*ten(I))
      endif
c     caractéristiques du bois
c     Nombre de planches
      Np=4
      ws(I)=342.6652+1.21195*(Tb(I)-273.15)
      w(I)=ws(I)+(0.0291e+02)*(Tb(I)-273.15)*ten(I)+
     # 1.8782e+02*ten(I)
      me(I)=-0.0038*(Ta(I)-273.15)**2.-0.0505*(Ta(I)-273.15)+
     #1002.6
      lamda(I)=(w(I)/me(I))*(0.1941+0.4064*ten(I))+0.01864
      b11(I)=(103.1+3.867*Tb(I)+4190.*ten(I))/(1.+ten(I))
      if(ten(I).gt.hpsf(I)) then
      b(I)=b11(I)
      endif
      if(ten(I).le.hpsf(I)) then
      b(I)=b11(I)+ten(I)*(-6.191+(2.36e-02)*Tb(I)-ten(I)*1.33)
     #*1.e+03
```

```
        endif
c    grashop reduit
     Grr(I)=9.81*(1./Ta(I))*(353./Ta(I))**2.
c    coefficient de transfert,face interieure de la paroi du sechoir
     teta1(I)=(Ta(I)+Tp(I))/2.-273.15
     cair1(I)=8.e-08*teta1(I)+0.0242
     Pr1(I)=1.e-06*teta1(I)**2.-0.0003*teta1(I)+0.7147
     vidy1(I)=4.6e-08*teta1(I)+1.7176e-05
     Gr1(I)=(abs(Ta(I)-Tp(I))*Grr(I)*wp**3.)/(vidy1(I)**2.)
     hci(I)=(cair1(I)/wp)*0.27*(Gr1(I)*Pr1(I))**0.25
c    coefficient de transfert thermique,face exterieure de la tôle
     teta2(I)=(Tto(I)+Ta(I))/2.-273.15
     cair2(I)=8.e-08*teta2(I)+0.0242
     Pr2(I)=1.e-06*teta2(I)**2.-0.0003*teta2(I)+0.7147
     vidy2(I)=4.6e-08*teta2(I)+1.7176e-05
     Gr2(I)=(abs(Ta(I)-Tto(I))*Grr(I)*D**3.)/(vidy2(I)**2.)
     hcto(I)=(cair2(I)/D)*0.48*(Gr2(I)*Pr2(I))**0.25
c    coefficient de transfert thermique,face interieure de la tôle
     teta3(I)=(Tto(I)+Ta(I))/2.-273.15
     cair3(I)=8.e-08*teta3(I)+0.0242
     Pr3(I)=1.e-06*teta3(I)**2.-0.0003*teta3(I)+0.7147
     vidy3(I)=4.6e-08*teta3(I)+1.7176e-05
     Gr3(I)=(abs(Ta(I)-Tto(I))*Grr(I)*(D-2.*ep2)**3.)/
    #(vidy3(I)**2.)
     hct1(I)=(cair3(I)/(D-2.*ep2))*0.48*(Gr3(I)*Pr3(I))**0.25
c    coefficient de transfert,face exterieure de la planche
     cair4(I)=8.e-08*teta4(I)+0.0242
     Pr4(I)=1.e-06*teta4(I)**2.-0.0003*teta4(I)+0.7147
     vidy4(I)=4.6e-08*teta4(I)+1.7176e-05
     Gr4(I)=(abs(Ta(I)-Tb(I))*Grr(I)*wpl**3.)/(vidy4(I)**2.)
     hp(I)=(cair4(I)/wpl)*0.54*(Gr4(I)*Pr4(I))**0.25
c    differents flux
     Q1(I)=Sp*alf1*G
     Q2(I)=Sto*gam*(Tto(I)**4.-Tp(I)**4)
     Q3(I)=Sp*hci(I)*(Tp(I)-Ta(I))
     Q4(I)=Sp*epsv*(Tp(I)**4-Tc**4)*gam
     Q5(I)=Sp*hve*(Tp(I)-Tab)
     Q6(I)=(Sb/eb)*lamda(I)*(Tb(I)-Ta(I))
     Q7(I)=Sp*(hct1(I)+hcto(I))*(Tp(I)-Ta(I))
     Q8(I)=Sb*gam*(Tto(I)**4.-Tb(I)**4.)
c    transfert à travers lair
     Ta(I)=(Sp*hci(I)*Tp(I)+Sb*Np*hp(I)*Tb(I)+Sto*(hcto(I)+
    #hct1(I))*Tto(I)-ws(I)*(clv(I)+E(I))*Vb*Np*
```

```
      # Vi(I))/(Sp*hci(I)+Np*Sb*hp(I)+Sto*(hcto(I)+hct1(I)))
      Ya(I+1)=Ya(I)+Vo*ws(I)*L*Vi(I)/(Vs*(353./Ta(I)))
c     transfert à travers la paroi
      Tp(I+1)=Tp(I)+(L/(ep1*Sp*ro*cp1))*(Q1(I)+Fpto*Q2(I)-
      #Q3(I)-Q4(I)-Q5(I))
c     Transfert à travers la tôle
      Tto(I+1)=Tto(I)+(L*2./(ep2*cp2*pi*D*wto*roto))*(alf2*tr1*Sto*G
      #-Ftop*Q2(I)-Q7(I)-Ftob*Np*Q8(I))
c     Transfert à travers le bois
      Tb(I+1)=Tb(I)+(L/(w(I)*Np*Vb*b(I)))*(Fbto*Np*Q8(I)+
      #ws(I)*(clv(I)+E(I))*Vb*Np*Vi(I)+Sb*Np*hp(I)*
      #(Ta(I)-Tb(I))-Np*Q6(I))
      ten(I+1)=ten(I)-Vi(I)*L
1     continue
      do 111 I=0,Nj,618
      write(*,224)ten(I),HR(I),Ya(I),
      #temps(I)/3600.
111   continue
224   format(1X,'ten=',E14.7,1X,'HR=',E14.7,1X,'Ya=',E14.7,1X,'temps=',
      #E14.7)
      stop
      end
```

A.4- Listing du programme de séchage solaire de l'ébène

```
      program sechageSolaire
      dimension Ta(900000),Tp(900000),Tto(900000),ws(900000),Gr2(900000)
      dimension Teta1(900000),Pr1(900000),vidy1(900000),vidy2(900000)
      dimension cair1(900000),hci(900000),cair2(900000),Teta2(900000)
      dimension cair3(900000),Teta3(900000),Pr3(900000),hct1(900000)
      dimension vidy3(900000),Gr4(900000),Grr(900000),teneq(900000)
      dimension teta4(900000),cair4(900000),vidy4(900000),HR(900000)
      dimension b11(900000),b(900000),ten(900000),bb(900000),aa(900000)
      dimension Q4(900000),Q5(900000),Q7(900000),zi(900000),fi(900000)
      dimension Q1(900000),Q2(900000),Q3(900000),Tb(900000),Pr2(900000)
      dimension hcto(900000),Pr4(900000),hp(900000),Ps(900000)
      dimension Gr1(900000),w(900000),Gr3(900000),Vi(900000)
      dimension hpsf(900000),clv(900000),me(900000),lamda(900000)
      dimension Q8(900000),poro(900000),Q6(900000),temps(900000)
      dimension Ya(900000),E(900000)
      real M,me,lamda,L
      data wp,D,wpl/0.735,0.5,0.5/
      data ep1,Sp,ro/0.35e-03,1.6117,1100./
      data cp1,gam,alf1/1300.,5.67e-08,0.05/
```

```
      data epsv,Vv,tr1/0.05,1.6,0.05/
      data alf2,ep2,Sto/0.99,0.5e-3,1.5/
      data roto,cp2,wto/7864.,460.,0.5/
      data Nj,L,a1/155000,35,-0.000453942/
      data teni,Sb,Vb/0.2753,0.18341,0.00502/
      data pat,e1,M/1.013e+03,-4032498.705,3/
      data eb,Ftop,Fbto/3.28e-02,1.,1./
      data b1,c1,d1/0.558790272,-257.5534793,52674.06693/
      parameter(pi=3.141592654)
      hve=5.67+3.86*Vv
      Vo=0.00144
      Vs=0.184
      Fpto=Sto/Sp
      Ftob=Sb/Sto
      do 2 k=0,Nj
      Tto(k)=24.2+273.15
      Ta(k)=27.4+273.15
      Tb(k)=24.+273.15
      Tp(k)=24.+273.15
      ten(k)=teni
      Ya(k)=0.918
      temps(k)=0.
2     continue
c     ambiance
      G=0.2499*M**3.-9.3052*M**2.+2.1112*M+234.35
      Tab=27.9+273.15
      Tc=0.0552*Tab**1.5
      do 1 I=0,Nj
      temps(I+1)=temps(I)+L
      teta4(I)=(Ta(I)+Tb(I))/2.-273.15
      Ps(I)=(611e-05)*exp((7.257e-2)*teta4(I)-(2.937e-4)*
     #teta4(I)**2+(9.81e-07)*teta4(I)**3-(1.901e-10)*teta4(I)**4)
c     vitesse Vi et teneur déquilibre
      if (ten(I).lt.teni) then
      clv(I)=(3335.-2.91*Ta(I))*1e+3
      hpsf(I)=0.1896-5.648e-4*(Tb(I)-273.15)
      aa(I)=a1*Tb(I)**4.+b1*Tb(I)**3.+c1*Tb(I)**2.+d1*Tb(I)+e1
      bb(I)=-0.016385*Tb(I)+7.3378
      HR(I)=(Ya(I)/(0.6221+Ya(I)))*(Pat/(Ps(I)*1e+05))
      teneq(I)=(-log(1.-HR(I))/aa(I))**(1./bb(I))
      zi(I)=4.8715-1.8798e-1*(Tb(I)-273.15)+2.1014e-3*(Tb(I)-273.15)**2.
      fi(I)=(52.61423e-3*(Tb(I)-273.15)**2.-5.7947*(Tb(I)-273.15)+
     #166.3053)*3600.
```

```
      endif
      if(ten(I).ge.hpsf(I)) then
      E(I)=0.0
      endif
      if(ten(I).lt.hpsf(I)) then
      E(I)=(1170.4e+03)*exp(-14.*ten(I))
      endif
c     caractéristiques du bois
c     Nombre de planches
      Np=2
      ws(I)=775.5415+3.8445*(Tb(I)-273.15)
      w(I)=ws(I)+(0.0384e+02)*(Tb(I)-273.15)*ten(I)+
     # 7.7562e+02*ten(I)
      poro(I)=W(I)/1500.
      if (ten(I).eq.teni) then
      Vi(I)=(1.-poro(I))*1.e-8
      else
      Vi(I)=(1.-poro(I))*zi(I)*((ten(I)-teneq(I))**2.)/(fi(I)*
     #(teni-teneq(I)))*((teni-ten(I))/(ten(I)-teneq(I)))**(1.-
     #1./zi(I))
      endif
      me(I)=-0.0038*(Ta(I)-273.15)**2.-0.0505*(Ta(I)-273.15)+
     #1002.6
      lamda(I)=(w(I)/me(I))*(0.1941+0.4064*ten(I))+0.01864
      b11(I)=(103.1+3.867*Tb(I)+4190.*ten(I))/(1.+ten(I))
      if(ten(I).gt.hpsf(I)) then
      b(I)=b11(I)
      endif
      if(ten(I).le.hpsf(I)) then
      b(I)=b11(I)+ten(I)*(-6.191+(2.36e-02)*Tb(I)-ten(I)*1.33)
     #*1.e+03
      endif
c     grashop reduit
      Grr(I)=9.81*(1./Ta(I))*(353./Ta(I))**2.
c     coefficient de transfert,face interieure de la paroi du sechoir
      teta1(I)=(Ta(I)+Tp(I))/2.-273.15
      cair1(I)=8.e-08*teta1(I)+0.0242
      Pr1(I)=1.e-06*teta1(I)**2.-0.0003*teta1(I)+0.7147
      vidy1(I)=4.6e-08*teta1(I)+1.7176e-05
      Gr1(I)=(abs(Ta(I)-Tp(I))*Grr(I)*wp**3.)/(vidy1(I)**2.)
      hci(I)=(cair1(I)/wp)*0.27*(Gr1(I)*Pr1(I))**0.25
c     coefficient de transfert thermique,face exterieure de la tôle
      teta2(I)=(Tto(I)+Ta(I))/2.-273.15
```

```
      cair2(I)=8.e-08*teta2(I)+0.0242
      Pr2(I)=1.e-06*teta2(I)**2.-0.0003*teta2(I)+0.7147
      vidy2(I)=4.6e-08*teta2(I)+1.7176e-05
      Gr2(I)=(abs(Ta(I)-Tto(I))*Grr(I)*D**3.)/(vidy2(I)**2.)
      hcto(I)=(cair2(I)/D)*0.48*(Gr2(I)*Pr2(I))**0.25
c     coefficient de transfert thermique,face interieure de la tôle
      teta3(I)=(Tto(I)+Ta(I))/2.-273.15
      cair3(I)=8.e-08*teta3(I)+0.0242
      Pr3(I)=1.e-06*teta3(I)**2.-0.0003*teta3(I)+0.7147
      vidy3(I)=4.6e-08*teta3(I)+1.7176e-05
      Gr3(I)=(abs(Ta(I)-Tto(I))*Grr(I)*(D-2.*ep2)**3.)/
     #(vidy3(I)**2.)
      hct1(I)=(cair3(I)/(D-2.*ep2))*0.48*(Gr3(I)*Pr3(I))**0.25
c     coefficient de transfert,face exterieure de la planche
      cair4(I)=8.e-08*teta4(I)+0.0242
      Pr4(I)=1.e-06*teta4(I)**2.-0.0003*teta4(I)+0.7147
      vidy4(I)=4.6e-08*teta4(I)+1.7176e-05
      Gr4(I)=(abs(Ta(I)-Tb(I))*Grr(I)*wpl**3.)/(vidy4(I)**2.)
      hp(I)=(cair4(I)/wpl)*0.54*(Gr4(I)*Pr4(I))**0.25
c     differents flux
      Q1(I)=Sp*alf1*G
      Q2(I)=Sto*gam*(Tto(I)**4.-Tp(I)**4)
      Q3(I)=Sp*hci(I)*(Tp(I)-Ta(I))
      Q4(I)=Sp*epsv*(Tp(I)**4-Tc**4)*gam
      Q5(I)=Sp*hve*(Tp(I)-Tab)
      Q6(I)=(Sb/eb)*lamda(I)*(Tb(I)-Ta(I))
      Q7(I)=Sp*(hct1(I)+hcto(I))*(Tp(I)-Ta(I))
      Q8(I)=Sb*gam*(Tto(I)**4.-Tb(I)**4.)
c     transfert à travers lair
      Ta(I)=(Sp*hci(I)*Tp(I)+Sb*Np*hp(I)*Tb(I)+Sto*(hcto(I)+
     #hct1(I))*Tto(I)-ws(I)*(clv(I)+E(I))*Vb*Np*
     # Vi(I))/(Sp*hci(I)+Np*Sb*hp(I)+Sto*(hcto(I)+hct1(I)))
      Ya(I+1)=Ya(I)+Vo*ws(I)*L*Vi(I)/(Vs*(353./Ta(I)))
c     transfert à travers la paroi
      Tp(I+1)=Tp(I)+(L/(ep1*Sp*ro*cp1))*(Q1(I)+Fpto*Q2(I)-
     #Q3(I)-Q4(I)-Q5(I))
c     Transfert à travers la tôle
      Tto(I+1)=Tto(I)+(L*2./(ep2*cp2*pi*D*wto*roto))*(alf2*tr1*Sto*G
     #-Ftop*Q2(I)-Q7(I)-Ftob*Np*Q8(I))
c     Transfert à travers le bois
      Tb(I+1)=Tb(I)+(L/(w(I)*Np*Vb*b(I)))*(Fbto*Np*Q8(I)+
     #ws(I)*(clv(I)+E(I))*Vb*Np*Vi(I)+Sb*Np*hp(I)*
     #(Ta(I)-Tb(I))-Np*Q6(I))
```

```
      ten(I+1)=ten(I)-Vi(I)*L*Sp/(Ws(I)*Vb)
1   continue
    do 111 I=0,Nj,618
    write(*,224)ten(I),HR(I),Ya(I),
    #temps(I)/3600.
111  continue
224  format(1X,'ten=',E14.7,1X,'HR=',E14.7,1X,'Ya=',E14.7,1X,'temps=',
    #E14.7)
    stop
    end
```

A.5- Listing du programme du séchage industriel de l'Ayous

```
    program sechageindustrieldubois
c   ecrit par simo tagne merlin
    dimension x(910000),six(910000),deltasi(910000),tenai(910000),
    #tempai(910000),ten(910000),temp(910000),C1(910000),y(910000)
    #,me(910000),b111(910000),b(910000),betnai(910000),E(910000)
    #,d(910000),Ws(910000),W(910000),C2(910000),betm(910000),B9(910000)
    #,G(910000),a(910000),c(910000),C3(910000),B14(910000),B10(910000)
    #,dih(910000),dith(910000),B3(910000),B4(910000),B5(910000)
    #,diht(910000),dihh(910000),ditt(910000),alphaa(910000),B12(910000)
    #,Vi(910000),C4(910000),D4(910000),B11(910000),B13(910000)
    #,D1(910000),D2(910000),D3(910000),A1(910000),B8(910000),B2(910000)
    #,A2(910000),A3(910000),A4(910000),B6(910000),B7(910000),B1(910000)
    #,A5(910000),A6(910000),A7(910000),alphai(910000),betama(910000)
    #,A8(910000),A9(910000),A10(910000),alpham(910000),A14(910000)
    #,A11(910000),A12(910000),A13(910000),betn(910000),alphan(910000)
    real me,n11,fi,f,Nu,m2,Lb,Mua,Muv,Mug,Nug,hm,hc,eb,h,mratio
    data temps,Cpa,Cpv/0.,1004.4,1862.3/
    data Yo,Tgo,tmax/0.5267,322.15,864000./
    data Pa,epbo/2.0e+04,25.e-3/
    data rg,Vg,f/287.,1.5,1./
    data Vp,Vb,x1/2.6015,1.3827,0./
    data mratio,R,Lb/0.2,8.32,2.15/
    open(15,file='pile.text')
c   N est le nbre de noeuds dans lepaisseur
    N=20
    m2=mratio**(1./(N-2))
    h=(m2**N-1.)/(m2-1.)
c   M est le nbre de noeuds dans la longueur
    M=N
    mp1=M+1
    mp2=N+1
```

```
      deltax=epbo/(h*2.)
      Dh=2.*epbo
      deltay=Lb/mp2
      poro=Vb/Vp
      sm=0
      tenmoy=Yo
      tempmoy=Tgo
      tenaimoy=0.14
      Tpaimoy=Tgo
c     conditions initiales de lair et du bois
      do 1 I=1,mp1
      tenai(I)=0.14
      tempai(I)=Tgo
1     continue
      do 2 I=1,mp2
      ten(I)=Yo
      temp(I)=Tgo
2     continue
      write(*,224)temps/3600.,tenmoy*100.,tempmoy-273.15
      write(15,*)tenmoy*100.
c     incrementation dans lepaisseur avec pas spatial geometrique
      do 3 I=1,mp2
      x(I)=x1
      six(I)=x1
      deltasi(I)=x1
      y(I)=deltay
3     continue
      do 4 I=2,mp2
      sm=sm+1
      x(I)=x1+deltax*((m2**sm-1.)/(m2-1.))
      y(I)=(sm+1)*deltay
4     continue
      do 5 I=2,mp2
      six(I)=x(I)-x(I-1)
      deltasi(I)=(six(I-1)+six(I))/2.
5     continue
c     debut de la discretisation
      deltat=15
      Tnair=0.16
      hpsf=0.3161-1.327e-3*(Tgo-273.15)
      do 99 K=deltat,tmax,deltat
      temps=temps+deltat
      if (tenmoy.ge.0.5) then
```

```
      Tmair=50.+273.15
      HR=0.16
      endif
      if ((tenmoy.lt.0.5).and.(tenmoy.ge.0.45)) then
      Tmair=52.+273.15
      HR=0.15
      endif
      if ((tenmoy.lt.0.45).and.(tenmoy.ge.0.36)) then
      Tmair=60.+273.15
      HR=0.1
      endif
      if ((tenmoy.lt.0.36).and.(tenmoy.ge.0.26)) then
      Tmair=65.+273.15
      HR=0.08
      endif
      if ((tenmoy.lt.0.26).and.(tenmoy.ge.0.21))then
      Tmair=68.+273.15
      HR=0.05
      endif
      if ((tenmoy.lt.0.21).and.(tenmoy.ge.0.16)) then
      Tmair=70.+273.15
      HR=0.03
      endif
      if ((tenmoy.lt.0.16).and.(tenmoy.ge.0.11)) then
      Tmair=72.+273.15
      HR=0.02
      endif
      if ((tenmoy.lt.0.11).and.(tenmoy.ge.0.1)) then
      Tmair=75.+273.15
      HR=0.02
      endif
      if ((tenmoy.lt.0.1).and.(tenmoy.ge.0.08)) then
      Tmair=55.+273.15
      HR=0.02
      endif
      tenai(1)=Tnair
      tempai(1)=Tmair
      Tgi=Tmair-0.65
c     proprietes de lair
      Pvsat=611.*exp((7.257e-2)*Tpaimoy-(2.937e-4)*
     #Tpaimoy**2.+(9.81e-07)*Tpaimoy**3.-(1.901e-09)*Tpaimoy**4.)
      Pv=HR*Pvsat
      P=Pa+Pv
```

```
      Cv=0.622*Pv/(Pa+0.622*Pv)
      Rog=(P/(rg*(Tpaimoy-273.15)))*(1.-0.378*Cv/(0.622+0.378*Cv))
      Cpg=Cpa*(1.-Cv)+Cpv*Cv
c     conductivite thermique de lair
      conduo=0.0243+(9.74167e-05)*(Tpaimoy-273.15)-(0.1825e-05)*
     #(Tpaimoy-273.15)**2.+(0.00227e-05)*(Tpaimoy-273.15)**3.
      condui=conduo+0.00476*Cv/(1.-Cv)
c     conductivite massique de lair
      Dg=(2.26e-05)*(1./(P*1.e-05))*(Tpaimoy/273.)**1.81
c     viscosite dynamique de lair
      Mua=(25.393e-07)*((Tpaimoy/273.)**0.5)/(1.+122./Tpaimoy)
      Muv=(30.147e-07)*((Tpaimoy/273.)**0.5)/(1.+673./Tpaimoy)
      Mug=P/(Pv/Muv+Pa/Mua)
c     viscosite cinematique de lair
      Nug=Mug/Rog
c     nbre adimensionnel
      Re=Vg*Dh/Nug
      Pr=Mug*Cpg/condui
      Sc=Nug/Dg
      if(Re.lt.2300.)then
      Nu=7.54
      Sh=7.54
      else
      Nu=0.023*(Re**(0.8))*Pr**(0.33)
      Sh=0.023*(Re**(0.8))*Sc**(0.33)
      endif
c     deduction des coefficients de transfert de masse et de chaleur
      hm=Sh*Dg/Dh
      hc=Nu*condui/Dh
c     proprietes du bois et coefficients de transfert y afferant
      hpsf=0.3161-1.327e-3*(Tempmoy-273.15)
      aa=16.35834-0.03738*Tempmoy
      bb=0.09764*Tempmoy-11.53384
      if(tenmoy.ge.0.4)then
      teneq=0.25
      else
      teneq=-(1./bb)*log(-(log(HR))/aa)
      endif
      Eb=4.18*(9200.-7000.*teneq)
      alfa=-Eb/(R*bb*log(HR)*Tempmoy**2.)
      do 6 I=2,mp2
      if(tenmoy.ge.hpsf)then
      E(I)=0.
```

```
      else
      E(I)=(1170.4e+03)*exp(-14.*ten(I))
      endif
      me(I)=-0.0038*(temp(I)-273.15)**2.-0.0505*(temp(I)-273.15)+1002.6
      b111(I)=(103.1+3.867*temp(I)+4190.*ten(I))/(1.+ten(I))
      if(tenmoy.ge.hpsf)then
      b(I)=b111(I)
      else
      b(I)=b111(I)+ten(I)*(-6.191+(2.36e-02)*temp(I)-ten(I)*1.33)*1000.
      endif
      d(I)=(3335.-2.91*temp(I))*1.e+03
      ws(I)=342.6652+1.21195*(temp(I)-273.15)
      w(I)=ws(I)+(0.0291e+02)*(temp(I)-273.15)*ten(I)+1.8782e+02*ten(I)
      G(I)=w(I)/me(I)
      a(I)=G(I)*(0.1941+0.4064*ten(I))+0.01864
      n11=(0.20173+0.01898*(Tpaimoy-273.15))
      if (tenmoy.gt.0.5) then
      fi=9989.*3600.
      else
      fi=83.*3600.
      endif
      fii=fi*W(I)
      if(tenmoy.eq.Yo)then
      c(I)=(1.89+0.127*(Temp(I)-273.15)-0.00213*W(I))*1.e-9
      else
      c(I)=((epbo**2.)*3.14/(16.*fii))*(((Yo-tenmoy)/(Yo-teneq))**
     #(2.-1./n11))*((tenmoy-teneq)/(Yo-teneq))**(1./n11)
      endif
      if(tenmoy.eq.Yo)then
      Vi(I)=0.
      else
      Vi(I)=n11*((tenmoy-teneq)**2.)/(fii*(Yo-teneq))*((Yo-
     #tenmoy)/(tenmoy-teneq))**(1.-1./n11)
      endif
c     coefficients du systeme differentiel
      dih(I)=c(I)
      dith(I)=ws(I)*(E(I)+d(I))*dih(I)
      diht(I)=alfa*dih(I)
      dihh(I)=dih(I)
      ditt(I)=alfa*dith(I)
6     continue
c     coefficients des equations du systeme a discretiser (pour lair)
      do 7 I=2,M
```

```
        C1(I)=1./deltat-Vg/deltay+2.*condui/((deltay**2.)*Rog*Cpg)
        C2(I)=Vg/deltay-condui/((deltay**2.)*Rog*Cpg)
        C3(I)=-condui/((deltay**2.)*Rog*Cpg)
        D1(I)=1./deltat-Vg/deltay+2.*Dg/((deltay**2.)*(1.-poro))
        D2(I)=Vg/deltay-Dg/((deltay**2.)*(1.-poro))
        D3(I)=-Dg/((deltay**2.)*(1.-poro))
        D4(I)=tenai(I)/deltat+Vi(I)/(1.-poro)
        C4(I)=tpaimoy/deltat+Vi(I)*ws(I)*d(I)/(Rog*Cpg*(1.-poro))
7       continue
c       initialisation de la fonction recursive pour lair
        betnai(2)=D1(2)
        alphai(2)=(D4(2)-D3(2)*tenai(1))/betnai(2)
        betama(2)=C1(2)
        alphaa(2)=(C4(2)-C3(2)*Tempai(1))/betama(2)
c       variation de la fonction recursive pour lair
        do 8 I=3,M
        betama(I)=C1(I)-C3(I)*C2(I-1)/betama(I-1)
        alphaa(I)=(C4(I)-C3(I)*alphaa(I-1))/betama(I)
        betnai(I)=D1(I)-D3(I)*D2(I-1)/betnai(I-1)
        alphai(I)=(D4(I)-D3(I)*alphai(I-1))/betnai(I)
8       continue
c       Valeurs des grandeurs de lair a lextremite sup de la planche
        tenai(M)=alphai(M)/(1.+D2(M)/betnai(M))
        tenai(mp1)=tenai(M)
        tempai(M)=alphaa(M)/(1.+C2(M)/betama(M))
        tempai(mp1)=tempai(M)
c       recursivite pour lair
        do 9 I=M-1,2,-1
        tenai(I)=alphai(I)-D2(I)*tenai(I+1)/betnai(I)
        tempai(I)=alphaa(I)-C2(I)*tempai(I+1)/betama(I)
9       continue
        stenai=0.
        stemi=0.
        do 10 I=1,mp1
        stenai=stenai+tenai(I)
        stemi=stemi+tempai(I)
10      continue
        tenaimoy=stenai/mp1
        tpaimoy=stemi/mp1
c       coefficients des equations du systeme a discretiser (pour le bois)
        do 11 I=2,N
        A1(I)=-deltasi(I)-f*deltat*dihh(I)*(1./six(I+1)+1./six(I))
        A2(I)=f*deltat*dihh(I)/six(I+1)
```

```
      A3(I)=f*deltat*dihh(I)/six(I)
      A4(I)=(1.-f)*deltat*dihh(I)/six(I+1)
      A5(I)=(1.-f)*deltat*dihh(I)/six(I)
      A6(I)=f*deltat*diht(I)/six(I+1)
      A7(I)=-f*deltat*diht(I)*(1./six(I+1)+1./six(I))
      A8(I)=f*deltat*diht(I)/six(I)
      A9(I)=(1.-f)*deltat*diht(I)/six(I+1)
      A10(I)=-(1.-f)*deltat*diht(I)*(1./six(I+1)+1./six(I))
      A11(I)=(1.-f)*deltat*diht(I)/six(I)
      A12(I)=-(1.-f)*deltat*Vi(I)*deltasi(I)/poro-f*deltasi(I)*
     #deltat*Vi(I)/poro
      A13(I)=-deltasi(I)-(1.-f)*deltat*dihh(I)*(1./six(I+1)+1./six(I))
      A14(I)=A13(I)*ten(I)-A4(I)*ten(I+1)-A5(I)*ten(I-1)-A6(I)*temp(I+1)
     #-A7(I)*temp(I)-A8(I)*temp(I-1)-A9(I)*temp(I+1)-A10(I)*temp(I)-
     #A11(I)*temp(I-1)-A12(I)
      B1(I)=-deltasi(I)-f*deltat*(a(I)+ditt(I))*(1./six(I+1)+1./six(I))
     #*(1./(ws(I)*b(I)))
      B2(I)=f*deltat*(a(I)+ditt(I))/(ws(I)*b(I)*six(I+1))
      B3(I)=f*deltat*(a(I)+ditt(I))/(ws(I)*b(I)*six(I))
      B4(I)=(1.-f)*deltat*(a(I)+ditt(I))/(ws(I)*b(I)*six(I+1))
      B5(I)=(1.-f)*deltat*(a(I)+ditt(I))/(ws(I)*b(I)*six(I))
      B6(I)=f*deltat*dith(I)/(ws(I)*b(I)*six(I+1))
      B7(I)=-f*deltat*dith(I)*(1./six(I+1)+1./six(I))/(ws(I)*b(I))
      B8(I)=f*deltat*dith(I)/(ws(I)*b(I)*six(I))
      B9(I)=(1.-f)*deltat*dith(I)/(ws(I)*b(I)*six(I+1))
      B10(I)=-(1.-f)*deltat*dith(I)*(1./six(I+1)+1./six(I))/(ws(I)*b(I))
      B11(I)=(1.-f)*deltat*dith(I)/(ws(I)*b(I)*six(I))
      B12(I)=-f*Vi(I)*d(I)*deltasi(I)*deltat/(poro*b(I))-(1.-f)*
     #Vi(I)*deltasi(I)*d(I)*deltat/(poro*b(I))
      B13(I)=-deltasi(I)+(1.-f)*deltat*(a(I)+ditt(I))*(1./six(I)
     #+1./six(I+1))/(ws(I)*b(I))
      B14(I)=B13(I)*temp(I)-B4(I)*temp(I+1)-B5(I)*
     #temp(I-1)-B6(I)*ten(I+1)-B7(I)*ten(I+1)-B8(I)*
     #ten(I-1)-B9(I)*ten(I+1)-B10(I)*ten(I)-B11(I)*ten(I-1)-B12(I)
   11 continue
    c initialisation de la fonction recursive pour le bois
      betn(2)=A1(2)
      alphan(2)=(A14(2)-A3(2)*Ten(1))/betn(2)
      betm(2)=B1(2)
      alpham(2)=(B14(2)-B3(2)*Temp(1))/betm(2)
    c variation de la fonction recursive pour le bois
      do 12 I=3,N
      betn(I)=A1(I)-A3(I)*A2(I-1)/betn(I-1)
```

```
      alphan(I)=(A14(I)-A3(I)*alphan(I-1))/betn(I)
      betm(I)=B1(I)-B3(I)*B2(I-1)/betm(I-1)
      alpham(I)=(B14(I)-B3(I)*alpham(I-1))/betm(I)
12    continue
c     les valeurs aux surfaces
      ten(mp2)=(alphan(N)+six(N+1)*hm*teneq/dihh(N))/
     #(1.+A2(N)/betn(N)+six(N+1)*hm/dihh(N))
      temp(mp2)=(alpham(N)+(six(N+1)*hc*Tgi+me(N+1)*
     #d(N+1)*dihh(N+1)*(ten(mp2)-ten(N)))/a(N+1))/(1.+B2(N)/betm(N)+
     #six(N+1)*hc/a(N+1))
      do 13 I=N,2,-1
      ten(I)=alphan(I)-A2(I)*ten(I+1)/betn(I)
      temp(I)=alpham(I)-B2(I)*temp(I+1)/betm(I)
13    continue
      ten(1)=ten(2)
      temp(1)=temp(2)
      sten=0.
      stemp=0.
      do 14 I=1,mp2
      sten=sten+ten(I)
      stemp=stemp+temp(I)
14    continue
      tenmoy=sten/mp2
      tempmoy=stemp/mp2
      if((temps/3600..eq.24.).or.(temps/3600..eq.48.).or.(temps/3600..
     #eq.72.).or.(temps/3600..eq.96.).or.(temps/3600..eq.120.).or.(temps
     #/3600..eq.144.).or.(temps/3600..eq.168.).or.(temps/3600..eq.192.)
     #.or.(temps/3600..eq.216.).or.(temps/3600..eq.240.))then
      write(*,224)temps/3600.,tenmoy*100.,tempmoy-273.15
      write(15,*)tenmoy*100.
      endif
99    continue
      close(15)
224   format(1X,'tps=',E14.7,1X,'tempai=',E14.7,1X,'diftemp=',E14.7)
      stop
      end
```

Annexe B : Propriétés thermophysiques du bois d'Iroko utilisées

B1 : Caractéristiques du bois d'Iroko utilisées (Monkam 2006):
- Masse volumique

$\rho = 598{,}75 + 5{,}1187H$

- Conductivité thermique

$\lambda = 0{,}0005H + 0{,}1155$

- Isothermes de désorption

$$X_{eq} = \left[\frac{n}{K - \ln(HR)}\right]^{1/2}$$ où les paramètres n et K sont donnés ci-dessous.

Tableau XXIII : Valeurs des paramètres des isothermes de désorption fonction de T et de HR (Monkam 2006)

T(°C)	HR≤33%		HR≻33%	
	K	n	K	n
20	3,699	0,0017	4,7084	0,0087
30	3,787	0,0016	4,6817	0,0075
60	3,4446	0,0005	4,6317	0,0035

Tableau XXIV : Programme de séchage du bois d'Iroko (315x68x13mm^3) (Monkam 2006)

Data	T$_1$	T$_2$	T$_{cella}$	UGR$_{PR}$	UGR$_{cella}$	S$_1$	S$_2$	S$_3$	S$_4$	S$_5$	S$_6$	T$_{caldaia}$
19/10/99	50	65	49,5	17,6	15	62,3	60,2	60,5	60,2	58	56,6	80
20/10/99	50	65	46	19,1	15	63,8	61,2	62,3	61,5	54,1	62,3	83
21/10/99	50	65	44,5	20,5	15	64,5	60,1	60,9	60,4	56,4	62	65
22/10/99	50	65	48	15,6	10	64,8	51,6	50,5	54,1	53,4	59,6	83
23/10/99	55	70	52,5	13,8	10	62,5	41,9	45,4	40,5	51,3	57,9	78
24/10/99	55	70	53	10	7	58,7	21,1	43,1	20,1	48,3	53,9	50
25/10/99	60	80	44,5	9	7	45	17,2	44,7	17,6	46,6	47,9	55
26/10/99	70	90	53	6	5	15	12,5	42	14,5	20,1	22,5	80
	70	90	57,5	2,8	3	12;6	10,6	30,6	11,3	16,6	14,6	80
27/10/99	70	90	56,5	2,6	3	7	7,3	24,9	8	13,7	8,7	85
	70	90	58,5	2,5	3	5,3	5,5	17,9	5,9	11,6	6,3	83
28/10/99	70	90	66	2,4	3	4,5	4,9	14,3	5,2	8,1	5,2	90
	70	90	60,5	2,3	3	3,5	3,8	9,7	4,1	4,5	4,1	80

On a :
T$_1$ et T$_2$: Températures d'avant et après PSF respectivement ;
T$_{cella}$: Température moyenne de la salle ;
UGR$_{PR}$ et UGR$_{cella}$: Humidité d'équilibre du bois et humidité relative de la cellule respectivement;
S$_i$, i=1,6: Humidité du bois donnée par 6 sondes ;
T$_{caldaia}$: Température de la chaudière.

Annexe C : Résultats expérimentaux du séchage industriel des piles de bois d'Ayous

Tableau XXV : Programme de séchage du bois d'Ayous (2,15x0,025x0,025m^3)

N°jour	T_n(°C)	T_e(°C)	T_m(°C)	T_s(°C)	HR(%)	Heq$_n$(%)	Heq$_{ex}$(%)	H$_1$(%)	H$_2$(%)	H$_3$(%)
0	50	49	48	47	14	16	15	53	52	53
1	52	50	49	48	12	15	14	51	50	51
2	60	59	57	58	11	14	13	46	45	46
3	60	59	58	58	10	13	12	41	40	41
4	60	59	58	58	9	11	10	36	35	36
5	65	63	69	63	8	10	10	31	30	31
6	68	65	64	65	5	8	8	26	25	26
7	70	68	68	68	3	5	5	21	20	21
8	72	70	70	70	2	3	3	16	15	16
9	75	74	73	72	2	3	3	11	10	10
10	60	55	55	55	10	5	5	10	9	9
11	40	40	40	40	10	5	5	10	9	9

On a :
T_n T_e, T_m et T_s : Respectivement les températures de l'air, d'entrée de la pile, moyenne de le pile et de sortie de la pile;
Heq$_n$, Heq$_e$ et HR : Humidités d'équilibre théorique et expérimentale du bois et humidité relative de la cellule respectivement;
H$_1$, H$_2$ et H$_3$: Humidités des piles respectivement à l'entrée, au milieu et à la sortie de la pile.

Annexe D : Mise en service, étude préliminaire d'un séchoir semi industriel conventionnel à bois [*]

METHODOLOGIE
A.D-1. Présentation du séchoir
Le séchoir semi industriel est celui de l'Ecole Nationale Supérieure des Technologies et Industries Bois (ENSTIB) utilisé par Romain REMOND dans le cadre de sa thèse. Ce séchoir est présenté sur la photo 1a ci-dessous. Il est utilisé par les étudiants lors de leurs séances des Travaux Pratiques afin de juger la qualité des bois séchés. Pour notre étude, nous avons équipé le séchoir des capteurs de masse (photos 1b, 1c et 1e), des dispositifs d'acquisition en continu des masses et températures (photo 1c). Les entrées et le suivi des grandeurs thermophysiques peuvent se faire suivant deux voies. Une boîte de commande située près du séchoir (photo 2a) et une cabine de commande constituée d'un PC où est greffé un programme informatique doté d'une interface qui facilite le pilotage du séchoir (photo 2b).

Photo 1a : Séchoir semi industriel   **Photo 1b** : Enceinte du séchoir

Photo 1c : Dispositif d'acquisition   **Photo 1d** : Planches d'ayous utilisées

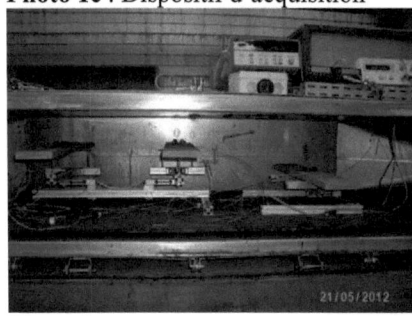 

Photo 1e : Disposition des planches pour test   **Photo 1f** : Fermeture de l'enceinte pour test
Photo 1 : Equipement et étalonnage du séchoir

La photo 1d présente les planches de bois d'ayous utilisées. Nous avons imposé un séchage unidimensionnel grâce aux feuilles d'aluminium collées aux deux extrémités des planches.

Photo 2a : Boîte de contrôle   **Photo 2b** : Cabine de contrôle et d'acquisition
Photo 2 : Instruments de contrôle du séchoir

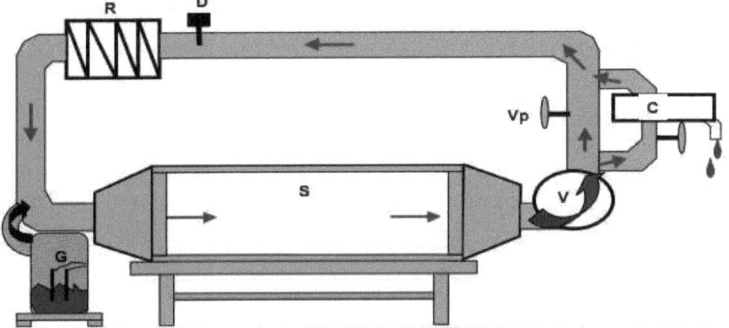

Figure A.D-1 : Séchoir à air chaud utilisé [3]

La figure A.D-1 est celle du séchoir annoté utilisé. Le volume de l'enceinte S est de 0,4m^3. La résistance R permet de chauffer l'air, lequel est humidifié par un générateur de vapeur G (Electro-vap EL5). A souhait, l'air est déshumidifié grâce à une batterie froide C se trouvant dans un circuit secondaire. La vanne Vp permet d'ajuster le débit d'air généré par le ventilateur V, un débit variant entre 600 et 2000m^3/h et mesuré par le débitmètre D.

A.D-2. Etalonnage

Afin d'être sûr de la valeur des grandeurs imposées et de la valeur des grandeurs enregistrées, nous avons étalonné nos capteurs de masse et nos sondes de température. Le processus est le suivant :
Pour les capteurs de masse, nous avons utilisé une combinaison des masses marquées (photo 3) et nous avons fait une correspondance entre les valeurs des masses combinées et les valeurs des tensions correspondantes enregistrées dans un fichier contenu dans l'ordinateur de commande. Pour les sondes de température, nous avons utilisé de l'eau à différentes températures. Trois températures ont été utilisées : la température ambiante, une température proche

de 0°C imposée par des morceaux de glace et une température proche de 100°C obtenue en chauffant de l'eau jusqu'à ébullition.

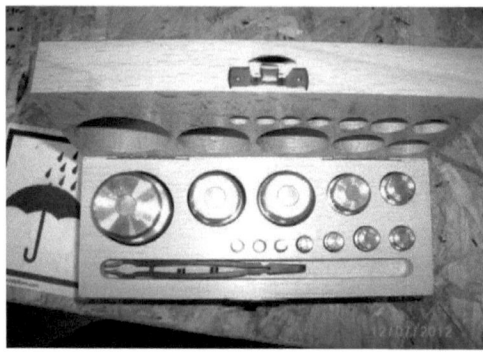

Photo 3 : Boîte de masses utilisées pour le calibrage des capteurs de masse

Les sondes de températures sont introduites dans les différents bains et les valeurs des tensions respectives sont notées afin de faire une correspondance avec les valeurs des températures supposées réelles et données par une sonde en platine Pt100. Cet exercice nous a permis d'obtenir les équations de calibration. La photo 4a présente une sonde de température où nous avons recouvert l'extrémité par un tissu imbibé d'eau déminéralisée afin d'obtenir la température humide. La photo 4b présente quelques sondes de masse utilisées pour évaluer les humidités de surface et à cœur de nos bois. Pour tester le fonctionnement des éléments ajoutés dans le séchoir, nous avons utilisé le bois de chêne (Photo 1e) et le séchage a mis 5jours. Nous avons constaté que la variation de température a un effet important sur les acquisitions. Pour cette raison, nous sommes passés à un séchage à température constate.

Photo 4a : Sonde de température (T_h) des humidités   **Photo 4b** : Sonde des

Photo 4 : Sondes d'acquisition des humidités et des températures

La figure A.D-2 présente la distribution des équipotentielles et des lignes de courant créées par les électrodes servant de mesure de l'humidité de la planche. Dans notre étude, les électrodes sont introduites jusqu'au cœur de la planche afin de déterminer l'humidité à ce niveau et presque en surface afin d'estimer l'humidité en surface des planches. Le mégohmmètre permet de mesurer la résistance électrique R entre les potentielles V_1 et V_2. Le travail de thèse de Kouchadé donne la résistivité électrique lorsque les sondes sont placées à des distances d l'une de l'autre :

$$\varphi = \frac{sR\pi}{\ln\left(\frac{r_e+d}{r_e}\right)} \quad \text{(A.D.1a)}$$

Sachant que :
$$R = \frac{U}{I} \quad \text{(A.D.1b)}$$

Avec φ la résistivité électrique et r_e le rayon de la sonde.

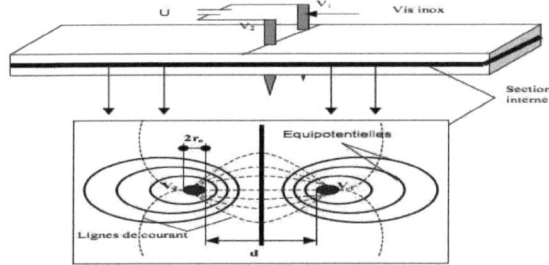

Figure A.D-2 : Distributions des équipotentielles et des lignes de courant crées par les électrodes [Kouchadé]

Stamm en 1927 [Kouchadé] a montré que la résistivité du bois varie avec sa teneur en eau X à température constante suivant la relation :
$$\ln(\varphi) = a1 + b1\ln(X) \quad \text{(A.D.2)}$$
a1 et b1 sont des constantes définies à des températures connues. Ainsi, connaissant la résistivité électrique, la teneur en eau du bois peut être déduite. Une exploitation de la valeur de la résistivité peut être faite pour déduire la température T du bois. Clark et al. (1933) proposent la relation suivante valable à une teneur en eau donnée par Kouchadé :
$$\ln(\varphi) = c1 + \frac{d1}{T} \quad \text{(A.D.3)}$$
c1 et d1 sont des constantes définies à une teneur en eau donnée.

D'après ce qui précède, il faut alors respecter une certaine distance d afin de ne pas troubler les distributions des équipotentielles et des lignes de courant, ce qui provoque généralement des bruits expérimentaux. Les humidimètres sont presque tous fabriqués en Europe et conçus pour fonctionner à des températures proches de 20°C. Afin d'utiliser ces appareils dans un milieu tropical, l'étalonnage est alors un processus incontournable.

RESULTATS ET DISCUSSION
A.D-3. Détermination des caractéristiques du séchoir

Les tableaux A.D-I et A.D-II présentent les équations de calibration respectivement des températures et des masses obtenues. Nous signalons que, les courbes de calibration permettent seulement de corréler les points expérimentaux et n'ont aucun fondement théorique sur les mécanismes physiques mis en jeu.

La figure A.D-3a ci-dessous montre les évolutions des débits volumiques principaux du séchoir. Rappelons que le débit principal est le volume d'air traité par unité de temps injecté dans l'enceinte du séchoir afin de maintenir ou presque les conditions de température et d'humidité imposées. On constate une variation des valeurs durant le deuxième essai. Ceci montre la non stabilité des conditions atmosphériques extérieures, le séchoir est alors obligé de diminuer ou d'augmenter le volume d'air traité afin de respecter les consignes que nous avons imposées en entrée. Cet essai s'est effectué durant le mois de mai 2012, les conditions climatiques de la ville d'Epinal étaient moins stables en général. Le premier essai s'est déroulé en mi mai, le climat était presque stable. La figure A.D-3b présente les débits secondaires des deux essais, volume temporel d'air utilisé pour refroidir l'air en circulation dans la boucle de séchage. On constate des valeurs importantes au 2ème essai, les raisons sont données ci-dessus. Le tableau A.D-III donne les types de débit, les dimensions des planches et les différentes masses et teneurs en eau aux instants initial et final.

Tableau A.D-I : Equations d'étalonnage des Thermocouples établies

Thermocouples	Equations
Th_{105}	$T_{105} = 1{,}01045 U_{105} + 1{,}9161$
Th_{106}	$T_{106} = 1{,}0143934 U_{106} + 1{,}8613$
Th_{107}	$T_{107} = 1{,}016363 U_{107} + 1{,}9768$
Th_{108}	$T_{108} = 1{,}00265 U_{108} + 2{,}03624$
Th_{109}	$T_{109} = 0{,}98193 U_{109} + 1{,}9488$
Th_{110}	$T_{110} = 0{,}9819 U_{110} + 2{,}0185$

U_i est la tension en millivolt lue sur l'écran de l'ordinateur donnée par le thermocouple i et T_i est la valeur de la température correspondante en °C.

Tableau A.D-II : Equations d'étalonnage des capteurs de masse établies

Capteurs de masse	Equations	
	T=21°C	T=62,5°C
C_{101}	$M_{101}=305{,}36 U_{101}-0{,}5143$	$M_{101}=305{,}45 U_{101}-0{,}5094$
C_{102}	$M_{102}=U_{102}$	$M_{102}=0{,}9935 U_{102}-0{,}5335$
C_{103}	$M_{103}=1{,}0374 U_{103}+0{,}0591$	$M_{103}=1{,}1329 U_{103}+0{,}1165$

U_i est la tension en millivolt lue sur l'écran de l'ordinateur donnée par le capteur i et M_i est la valeur de la masse correspondante en kg.

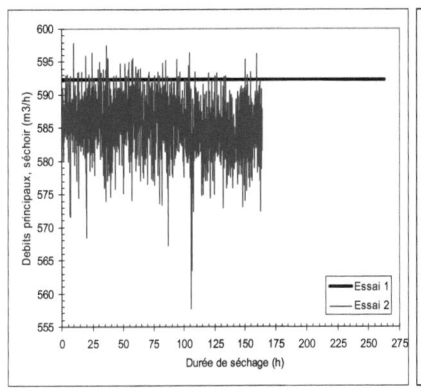
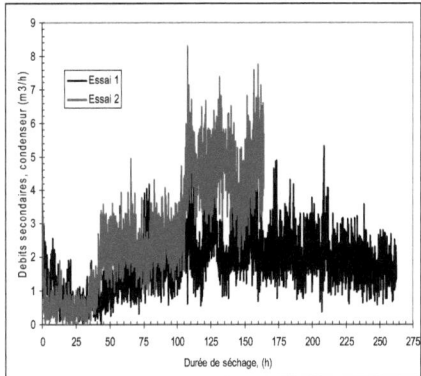

Figure A.D-3a : Débits principaux   **Figure A.D-3b** : Débits secondaires
Figure A.D-3 : Les différents débits

Tableau A.D-III : Caractéristiques des planches utilisées lors des essais sur le séchoir

Essences	Débit	Lxlxep(dm^3)	M_i(g)	M_f(g)	m_f(g)	m_0(g)	X_f(%)	M_0(g)	X_i(%)
Ayous 1	quartier	4,5x1,2x0,25	801,1	664,5	23,25	22,002	5,67	628,85	27,4
Ayous 2	mixte	4,5x1,2x0,25	720,4	573,8	19,683	18,619	5,71	542,806	32,72

M_i : Masse initiale (dès le début du séchage) de la planche ; M_f : Masse finale de la planche à la fin de l'opération de séchage ; m_f : Masse du petit échantillon extrait de la planche en fin de séchage afin de déterminer la teneur en eau finale de la planche et remonter pour estimer la teneur en eau initiale ; m_0 : Masse anhydre du petit échantillon ; x_f : Teneur en eau de la planche (égale à celle du petit échantillon) en fin de séchage ; M_0 : Masse anhydre de la planche ; X_i : Teneur en eau initiale (dès le début du séchage) de la planche

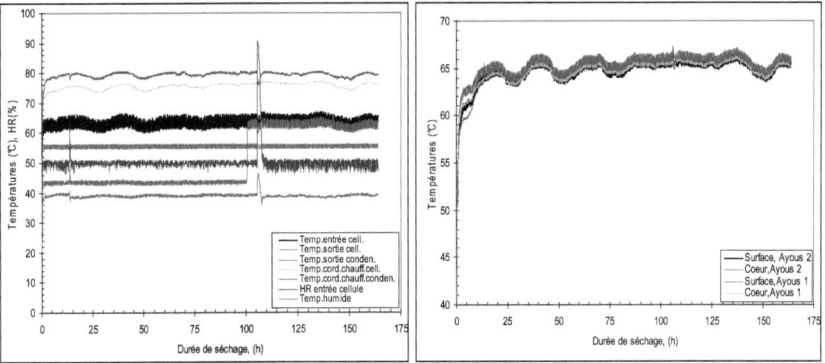

Figure A.D-4 : T et de l'HR de l'air   **Figure A.D-5** : T à cœur et à surface

La figure A.D- 4 ci-dessus montre que la température humide rejoint la température sèche preuve que l'eau déminéralisée qui imbibait le thermomètre humide a séché après 100h de séchage. Apres cet instant, il devient alors difficile d'estimer les autres caractéristiques de l'air humide.

La figure A.D-5 montre l'évolution des températures de cœur et de surface du bois d'ayous. Nous constatons qu'en début de séchage, une distinction nette est observée. Dans la suite, tout est confondu montrant que le gradient de température devient faible.

A.D-4. Cinétiques de séchage

La figure A.D- 6 montre les évolutions des teneurs en eau des bois d'ayous et de fraké. Nous constatons que les teneurs en eau des bois d'ayous se rejoignent rapidement, malgré les teneurs en eau initiales différentes. Ceci montre qu'il est aisé de suivre le séchage d'une pile de bois d'ayous. La période de montée de température pourra alors être suffisante pour rapprocher les teneurs en eau des différents éléments de la pile de bois. En plus, nous constatons que les teneurs en eau des bois d'ayous et de fraké sont très proches à la fin du séchage montrant qu'il est possible de sécher ensemble les deux espèces de bois. La figure A.D- 7 montre les évolutions des teneurs en eau à cœur des bois d'ayous. C'est avec satisfaction que nous constatons une évolution similaire pourtant les échantillons de planches d'ayous ne sont pas issus d'une même planche. Ce qui montre la facilité de sécher les piles de bois d'ayous de provenances diverses. En plus les teneurs en eau à cœur sont proches de celles moyennes, montrant une répartition presque uniforme de la teneur en eau dans l'épaisseur du bois.

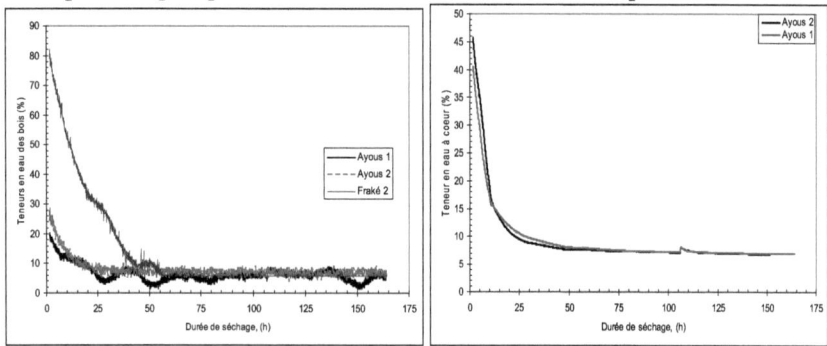

Figure A.D-6 : H moyennes des bois ; **Figure A.D-7** : H à cœur des bois

L'étalonnage effectué satisfait donc les attentes du sécheur.

[*]-Merlin SIMO TAGNE, Romain REMOND, Yann ROGAUME, André ZOULALIAN, ''Mise en service, étude préliminaire d'un séchoir semi industriel conventionnel à bois et prix de revient du séchage du bois'', *Afrique Science (accepté)*, AS-962 (2014)

Oui, je veux morebooks!

i want morebooks!

Buy your books fast and straightforward online - at one of the world's fastest growing online book stores! Environmentally sound due to Print-on-Demand technologies.

Buy your books online at
www.get-morebooks.com

Achetez vos livres en ligne, vite et bien, sur l'une des librairies en ligne les plus performantes au monde!
En protégeant nos ressources et notre environnement grâce à l'impression à la demande.

La librairie en ligne pour acheter plus vite
www.morebooks.fr

OmniScriptum Marketing DEU GmbH
Heinrich-Böcking-Str. 6-8
D - 66121 Saarbrücken
Telefax: +49 681 93 81 567-9

info@omniscriptum.de
www.omniscriptum.de

Printed by Books on Demand GmbH, Norderstedt / Germany